O

在水一方：
生命的演化

At the Water's Edge

[美] 卡尔·齐默 著　尹烨 译

Carl Zimmer

湖南科学技术出版社

·长沙·

目　录

引　言
生命的坎坷

子非鱼，安知鱼之乐？

——《庄子·秋水》[1]

我在潜水。在我的左侧，一条黄尾鲷快乐地遨游着，它当然能在水中自由呼吸，一边轻颤着身上的鳍，一边轻摆着它那硫黄色条纹的尾巴，而我正跪在距离海面五十英尺[2]的海底沙地上。周围万籁俱寂，只能听到吸气时潜水呼吸器以及呼气时一连串水泡上涌的声音。这时，我的头顶上一个正在移动的灰色长条状物体，吸引了我和黄尾鲷的注意，好一会儿我才认出那是头大西洋宽吻海豚在掉头转向。它的尾巴不时上下翻动，偶尔也会滑动——就像被磁铁猛然吸走那般。突然，它向上加速，冲向了波光粼粼的海面。在腾出水面的一刹那，它的头部首先越出我的视野，而后是鳍和尾叶。它在瞬间消失，又重新出现在海里。

此刻，我的坐标是大巴哈马岛的近海，这里是佛罗里达海峡

----

① 本书每章开篇所引均为译者所加。（本书脚注如无特殊说明，均为译者注）
② 1英尺相当于30.48厘米。

口外的北大西洋，我来这里观摩科学家是如何研究海豚的。穿戴好供游客和受训好的海豚进行互动的潜水装备后，动物学家会近距离进行研究。我们坐船来到离岸边一英里①远的海域，潜入水下，绕着两名驯养师围成一圈。驯养师肩上扛着一只白桶，里面装着的死鲱鱼的气味把黄尾鲷都吸引了过来。在驯养师的指挥下，海豚们将铁环送到游客手中，推着他们伸出的手臂，像旋转门那般转圈圈。想要了解海豚游泳的科学家，拍摄记录着这一过程，驯养师还时不时将一个传感器放到海豚侧腹，以测量其身体的热流动情况。我能感知到这些海豚的智慧，它们甚至是有性格的，然而在其灰色的面庞和僵硬的微笑之下，我看不出它们究竟有多享受这一过程。它们看上去是知晓这个游戏的规则的。只要一起玩下去，它们就能吃到鲱鱼；如若它们不想玩，缺席一小会儿，也不会有什么大的损失。

我跪在海底，鱼儿在我身边环绕，海豚在我头顶游走，我开始怀疑自己在演化中的地位。这是我第一次在开阔的海域中畅游，我不由得去想，我在水中该是有多么的突兀。我需要背上装着空气的钢罐才可以顺畅呼吸，需要戴上面罩才可以环视周围，需要穿好潜水服才可以保持热量均衡，需要负重下沉到海底，需要靠充气背心浮上水面，还需要使用脚蹼在水中游动。而我旁边的黄尾鲷有在海洋中生活的完美条件：它张开嘴巴吞下海水，便

---

① 1英里约等于1.6公里。

有一股海水从嘴里流进鳃丝，鳃丝里毛细血管吸收氧气，放出二氧化碳和氨气。然后它合上嘴巴，打开鳃盖，海水就流了出来。它的身体和水的浮力相当，所以重力对它而言几乎无影响。要游泳的时候，它只需轻摇那流线型的身体，便一路劈波斩浪。如果我伸手去抓黄尾鲷，它不仅能看到我的手，还能通过对压力敏感的侧线感觉到前方水流的变化，于是身子一晃，就跑去了安全的地方。

　　尽管海豚是与鱼类截然不同的动物，但它们显然也喜欢在水中生活。它们没有鳃，呼吸时，会浮出水面，张开头顶的气孔，快速地呼气和吸气，然后又沉入水下嬉戏。这时它们会一直屏住呼吸，上下摇动着尾巴，而不是像鱼那样左右摆动。海豚可以看到潜水员，就像潜水员可以看到它们一样。不同的是，海豚还可以用声音来感知海洋，它们通过前额发出高频的咔嗒声，并接收传来的回声。它们的脑体积比起人类不遑多让，可以利用声音构建出比眼睛所能看到的更精确的图像，比如周遭鱼和人的内部结构，以及百米开外正在游着的黄尾鲷。它们也可以用声音进行交流，我特别感兴趣的是它们究竟在说什么。它们的侧翼布满齿痕，估计前一夜被关在一起时还不停地互相骚扰、你争我夺。也许它们也在猜测，为何它们做了点轻而易举的小事，人类就给它们这么多鱼。

　　我只能观察到此了。如果我蠢到试图在水下待上一个小时，氧气罐首先不能答应，它的指针会指向零，表示里面的氧气将被耗尽，而我应该会惊慌失措，胡乱扑腾。慌乱中，呼吸器会从嘴里掉出来，海水涌进嘴里令我作呕。同时还会再呛进肺里，尽管海水中有氧气，但肺却无法将其利用起来。相反，海水会撕裂与毛细血管交织在一起的微囊，使其膨胀关闭。如果肺无法抵挡二氧化碳的侵袭，血液就会变得像醋那般酸，肾脏会因试图中和掉酸而衰竭。与此同时，我的循环系统也会崩掉，血液开始倒流，心脏像敲小鼓那般乱跳，直至无法获取氧气而宕机。为了自救，我或许会试着像海豚那样快速浮到水面，但很有可能因为手忙脚乱而丢掉性命。在海底，由于巨大的水压，大量氮气溶入我的血液；上升时，血管则会像刚开瓶的啤酒般一个劲儿地冒泡。形成的气泡会在我的身体里窜来窜去，最终阻塞我的心脑血管。

　　和所有人类一样，我还是最适合待在陆地上。我们站立时，身体的重量可以恰到好处地分散到各骨骼上，骨骼之间的软骨可以像垫子一样进行缓冲。我们身体内部的各类器官，其实是一系列湿润的囊袋状物、条状物和管状物，而包裹在外面的皮肤可以很好地防止大部分水分的流失。当我们将空气吸入体内后，我们可以通过肺泡来摄取氧气，而不是让它像肥皂泡一样聚集，同时，血管会在呼气时排出二氧化碳。空气中的声波延绵不绝，然而大多数都过于微弱，以至于我们几乎感觉不到，但我们可以凭借自己产生的复杂声波系统，即语言，互相交流。

　　黄尾鲷的鳃在水下会像游泳者的头发一样散开，这时它们才能呼吸，所有的毛细血管都有足够的机会与海水中的化学物质充分混合。如果将一条鱼从海中拖出并丢到船上，它的鳃也会像上岸后游泳者的头发那般，缠结成一团。这时二氧化碳和氨气在鱼的体内积聚，令其中毒。它那在水中收放自如的鳍和尾，此刻也只能在太阳底下乱摆了。

假如把海豚放到海滩上，它也只能比鱼多活上几个小时。虽然它仍可以通过气孔将空气吸入肺部，但那没有腿的长长躯体就只得无助地置于沙中。过多的脂肪和庞大的背部肌肉会给它的肺和血管造成沉重的压力。在水里的时候，作为一种温血动物，它可以小心精巧地控制其身体的热量，但躺在海滩上时，它的体温高低可就全都取决于空气温度了。没过多久，它的整个循环系统就会崩溃，血管爆裂，血液回注到内脏。在身体其他器官衰竭之后，海豚的心脏仍能让大脑维持"最后的倔强"：在彻底罢工之前探明各器官系统的损毁情况。

三种动物，由于先天条件的限制，只能在不同的环境下生活。然而，借由解剖就可以看出，我们其实"同并相联"。我自愿作为一个人类标本来作示例：打开我的肋骨，一对肺悬在食道两旁，这与海豚体内是一致的。海豚和我都有庞大的脑，大脑皮层布满皱褶。我们都将体温保持在37摄氏度左右，都是吃母乳长大的。虽然海豚用所谓的鳍进行辗转腾挪，但它们与黄尾鲷很是不同。它们的鳍实际上是伪装的手：除去脂肪和软骨，你会发现它们有五个手指，也有手腕、肘和肩部。

人和黄尾鲷的相似之处则在更为基础的层面上——都有头

骨、脊椎、肌肉和眼睛，都消耗氧气，且都用所吃的碳氢化合物来构建组织。一些更加微妙的线索表明，人类并非如我们所想象那般，是完全适合生活于陆地的生物。再看看我那已打开的肋骨里面：两叶肺之间是我的心脏，由此向上延展出的是主动脉，更细的动脉延伸到头部，然后向下环绕着伸展到我的腿上。看到心脏跳动的工程师，或许会想出一个更为合理的解决方案，比如创建两条动脉，一条在心脏上方供血，一条在心脏下方供血。

为理解这种复杂的结构布局，有必要回溯到我还只是一个七周的胚胎之时，那时我看起来像挺着将军肚、驼着背的小鱼，胳膊和腿仿若置于其上的桨。在我的眼睛和将要发育成脑的那个部分下方，形成了六对囊袋，看起来就像是专门用来放置鱼鳃的。在此阶段，我的主动脉看起来很不一样：它向上延伸到我的喉部，然后分岔，每个分支都穿过一个囊袋，然后绕回来，与另一条从喉部向下延伸的血管相连接。黄尾鲷在胚胎期有着与此相同的构造，成年后它的大部分构造仍维持不变，不同点在于其心脏能将含氧量少的血液压进已经长成鳃的囊袋，接着回流到可以通到黄尾鲷全身的血管。然而，对我来说，随着发育，这些囊袋在我的头部和颈部消失不见了。用于支撑鳃弓的细胞发育成了喉和耳骨；血管分支结构被削减掉，一些还融合到了一起，如向下延伸的主动脉逐步发育成了主动脉弓[1]。

---

① 烧烤中常见的黄喉多为此部分。

　　　　　　　　　　　　　在水一方：生命的演化

要想去理解所有这些模式，唯一的方法便是参透这次水下会面——黄尾鲷犹豫着想要去抓一些死鲱鱼，我跪在沙子上，海豚在我身边上下翻腾——好像是个家庭聚会。大约在5亿多年以前，地球上出现了第一只脊椎动物，它是一种无颌、全身披甲、在海底遨游的生物，大小正好跟你我的手掌差不多。它们的后代分化成数十种在海洋中游弋的主流谱系，包括一个分布广泛、现存物种高达23 000种的辐鳍鱼纲，诸如鲟鱼、鲈鱼、金鱼和黄尾鲷。

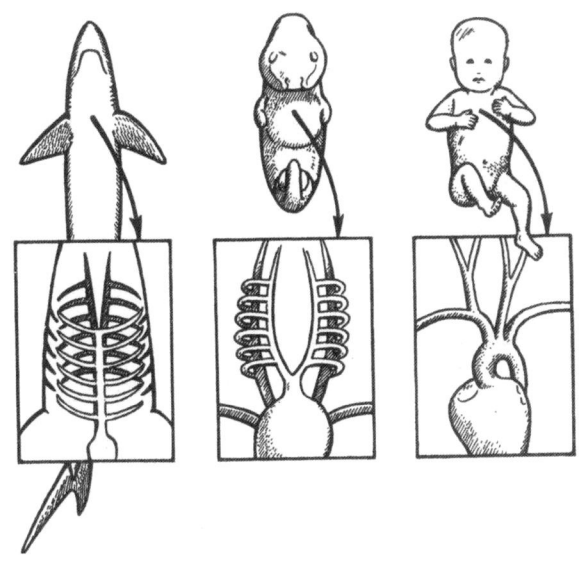

从鱼的心脏伸出的血管延展到它鳃部的囊袋并在那里吸收氧，然后与一条沿着鱼背部延伸的血管交会，将血液运送到身体的其他部位；人类胚胎形成与此相同的结构，但后来将之减化为适合我们人类自己呼吸系统的形式

　　一支与之密不可分的谱系则经历了惊人的形态改变：大约在3.6亿至3.8亿年前，它们演化出了腿和脚，没有了鳃，主动脉呈

弓状，而它们的身体又经历了无穷无尽的调整，然后浮上水面，在干燥的陆地上生活。我们和其他各种生活在陆地上的脊椎动物（无论是小蜥蜴、鹰、乌龟还是树蛙）一样，都是从鱼演变过来的。虽然都有各自的名字，但也都被冠以四足动物（意思是手脚共有四只）的头衔。在许多四足动物身上，这四肢由于某些剧烈的变化而消失不见——蛇就完全退化掉了，鸟将其前肢变为了翅膀，我们人类行走时也不再使用一对前肢，而是将其改名为手。但更名并不能掩盖这样一个事实，即我们和其他所有四足动物得以在陆地横行，都归功于这个最为重大的演化转变过程。我们的祖先是如何进行转变的，这将在很大程度上决定我们当今人类的命运。

海豚和人类竟隐藏着如此多的相似之处，究其原因，在于海豚也是四足动物，而不是鱼类。事实上它们和我们一样，都是哺乳动物，大约在 8 000 万年前，二者有着一个共同的祖先。谱系分化为海豚、鲸和鼠海豚的过程，与最初脊椎动物登上陆地的时候一样，转变十分惊人：大约 5 000 万年前，一个外表类似于狼的陆地哺乳动物，开始慢慢适应在水中生存。它们的后肢完全消失了，其外形又变回如其 2.5 亿年前祖先的老样子。

从水生到陆生，又从陆地回到水里生活：在生命的历史长河之中，生物曾多次跨越这种看似不可逾越的界限。首先是微生物离开了曾食用硫化氢并赖以生存的高温深海热泉，转而去到更辽阔的海洋中以二氧化碳为生；或从沼泽向沙漠进发，或从咸水转向淡水，或从水下火山辗转到寒冷的深海，又或从寒冷的深海迁移到温暖的猪肠。而本书重点提及的四足动物不仅穿梭于水陆，更能通过演化出翅膀得以在天空翱翔。每一次转变都需要创造出某些自然界最精妙的结构，如翅膀和大脑。

不过，两千多年来，水生和陆生的分界一直都是令生物学家深深着迷的课题。当亚里士多德沿着莱斯沃斯岛的海滩漫步并对动物进行分类时，海生和陆生动物的划分是他最重要的工作之一。但他的分类规则是有例外的——比如吸入空气但生活在水中的动物，以及其他在水中呼吸（通过鳃）却可以在陆地上生活的动物。亚里士多德提到的为数不多的特例，是某些用鳃来取代肺功能的蝾螈，以及在海上长时间用肺进行呼吸的海豚和鲸。"就所有这些动物而言，它们历经百转千回才走到了今天。"他指出。

空气和水的特性是如此不同，因而对想要活下来的脊椎动物提出了迥然不同的挑战，这无异于比较两个不同星球上的生活。对比相同分子数量的空气，水中的含氧量只有它的1/30，一段时间内，大气中的氧气含量几乎总是恒定不变的，但在水中氧的含量变化却很大。一只温血动物在水中的热量流失速度比在空气中要快上24倍——而一整年来水温的变化幅度或许远不及一天之内气温的变化幅度。声音在水中的传播速度是空气中的4倍多，水的导电性也很好，但是在空气中自由自在的光，在水中传递有限距离后就会完全衰减消失。鉴于水的密度是空气的800多倍，从某种意义上说它的确更难穿透，但如果水给了动物恰好的浮力，就能让它摆脱将其"固定"在陆地上的重力。于是乎，在水里你会不由自主地想往前滑，犹如我们在陆地上常常想飞，哪怕只有片刻。

人们开始理解这些转变，源于查尔斯·达尔文（Charles Darwin）的《物种起源》。达尔文意识到，演化一直伴随我们左右。每个物种的每一代都是一系列变种，自然选择对这些变种进行挑选，让适者留下更多的后代。一代又一代，这种倾向性的繁衍使生者愈发适应其环境。生物学家对这种演化非常了解，以至于他们可以追溯优良基因的成功之道，并理解为什么不那么好的基因也会存续至今。他们可以预测干旱将如何改变鸟类的喙，可以判定飞蛾适应新农药需要多长时间，还可以重建艾滋病病毒从猴子传播到人的过程，甚至可以观察肿瘤内相互竞争的细胞之间所发生的演化。

在这种一代又一代的进程之中，演化令牙齿变得更加厚实，令尾羽像竖琴一样展开。除此之外，它还发生在更长期、更宏大的层面上——毕竟，牙齿和羽毛都是演化出来的。为了区分以上这两个层面，生物学家常用"微观演化"和"宏观演化"这对术语。微观演化已经得到了很好的研究，以至于它正在从一门前沿学科，转变为一门涉及保护生物学家和基因工程师范畴的应用科学。但要想搞清楚宏观演化，就要难得多。在一代又一代的微观演化世界之外，生命史上发生的事情说都说不完：大陆板块碰撞、气候变化、恐龙灭绝、哺乳动物兴盛，新的躯体应新的生命形态的需要而产生。

在水一方：生命的演化

本书就从鱼类到四足动物，以及陆生哺乳动物到鲸的转变这两个研究宏观演化的绝佳案例展开。宏观演化是像某些人所认为的那样，只不过是微观演化的放大堆砌，还是对原有演化概念的延展？在长达140年的时间里，鱼类和四足动物之间的化石记录一片空白，陆生哺乳动物和鲸之间也无记录可寻，这一缺口大得惊人，但在二十世纪八九十年代，一系列新发现填补了这些空白。与此同时，其他科学家已经学会了如何通过其他途径来回顾演化过程中的诸般转变，如通过基因、卵细胞发育、运动系统或神经学的比较。如今，关于脊椎动物如何上岸和返回大海这两个故事已从负面典型，转变成记录得最为详尽完整的正面典型。这种科学进展之快，真是可圈可点。它表明宏观演化像微观演化那样，正在逐步发展为一门严谨的科学，但它又摒弃了一些曾经"权威"的内容。

　　"子非我，安知我不知鱼之乐？"有了这些知识，如果你碰巧发现自己在海底被黄尾鲷和海豚环绕，或许会对周遭生物产生一些亲近感。希望这种对生命的觉知感能来得快点，至少要在罐中氧气耗尽之前。

第一章
登陆，鱼鳔消失之后

当上帝关了这扇门 ，一定会为你打开另一扇门。

——《圣经》

在伦敦的一个地下实验室里，一名男子凝视着一条鱼的尸体。这条鱼的大小和形状大致与擀面杖差不多，尾巴似刀刃，鳍似络腮胡。它黑色的眼睛犹如大头针针头大小，嘴唇突出，看上去并非善茬。该男子个头很高，稍许有些驼背，虽然在1839年的时候他仅35岁，但他就像先知那般，棕色的双眸仿佛洞悉了一切。尽管他见过数百种彼时英国人从未见过的动物皮肤、内脏和骨头，但很少有比眼前这条鱼更令他感到棘手的了。

此人名叫理查德·欧文（Richard Owen）——彼时还不是理查德爵士，不过已经在通往此封号的路上了。欧文在兰开斯特长大，年少时并不被看好。他的父亲是一位破产的商人，在欧文5岁时不幸死于西印度群岛。小时候的欧文是一个懒散且不知礼节的男孩子，他14岁时入伍成为海军，给外科医生当学徒，但由于1812年战争结束后的和平时期，他找工作的希望渺茫，故而他又回到了苏格兰。他对生物绘图兴致颇浓，或许是在画独角兽和狮鹫的过程中开始对动物形态产生了兴趣，当再次受雇于一名外科医生做学徒时，他开始收集头骨，从狗、猫、鹿和老鼠开始。不过，他想要的不止于此。有段时间，欧文为一名外科医生工作，该外科医生在哈德良塔对死去的囚犯进行尸检。在一月的某个大冷天，他俩来到监狱，尸检后，外科医生让欧文清理现场。这次欧文并没有把所有物品全都打包好，而是在开膛的尸体旁留下了几把刀片，还给了守卫一些钱，并告诉他，自己晚些时候会再来，因为在将尸体入殓之前，还有一些其他的事情要处理。

在皎洁的月光下，欧文攀上冰峰回到塔楼，他随身带着一个结实的棕色纸袋。他和守卫相互点头示意，便爬上楼梯来到验尸房，并顺手关上了门。不一会儿，他又把门给打开，还提着满满一纸袋东西出来。再次经过的时候，他告诉守卫已经清理完毕。当他离开塔楼，开始沿山路返回时，他满脑子都是面部轮廓和骨骼组织。一想到当天晚上将在手术室进行解剖的那种愉悦感，他就不禁越走越快。突然，他被绊了一下，摔在了冰面上，袋子甩出老远，里面装的东西朝山下的小屋滚去。他追了一路，但还是晚了一步。屋里的女人听到了撞击前门沿的"砰"的一声，她打开门看到的恰好是一个衣冠不整、惊慌失措的男孩，正试图将一个刚砍下的、可能还带着血的头颅塞进袋子里。在女人的尖叫声中，他抱着那颗头颅奔向了手术室。

欧文20岁时进入爱丁堡大学，但很快这些课程就不够他学的了——读了不到一年，他就带着导师们的介绍信前往伦敦，并在一家医院获得了外科医生的职位。在19世纪20年代的伦敦，当医生不仅是一份职业，还是一种政治选择。医疗机构——包括该市的医院和医学期刊——多半是由支持保守党的内科医生所把控，与之站在同一战线的，是进行解剖并且社会地位较低一些的外科医生。处于其对立面的，则是那些在小型私校接受教育的全科医生，他们具有更为激进的平等主义倾向。趁着改革医学之机，他们在新的医学期刊、报纸或议会上，竭尽所能地痛斥内科医生和外科医生的所谓精英主义。双方为进入皇家外科学院的图书馆和博物馆进行了激烈的斗争。

此处不得不提这些图书和藏品的来源：一位名叫约翰·亨特（John Hunter）[①]的英国著名外科医生，其终生收集了数千本书和一万三千余件各类用于展示的解剖材料，包括动物、离体的心脏、四肢、膀胱、脊椎标本等。亨特于1793年过世，他的这些收藏也随之尘封。政府将它们买了下来并委托给皇家外科学院，条件是学院得出一份收藏目录，举办一系列讲座，并向公众开放博物馆和图书馆。在开始的20多年里，该学院并没有遵守承诺开放，而是将其占为己有，这招致医生们极度不满，并最终引起了议会的注意。皇家外科学院被迫同意将藏品向执业医师开放，并为之

---

① 当时英国最杰出的科学家和外科医生之一。他是医学界早期提倡谨慎观察和科学方法的人，且是天花疫苗先驱爱德华·詹纳的老师和合作者。据称，他曾为查尔斯·伯恩的被盗尸体付款，并违背了死者的明确意愿进行研究和展示。

编制一份官方目录。

欧文被雇来协助这项工作，他的上司去世后，基本就变成他一个人在做了。这项工作可是让他忙活了好几十年，更验证了人只有做自己喜欢的事情才会有成就。与此同时，他也在努力推进解剖学研究工作，给医学生授课，并获得了解剖伦敦动物园动物尸体的权利。走进欧文的家，如果发现走廊上放着一头刚死的犀牛，你可不要大惊小怪。

1830年，一位身体羸弱却高高在上的法国男爵来到亨特博物馆。因为欧文是那里唯一会说法语的人，所以陪同这位61岁男爵参观的任务就落到了他的头上。这位老爷子正是大名鼎鼎（今天在全球更有名）的乔治·居维叶（Georges Cuvier），他是法国国家自然历史博物馆的教授，对欧文来说，当然是可望不可即的大人物。

和欧文一样，居维叶也是一个家道中落的移民，出生于一个德国新教徒家庭，小时候常在蒙贝利亚尔周围的山丘上游荡，采摘植物并带回家，按照18世纪瑞典博物学家卡尔·林奈（Carl Linnaeus）所创建的分类体系（界门纲目科属种，学界今日亦广泛使用），对其进行分类。家人们原本希望居维叶毕业后步入仕途，供职于普鲁士政府。在当时斯图加特学院的人一个个都立志成为官僚的大背景之下，他却对此并不热衷。待到一个朋友结束了在诺曼底担任家庭教师的工作，要返回家乡蒙贝利亚尔时，居维叶才有了第一份工作——朋友安排居维叶接替了他的位置。

林奈的分类体系

物种	智人（现代人）
属	人属（包括其他物种，如尼安德特人）
科	人科（包括"露西"等原始人）
目	灵长目（包括猿、猴和狐猴）
纲	哺乳纲
亚门	脊椎动物（包括所有有脊椎和头骨的动物）
门	脊索动物（包括所有脊髓被外层组织保护起来的动物）
界	动物界

在诺曼底的雇主家，居维叶的地位更像是一个仆人，而非家庭教师。他试图用即将带学生去欧洲旅行并研究能碰到的所有生物这件事来安慰自己，但在其成行之前，法国大革命席卷了巴黎并波及乡村。雇主全家逃到了海岸上的一个村庄，这令时年21岁的居维叶几乎完全与世隔绝。他会独自走在海滩上，收集被海浪冲上岸的动物，把从渔民处买来的鳐鱼的内脏摘掉进行观察。他将所思所学写信汇报给巴黎的顶尖动物学家们，这使得他作为本土博物学家的名望大增。在革命之势趋缓后，居维叶来到了巴黎，其多年自学所获的知识令新国家博物馆的科学家们感到震惊不已，立马将其聘用。他受聘的时候仅有23岁。但话又说回来，邀请他的人是动物学教授艾蒂安·若弗鲁瓦·圣伊莱尔（Etienne

Geoffroy Saint-Hilaire），只有 21 岁，比他更年轻。"来巴黎，"若弗鲁瓦在给他的信中写道，"同我们共谱自然历史编目大业吧。"这是一个由年轻人创立的组织。

在 30 岁时，居维叶创立了现代古生物学。几个世纪以来，人们一直在收集化石，然而即便是在 16 世纪，欧洲人也不认为那是真正的骨骼，而只是把它们视为诸多石头中的一种：一些成了绿宝石，另一些则变成了蜗牛壳的模样。渐渐地，博物学家认识到这些石头和动物骨头之间有着太多的相似之处，矿物学家发现了骨头是如何转变成石头的，传统的化石观开始受到挑战。到了 18 世纪，博物学家在地球上发现了从大象到巨型螺旋贝类等各种骨骼。他们中的许多人认为，一定是诺亚洪水将贝壳从海底抛到了山顶。

居维叶像研究活体动物那般认真地研究化石。他不断从城外的石灰石矿场向巴黎运送骨头，并将其从岩石中发掘出来，从中发现了与现存物种不同的大象骨骼。他只能推断，这是一个已灭绝的物种。那时还没有人认真考虑过一个物种会完全灭绝掉。不过就在几年内，居维叶又发现了如同犀牛大小的树懒和貘的骨骼，它们也已灭绝掉了。他意识到，一场洪水不可能将他找到的所有这些生物席卷一空：它们的化石消失于不同的地质时代，这表明生命曾历经多次剧变的洗礼，而每次又都重新呈现出一副崭新的面貌。

每当居维叶看到一种动物，无论是已灭绝的还是活生生的，

在水一方：生命的演化

他都会为各部分是如何有机地组成一个良好协同的整体而好奇。鸟的各个方面，不论是扇形的尾羽还是巨大的肺，包括中空的骨骼，都十分利于飞行。倘若用梭鱼骨替换鸟骨架，整只鸟根本就没法飞了。由此，居维叶渐渐悟出，功能决定了结构，同时功能也决定了外在的形式。所以，很多不同的动物因为有着类似的功能而有着相似的外表，如此也能符合林奈分类。居维叶依照动物的神经系统(对他而言这是动物的核心所在)构造将动物分为四大类：脊椎动物有大脑和脊髓，软体动物有大脑但没有脊髓，其他动物谈不上有神经系统，还有一些动物只有一根从中枢神经发射出来的神经束。有了如此清晰的分类，每一类动物都不会与其他种类混为一谈，而某些动物被归为同一种类的原因则是它们刚好功能相似。

难怪居维叶对博物馆另一位科学家让-巴蒂斯特·拉马克(Jean-Baptiste Lamarck)的观点不屑一顾。拉马克认为活着的物种其实也会随着时间而改变——它们是处于时时演化之中的。[①]当拉马克观察软体动物化石时，他发现可通过连续的岩层将其中一些化石排成渐变的系列。他声称，在应对不断变化的环境时，某一代生物会发生改变，并将其传递给自己的后代。居维叶认为这种

---

① 1890年拉马克在其《动物学的哲学》一书中所提出的获得性遗传曾饱受抨击。然而，近年来越来越多的证据表明获得性遗传确实是有可能存在的，如不少研究均发现后天环境的影响可以造成父母辈长久存在的表现基因标记，且此标记还可能通过特殊的保护机制传到下一代。似乎此理论到了该平反的时候了，因而有人将其戏称为"拉马克的复仇"。

演变纯属无稽之谈。当拿破仑带着劫获的数千年前的猫和朱鹭的木乃伊从埃及凯旋时，居维叶将它们与活体样本进行比较，并未发现任何显著差异。对他而言，生命的秩序性之强，远超拉马克的演化论所述。

当居维叶来到伦敦并遇到年轻的欧文时，他已成为法兰西的英雄。"居维叶难道不是我们这个世纪最伟大的诗人吗？"巴尔扎克曾说道，"拜伦勋爵在诗歌中再现了世人的死痛，然而我们不朽的博物学家却用白骨重构了世界。居维叶是位一板一眼的诗人。他可谓'清水出芙蓉，天然去雕饰'；他发掘出了一块骨骼碎片，并从中发现了历史的丰碑，然后大喊：'看呐！'——瞧，树木动起来了，死去的又活过来了，世界展现在我们面前。"

居维叶也饱受英国人的爱戴，尤其是外科学院的管理层们。伦敦那些受鼓动的全科医生欢迎演变物种这一想法，并认为人类应该自强不息。但彼时的精英们更为推崇的是上帝在地球上从无到有创造了既定的物种。生物那错综复杂的设计证明了上帝的存在，正如精密的钟表必然来自卓越的钟表匠①。并且，正如每种动物在自然界中无论高低都有自己的位置，人在社会中也有自己应有的位置。居维叶在亨特博物馆受到了热烈的欢迎，而欧文必定在其短途旅行中给他留下了很好的印象，因为居维叶邀请欧文次

---

① 《盲眼钟表匠》是理查德·道金斯于1986年出版的一本科普代表作，他在书中用"盲眼钟表匠"这个比喻来说明自然选择的过程，表明生物体中的复杂结构和功能并非由某个"设计师"创造，而是通过长时间的自然选择和逐步的变异累积而成的。

年去巴黎。

在巴黎，欧文每天清晨都在居维叶的馆藏中寻找灵感，以便探究亨特博物馆那堆收藏品的整理之道。其余的时间他都如花花公子那般，学习歌剧和上大提琴课，不过每周六的晚上他都会去居维叶的聚会——只有这时，这个乏味的男人才能暂时放下政治和解剖学不谈。欧文还去参加了科学院的会议，在那里，人们仍在交头接耳，谈论着居维叶从伦敦回来后与他从前的导师若弗鲁瓦之间的那场论战。

若弗鲁瓦和居维叶多年来一直存在分歧。居维叶喜欢注重事实，避免那些没有建立在真正动物学基础上的空洞理论，而若弗鲁瓦则深深沉迷于彼时德国生物学家和哲学家的著作，这些浪漫主义者希望在所有生命之间找到隐匿的共性。他从未对林奈和居维叶这些科学家用来对生命进行分类的纲、目和界产生兴趣，对若弗鲁瓦来说，这么划分似乎是武断的，因为并无绝对的划分，在某类动物身上独一无二的特征，常被证明不过是其他动物变异后的构造。他认为，犀牛的角不过是一簇捆在一起的头发。如果每个物种都是被完美地创造出来以适应其功能，为什么上帝还会留下这么多疏漏呢？为什么鸵鸟有叉骨？要知道它对鸟而言，唯一的作用就是助飞啊！

若弗鲁瓦构思出了一种德式狂想：可以将所有动物，无论是狗、蚂蚁还是鱿鱼，转变成任何其他的动物。这种转变或许会相当痛苦——要看到鸭子和鱿鱼之间潜在的相似之处，你就得把鸭子的背掰成马蹄形。最终若弗鲁瓦认为这些转变并非假设性的——这是一个旧物种演化成为新物种的征兆。他认为，也许是环境的变化改变了胚胎的发育，畸形的出现或许就是新物种产生的开端。若弗鲁瓦知道他的理论与居维叶所推崇的观点水火不容，因而十年来一直试图劝诱居维叶与他辩论。终于，在一次讲座中，在他演示可以把一个脊椎动物的后背折弯，令其变为无脊椎动物之后，居维叶接受了挑战。居维叶对自己学生被这种由德国人提出的所谓生物共性之假说所蛊惑，以及政治革命的死灰复燃感到愤怒，认为到了应该还击的时候了。

在一系列的讲座中，居维叶用四十年的解剖学经验，对若弗鲁瓦那把骨骼和肌肉掰来扭去的做法进行了嘲讽。居维叶事后认为辩论的胜方无疑是自己，不过实际情况却并非那么明确。以欧文自己为例：在科学院听生物学家为这两种截然相反的观点进行争论时，他认为居维叶是对的，但他仍然草草记下了一些存疑的问题。"计划或最终目标的趋同是生物发展的主导因素吗？如此之多物种的出现，是渐变的还是突变的？最初之所以出现生命，是意外，是奇迹，还是自然法则的必然？"他用了将近十年的时间来调解这两位法国老人之间的争论。

随着英国的殖民扩张，世界各地新发现的诸多动物都被送到了亨特博物馆，最终落到了欧文手里，由其操刀进行解剖。在从巴黎回到英国后的几年里，他先后解剖了小蹄鼠、西藏熊、袋鼠、貘、鳄鱼、河狸、山魈、巨嘴鸟、猎豹、犀鸟、蜜熊、印度羚羊、

　　　　　　　　　　　在水一方：生命的演化

土耳其秃鹰、水蛭、火烈鸟、九带犰狳(头似黄鼠狼)以及老虎胃中的寄生虫。在这项工作中，欧文十分注意回避拉马克学说的影响。在19世纪20年代，生物学家曾认为，那种外观奇特的鸭嘴兽与树懒及食蚁兽一样同属哺乳动物的某一科，但后来从澳大利亚传来消息称，这些动物是卵生的。还有比这般变异物种更合适的例证吗？这是卵生爬行动物和胎生哺乳动物之间的过渡型。若弗鲁瓦曾公开表示，他为发现鸭嘴兽这种动物而欢欣雀跃，因为这一发现使他的观点更受欢迎。

1832年，刚从巴黎回来的欧文就卵的问题与若弗鲁瓦产生了争执，而欧文的证据看起来也不是很确切。欧文在鸭嘴兽子宫中找不到用于形成卵所需的壳膜，而骨盆似乎也不足以宽到能让卵通过。欧文宣称，母亲哺乳婴儿的能力是所有哺乳动物的共有特征，当他解剖还没长出皮毛的鸭嘴兽幼崽时，他在它们的胃里发现了凝固的乳汁，甚至还在母亲腹部找到了分泌乳汁的腺体。若弗鲁瓦因此承认失败。但事实上，鸭嘴兽既是能够哺乳的哺乳动物，也是卵生的。虽然在后来几年里并未找到它的卵，不过欧文本应该很容易注意到，鸭嘴兽幼崽嘴里有一颗和爬行动物同样的用以打开卵壳的特化牙齿。如果他当时真的注意到了，那么就是他并未引起重视，甚至完全忽略了这一点。

19世纪30年代，英国探险家头一次将类人猿带回并交给了伦敦动物园。大多数的类人猿很快就死在了笼子里，这就给了欧文一窥其内部构造的机会。长相酷似孩童的黑猩猩在伦敦和巴黎均引起了巨大的轰动。拉马克甚至提出人可能是由黑猩猩变来的猜想：如果它们被迫生活在陆地上，就会因习惯走路而导致那可灵活抓握的大脚趾退化。一旦这样下去，它们便可直立起来，数代之后，它们的幼崽也会变得如此。解放了双手，它们就无须用强健的下颌来武装自己了，它们的吻部会变短，脸部会变平，变成我们人类的样子。

　　欧文无法忍受"人类只不过是直立行走的猿猴"这一看法，更为重要的是，他认为这种说法缺乏科学性。若弗鲁瓦和其他生物学家测量了猩猩和黑猩猩面部的角度，并表示这种变化完全符合扁平化的趋势，如此演变下去，终将会像人类一般平坦。但由于动物园里的类人猿总是活不到成年，生物学家只能研究黑猩猩幼崽。1835年，欧文首次解剖了一只成年黑猩猩，结果表明那些与人类的诸多相似之处并未持续太久：随着黑猩猩的成长，它那幼时与人类相似的面庞逐渐凸起，眉脊逐渐高耸，长出又长又尖的牙齿，面部轮廓变得与我们人类大相径庭。

　　正当欧文忙于从眉宇的角度来为人类争得颜面的时候，一位名叫约翰·纳特尔（Johann Natterer）的博物学家正在亚马孙河中乘风破浪。在他捕获的数百只动物中，一种在河里游泳的动物引起了他的特别注意。事实上，这一动物让他感到非常困惑，于是他把标本带到了维也纳帝国博物馆爬行动物馆馆长利奥波德·费卿格（Leopold Fitzinger）那里。它们看起来像鱼，有鳃和鳍，但当费卿格进一步探向其喉咙时，他发现了很是不可思议的东西——看起来像是有肺的痕迹。它是鱼还是爬行动物（爬行动物这一术语在费卿格那个时代还囊括了青蛙和蝾螈等两栖动物）？此前还未有人碰到过这档子事。令人头疼的是，怎样才能分得一清二楚呢？先前唯一挑战了这种分类的动物是形如鳗鱼的蝾螈，它们常生活在水下，在水中用羽毛状的鳃类结构进行呼吸，然而它们居然还有腿和脚趾。费卿格将这一动物归入爬行动物，但比较犹疑，主要是考虑到他的标本已遭到严重破坏——用他的话来说，"是纳特尔过于心急而捕捉的牺牲品"。纳特尔自己原本认为这是一种鱼，但他还是听从了费卿格的专业看法，将这种生物命名为美洲肺鱼（Lepidosiren paradoxa）：lepido 意指背上的鳞片，siren 代

体长可达1.25米，化石时期：72.1~0 Ma

美洲肺鱼

表了两栖动物，paradoxa 则彰示其模棱两可的状态。

1837 年 6 月，另一个标本被送到了皇家外科学院，但此生物不是发现于亚马孙，而是生活在西非的冈比亚河中。在旱季，它会在泥泞中挖一个四五十厘米深的洞，并在那儿待上几个月。欧文那标本是被埋在一堆泥土里送来的。那擀面杖般的身形以及嘴唇和须状的腿，跟纳特尔所发现的那种生物一模一样。不过欧文当时还未听说在亚马孙发现了一样的爬行动物，因而立即给它取名为鳗形原鳍鱼。

欧文把这个生物放在一边。如果是在几年前，他会一直对其予以关注，但如今他受名望和工作所累，分身乏术。皇家外科学院推倒了旧的亨特博物馆，并在原址上重建了一座崭新且更大的博物馆，其收藏品也比居维叶的要更胜一筹。欧文获得了一大堆的奖项，并发表了一系列令伦敦上流社会都趋之若鹜的演讲。最为重要的是，他收到了大量的新化石，给欧文送这些化石的是一位安静且满脸褶皱的博物学家——查尔斯·达尔文。达尔文比欧文晚一年进的爱丁堡大学，然而直到 1836 年他俩才在一个共同好友家中初次见面。在那里，达尔文向欧文讲述了他刚刚完成的为期五年的环球旅行以及所带回的宝贝，比如跳入太平洋吃海藻、长相不怎么样的绿蜥蜴。达尔文还发现了来自南美的巨型哺乳动物化石，不过他搞不清楚这究竟是什么动物，在晚宴期间，他请欧文帮忙辨认。要鉴定完这些骨头得花费欧文数年的时间，不过他断定它们是如犀牛般大小的啮齿动物和食蚁兽，其体重在马之上。

在那段日子里，达尔文常到学院拜会欧文，探讨这些化石。在显微镜和成批的动物标本的衬托下，欧文会解释其观点，即每个物种的形成都由其自身的能量所驱使，单靠个人的主观意愿，是无法僭越规则再造一个新物种的。达尔文保持沉默，他满脑子的新想法，但却不敢与任何人分享。也许在他俩交谈的时候，欧文多少会妒忌面前这个幸运而沉静的人。达尔文出生在一个尤为富足的家庭，可以随心所欲地做事，现在他赚到的钱是欧文辛辛苦苦工作所得收入的三倍，他可以不问政治，但欧文得以此谋生。欧文在博物馆勤勤恳恳工作，但达尔文却有财力支持其长途旅行，在返回英国之后，还可只喂喂鸽子或是与养狗的人聊聊天，或是到动物园闲逛，看看猩猩发脾气时的样子，聊以度日。

　　与此同时，欧文全身心投入工作之中，直到有一天他发现他被人给打败了。那种他想称之为鳗形原鳍鱼的非洲生物已在亚马孙河中被发现，且已被命名为美洲肺鱼。动物学家十分看重给一个物种命名的机会，仿佛这种机会全拜亚当所赐，欧文也未能免俗。如果有这类的事，他觉得自己更有资格。欧文自己也知道，他就是英国的居维叶。欧文已变成一个傲慢、城府很深且喜欢玩弄手段的人——在他有关美洲肺鱼的著作中，你可以感受到他对失去如此重要动物的命名机会，是有多的懊恼。"自鸭嘴兽时代以来，"他写道，"还没有一个物种像美洲肺鱼那样，令博物学家由衷地感到，知晓其内外部整个构造该是有多的重要，只有这样才能更为正确地了解其特质。"

欧文决定亲自鉴别这只动物为何物。他在自己的地下实验室里观察它的嘴，嘴里长的牙齿奇特到连他自己都未曾见到过：两颗大而带棱纹的臼齿，粘连于上颚。仅凭这点就足以令其与众不同了：20多年来，与其形状相同的化石已在科学文献中频频出现。它们仿若精致的黑色抛光物，一开始曾被说成龟壳边缘折断下来的碎片，最终被认定为生活在三叠纪时期的鱼的牙齿，地质学家将其定代为2.2亿年前。如今，这种现存动物身上竟然出现了同样的牙齿。

欧文写道："单看骨骼，该物种无疑会被归为鱼纲。"不过与化石不同的是，此物种附着有风干了的鱼肉，这就使情况变得复杂起来。欧文沿着绿色的骨骼切开那已风干的橄榄色尸体。他将鳃从骨质支撑物中取出，它们如含羞草叶子那般奄拉着。在肋骨围成的腔里，长有被称为鱼鳔的囊，通过充气变化而控制浮力。此外，与心脏交织在一起的，还有些长长的蜂窝般的袋状物，他只能称之为肺——"因为我不知道除了按其生理或形态，还能有什么其他的称呼方式，从鱼类学家的专业角度，这些绝不是鱼鳔"。这些肺只能用于呼吸空气，因而转变派或许会再一次说，这种过渡动物填补了从鱼类到爬行动物之间的空白。

由于欧文不相信这种转变，他对于将肺鱼归于鱼类还是四足动物类，尤为谨慎。它的大脑类似爬行动物的，贴合在肩部和臀部的细鳍则像简化后的腿。肺无疑是美洲肺鱼最类似于四足动物的特征，这也是令其在陆地上得以生存的器官，不同于鱼那般靠鳃在水中呼吸。但欧文并不想得出这样的结论，他持续进行观察，直到检查到了鼻子。在肺鱼标本中，看不到鼻子与嘴巴的连接，这就意味着像其他所有的鱼那样，鼻子只是美洲肺鱼用来辨别气味的器官，它不可能像陆地上的四足动物那样用于呼吸。欧文找到了他所需要的线索。

"在嗅觉器官中，我们终于有了可以区别鱼类和爬行动物的显著特征，"欧文宣称，"在每条鱼身上都有一个只与外界连通的闭合囊；在每个爬行动物体内都有一条和内外均相连的管道。依据这条标准，美洲肺鱼是一条鱼……这并非是凭借鳃来进行判定的，也不是依据鱼鳔、螺旋形的肠子、未骨化的骨骼，或是其四肢、皮肤、眼睛和耳朵而推论出的，只是依据鼻子而已。"

欧文想从兽性中剥离出人性。这么看来，我们得多亏那高贵的鼻孔，才不会再被说是鱼了。

在与美洲肺鱼打了20年交道后，欧文变得愈发声名显赫了。他发明了恐龙（dinosaur，直译即"恐怖的蜥蜴"）一词，并在水晶宫举办了一场晚宴，应邀出席的名人们围坐在一个禽龙模型的肚子里。他被封为爵士，并从亨特博物馆调去了新建的大英博物馆，在那里，他负责自然历史收藏的管理工作。威廉·格莱斯顿（William Gladstone）[1]和查尔斯·狄更斯（Charles Dickens）[2]是他的朋友。维多利亚女王送了他一栋房子，而他也当起了王子公主们

---

① 威廉·格莱斯顿，英国自由党政治家。在60多年的职业生涯中，他担任英国首相长达12年，此外他还4次担任财政大臣。 他于1832年首次进入下议院，开始了他的保守党政治生涯。
② 查尔斯·狄更斯，英国19世纪中期著名作家、评论家。

的家庭教师。

就在那个时候，欧文找到了一种化解居维叶和若弗鲁瓦冲突的方法。居维叶坚持功能决定形式，并且主要的动物类群之间并无相关关系。欧文认为，若弗鲁瓦所见到的那种，把一种动物转变为另一种动物的方式，尽管细节上站不住脚，但或已触及生命的核心。算上这样或那样的工作，欧文亲手做过的解剖可谓是数不胜数。我们大可侃侃而谈如人类这样的哺乳动物，头部是怎样由多块骨头构建起来，且直到出生后才闭合起来的，以及造物主是如何精心地安排，让我们的头能够通过母亲那狭窄的产道。但是，为何欧文竟能在鸡和蜥蜴身上都找到便于破壳而出的那块骨头呢？其中必定有着更为深层次的联系，欧文称之为同源性——他将其定义为"在不同动物身上出现的为满足同样功能需求而形成的同一器官"。同源性将鸟和人的头骨关联了起来，但是当不同的器官起着相同的作用时，同源性就得与类比区分开来了。比如，会滑翔的蜥蜴的肋骨上都有长长的类似翼梁的结构，它们在翼肋上挂着一块肉肉的翼板，能在从一棵树跳到另一棵树的时候派上用场。会滑翔的松鼠（鼯鼠）在滑翔的时候会展开手臂和腿，用飞膜辅助完成相关的功能。两种动物均可以滑翔，但令其行使滑翔功能的器官，从解剖学来看并不是同源的。

当欧文以这种方式看待生命时，他可以在所有脊椎动物的解剖结构中看到同源性。最终他得出结论，动物的身体都可以看作脊椎的延展。最原始的椎骨是一个上下均由拱形骨转绕着的线

　　　　　　　　　　　　　在水一方：生命的演化

轴，肋骨从其侧面伸出来。从下颌到头骨再到胸骨，脊椎动物骨骼的每一部分都与这块最原始的椎骨的某部分同源。欧文将所有这些同源骨骼简化为最简单的形式，绘制了他所认为的脊椎动物的总图，并且把一种类似七鳃鳗的动物作为原始模型。

原始模型指的是造物主指导生命时所用到的蓝图。正如居维叶所说的那样，生命经历了沧桑变化，在此过程中，原始模型出现了不同程度的修改——首先是鱼类，然后是爬行动物，接着是鸟类和哺乳动物。它们之间的唯一共性，就是在原始模型的基础上不断地修改。肺鱼这种以前让欧文感到十分困惑的动物，实际上是鱼类迈向爬行动物的第一步。尽管欧文认为新物种会随着时间的推移而出现，但他并不接受拉马克关于生命持续向上发展的观点。对他来说，恐龙是个再好不过的例证：虽然它们是爬行动物，但它们凭自身实力成为高级动物，而紧随其后出现的蜥蜴、蛇和其他小型爬行动物却低等得多。

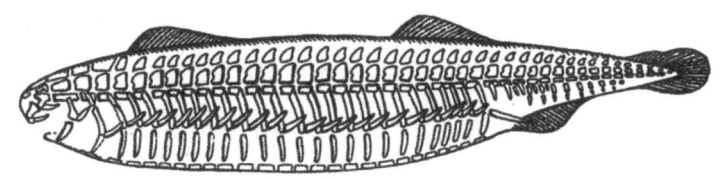

理查德·欧文的脊椎动物原始模型

有些人可能会认为，如果造物主没有将动物设计成适应于其自身的生活方式的话，那么解剖它们就没有什么意义，因为它们不过是偶然形成的。"以伊壁鸠鲁式的沮丧观来看，但凡不犯糊涂的人自是会畏缩不前的。"欧文写道。他认为原始模型确有其自身的功能，但依然保留了让动物可演进的更高级的可能。造物主在构思最早的脊椎动物形式时，应该已经谋划好了可能的形式，因而"对其更为透彻的理解，是使理性和担当成为自身起源和造物主的更好概念"。

欧文表面虔诚，私下里却试图弄清楚物种实际上是如何被有机地创造出来的。教士们可能会认为彼时所有活着的物种都来自诺亚方舟，但欧文则好奇一只不会飞的鸟是如何到达太平洋上一个偏远岛屿的。他始终认为拉马克的竭力和若弗鲁瓦的怪论是可笑的，但演化可能通过其他方式起作用。蚜虫的种群会从一代到下一代完全改变，全都没有翅膀，或全都变成无性的。无论是什么样的生物学原理使其产生了这些变化，一下子创造出全新的物种也几乎是不可能的。当然，新物种的产生是造物主操控的，不过科学可以让我们一窥究竟。欧文对这些演化论点总是含糊其辞。他可是努力了30年才有了如今的社会地位和科学影响力，如果他在公共场合提出和彼时主流格格不入的异端邪说，他就会跌落神坛。故他将此法则含糊概括为"创造性活动"。

1859年，这种含糊其辞的态度已不适合时代的发展需求：在沉寂了20年后，达尔文发表了《物种起源》(*On the Origin of Species by Means of Natural Selection*)。此书的写作开始于1837年7月，即在理查德·欧文首次见到美洲肺鱼的1个月后，那时达尔文打开了一本红色的笔记本，开始勾勒他对物种如何诞生的所思所想。

尽管养鸽子这档子爱好对达尔文来说似乎有些奇怪，但它们是他的灵感源泉。他只需养育最贴近其设想的鸽子，就可在短短几代内令其身体构造产生显著的变化。达尔文意识到，大自然也是一个饲养员，尽管它没有明确的意图。动物在其一生中历尽艰辛——疾病、捕食者、干旱以及种内其他成员的竞争。每一代的个体都会在大小、力量及其他诸多特征上显得迥然有别，其中一些特征会使动物相较他者更具繁殖优势。诚然，这种变化是十分细微的，不过达尔文指出，地球比人们曾认为的可是要古老得多，因而有足够的时间对生物进行自然选择。如果一个物种的种群有了隔离并面临着新的生存压力，自然选择会令其变得与祖先有所不同，并演化出新的物种。无论欧文如何论证化石记录表明物种没有任何内部驱动力，达尔文依旧坚持认为，某个物种或比其他物种存活得更为长久，只是因为它们相较其他形式的物种更具竞争力。生命并非顺着杆子一股脑儿爬向了我们这自诩不凡的人类；它不断分支成新的物种，然后分支成的新物种又继续开枝散叶。有些分支一直延续到现在，有些则步入死胡同，最终走向灭绝。

达尔文的理论之所以强大，是因为它并不像拉马克学派所提的，种群内的"用进废退"而将习得的特性传递下去的说法那般神乎其神，也在于他善于借鉴他山之石，并将之融洽地加入自己的理论框架中。在这之中，他批判得最多的无疑是欧文的理论。"我认为欧文的原始模型过于理想化了，"他在欧文的一本书的页边空白处写道，"除非兼具最高超的技能和最极致的概括，否则不可能成为脊椎动物的祖先。"欧文在脊椎动物中看到的同源性不是神圣模板的痕迹，而只是同族生物的相似性。

欧文并不喜欢达尔文的这种绕弯子的做法：英国的居维叶不应成为任何人的靶子。当达尔文不点名地写到某神创论者是怎样想象物种从一片混沌中跄踉而出，由无机的原子奇迹般地变成了有机的组织时，他确信达尔文是在讽刺自己。糟糕的是，达尔文的拥护者们，如托马斯·赫胥黎（Thomas Huxley）等古生物学家，把欧文当成了其演化论的声讨对象，曲解了他对达尔文观点的反对意见。此时，欧文已倾向于接受同源性是遗传的结果，甚至觉得人类很可能在未来演化成一个全新的物种。然而像达尔文这样试图解释演化是如何发生的理论，只不过是一种"猜想"而已。达尔文只是提出了自然选择或许可以，而并非一定可以解释生命。更糟糕的是，它不过是基于随机死亡和出生的一种有待完善的机制，而非基础性的理论。

生性腼腆且孱弱多病的达尔文待在他乡下的家中，一边种植兰花和食虫植物茅膏菜，一边关注着伦敦科学界对他理论的反响情况。在接下来的十五年里，欧文和达尔文的拥趸们在学术平台上摩擦不断，争斗得异常激烈，充斥着误解和侮辱，令两派渐行渐远。达尔文曾在一封信中这样评价欧文："我曾为如此憎恨他而感到羞耻，但如今至死我都无法忘怀此番仇恨和蔑视。"

欧文一再试图将人类与猿类划分开，以抗衡达尔文的理论。

英国人刚拿到了大猩猩的标本，欧文在对其进行解剖后宣称，人类的大脑具有连这些猿类都不具备的结构。既然人类崇高的思想承载于大脑之中，那么他的独特之处也应该能在其中找得到。但在一系列公开羞辱的行为中，赫胥黎展示了对灵长类动物的最新解剖结果，且表明欧文在解剖方面混淆是非，让结论一团糟。

包括欧文在内的，很多达尔文的反对者，对其理论的厌恶主要在于他那"人是猿后裔"的说辞。然而，在我们那绚烂多彩的世代中，从类人猿祖先到人的转变不过是其中一个新近的、微小的变化而已。至少猿可以行走，可以呼吸空气。至少它有头发和拇指。论起真正的分道扬镳，还得讲回到鱼。谁能从那扁平的纽扣鱼眼中看出一衣带水的关系呢？扁长的身体上无非是长有一张由肌肉牵引着往前咕噜着的嘴巴吧？达尔文很清楚这一点。他曾给朋友写信说道："我们的祖先是一种在水中呼吸的动物，有泳鳔，尾鳍很大，头骨不够完美，不过毫无疑问是雌雄同体！宛若一幅充满生机的人类谱系图。"

撇开厌恶不谈，达尔文的反对者本可以以美洲肺鱼为武器来进行宣战。这是一条登上陆地的鱼，为适应或会致死的环境而创造出一种全新的身体构造。大小和形状的微小变化怎么会创造出前所未有的复杂结构，比如腿和脚的呢？中间过渡物何在，是仍存活着，还是得在化石中才能找到？达尔文自己也曾被这一问题困扰过很久，且还正式发表了出来。他问道，演化是怎样造出像眼睛这般复杂的东西的？他只能想出这么一条途径——一部分光敏细胞卷曲成杯状继而形成晶状体。作为证据，他指出这种演化的所有步骤，实际上都存在于各种动物（无论是苍蝇、枪乌贼还是人类）身上并起着作用。

又有一种新的理论。物理学家能借由观察诸如绕轨道运行的卫星和坠落的炮弹之类的东西，找到公式来预测物体是如何受到重力等力的影响，并用实验来对其进行测试。在达尔文之前，人们认为生物学不过是一种医学哲学，是一种用骨头和肌肉来思考分类和联系等抽象概念的方法；或是一种动物学的基督信仰，其中有机体对其周围环境的所有适应都是上帝全能的证明。现在达尔文正在使生物学成为一门历史科学。如今现存的鸟之所以长出了翅膀，正是因为它经历了漫长得令人难以置信的曲折演化过程，这一过程是无法用简单的公式或某些实验就能完全重现的。达尔文警告说，我们也找不到很多现存的过渡物种来还原这段历史，既然一个演化成功的新物种都能把它的亲本种搞得荡然无存，更不用说可毁灭一个物种的各种灾难了。至于化石，虽然地球是一个巨大的骨骼博物馆，但其收藏是随意挑选的，我们只能寄希望于找到生命之树上的几根小枝。

当达尔文于1882年去世时，达尔文学派也日渐式微。越来越多的科学家接受了演化论，但达尔文的那版却不够牢靠。不同生命形式之间的差距仍然很大，而达尔文的遗传观念比较混杂，无法解释遗传的实际发生情况。在十年之后欧文故去时，他大可心安坦然地走进坟墓，因为如果他自己的演化理论是失败的，那么

　　　　　　　　　　　　　在水一方：生命的演化

至少达尔文也未能得胜。

经过代代相传的自然选择，我们现在所说的微演化才得到了证实，又历经了几十年的时间，我们才开始理解单分子水平的遗传过程。脱氧核糖核酸，即通常所说的DNA，呈双螺旋结构，存在于除某些病毒之外的每个生物体的几乎每个活细胞之中。它由螺旋形的糖分子和磷酸盐所组成，如果把人类细胞内的螺旋拉直排列，会有约一米长。其中运行着30亿条的遗传信息单元——称为核苷酸的互补分子对。它们只有四种不同的碱基形式（ATCG），以构成生命形式的基本单元。DNA被游离的蛋白质所包裹，这些蛋白质可使DNA双螺旋链更为紧密地缠绕在一起，同时又更利于解码核苷酸。当外界信号分子进入，其他蛋白质会锚定于DNA片段，并以短链形式对其进行复制。这些新复制的DNA像滚轮般连续不断地通过细胞核。在这些位点，还有其他蛋白质使用此信息作为模板，将称为氨基酸的小分子连在一起合成新蛋白质。蛋白质是组成生命的主要物质和活力源泉：它们变成头发、皮肤、结缔组织和指甲；同时它们也是血液中氧气的载体，是肠道中的消化器、眼睛中的捕光器以及DNA自身的搬运工。

生命进行繁衍的方式多种多样，但都离不开制造新的DNA。例如，在一个女人身上，所有细胞（体细胞）都有两组几乎一样的基因，除了卵巢中那最终会变成卵子的细胞（生殖细胞）以外。当此细胞成为卵子时，它的基因会进行交互，交换序列，然后进行分离。细胞分裂成卵子，因而每个卵子只有一组基因，而非通常认为的两组基因。男人的精子同样也只有一组基因，当它游到卵子前并与之融为一体时，两者的基因相结合，组成完整的一对基因。婴儿体内的新基因并非父母基因的混杂，而是两组镶嵌的结果。如果他从母亲那里得到一个特定的基因，他也会产生与该基因在母亲体内一样的蛋白质。遗传是完整基因的镶嵌，而非达尔文所想的那种调酒过程。有的基因很是强大，仅凭它们自身便可赋予婴儿以显著特征，如蓝色的眼睛。其他则功效没那么明显：它们调节其他蛋白质的作用，或同数十种蛋白质一起完成某种任务，如使细胞膜变得有黏性或平滑。在这些情况下，遗传现象的确就不易被察觉。

这是一个精密的系统，但远非完美，然而正是这种不完美才得以揭示演化的奥秘。当精卵结合时，其基因混在一起，错误会蔓延。基因信息在从一条染色体传递到另一条染色体时可能会有所丢失，或存在一个碱基对被误读的可能。代码中的小差池通常没有太大的影响，但有时它也会给基因整出点幺蛾子，使其无法制造蛋白质，并且由于缺乏这种蛋白质，造成骨质疏松或贫血，或致使孩子没法正常诞生。在极少数情况下，它可以得到比原先那版更"好"的基因，或是全新的基因。如果这种改进使动物长到成年、繁衍和抚育自己后代的概率稍高一些，它就会在整个种群中进行广泛传播。如果特别占据优势，新基因或会在几代之后变得普遍；如果益处有限，并且基因的另一个变体经常出现，它就仅在某一种群中占主导地位。一些稀松平常的基因与优良性状的

在水一方：生命的演化

基因连锁在一起，一同进行遗传。某些基因只有在与其他许多基因一起遗传时才能很好地发挥作用。有时基因的增减只是随机的。在一个庞大的种群中，这种遗传漂变通常是微不足道的，占比很小，但在一个小的、存在着隔离的动物群体中，基因的一丁点儿变化便可为其敲响丧钟，甚至和宏观演化压力无关。

一旦生物学家开始了解基因是如何变异的，他们就可以最终掌握达尔文亦所不明的物种的真正起源方式。他们发现，要产生新的物种，就得有旧物种消亡。例如，假若一条新的溪流将生活在山谷中的蟋蟀分隔开来，它们便无法相互交配，因此基因只能在自己的群体内进行循环。随着基因的突变，出现更适者，抑或只是出现了漂变，两拨蟋蟀变得愈发不同。如果几千年后溪流干涸，把这两拨蟋蟀再次混到一起，它们可能再也无法交配，因为它们的基因已经变得不相容了。

这是生物学家所知道的产生新物种的一个最简单方法，但还有许多其他可能性，其中一些相较而言，可能有更多的支持证据。动物起初基因不相容也可能是由非遗传因素引起的：雌蟋蟀通过听声来择偶，也许河对岸的雄蟋蟀的叫鸣声变化太大，以至于这边的雌蟋蟀失去了兴趣。如果边界只隔离了种群的一小部分，那么新物种的形成可能会发生得很快。在一小群动物中，基因库会变得特别的不平衡，以至于新的基因组合会在其中呈席卷之势。另一方面，一些研究人员怀疑新物种的形成也可以在没有任何隔离的情况下发生。随着某种蟋蟀在某个地区定居下来，其中居于北端的蟋蟀便可能会比其南部的亲缘种更能耐受寒冬。如果它们与不太适应寒冷的蟋蟀交配，其后代将不那么耐寒，因此它们往往会坚持只和同地区的同类交配。如此井水不犯河水，久而久之它们会彼此隔离，就形成了两个不同的物种。

达尔文的思想与20世纪遗传学的这种结合被称为新达尔文主义。它以稀松平常的方式很好地描述了基因演化、传递和新物种的形成。当生物学家首次提出对微演化的解释时，他们指出，如果令其持续上千或数百万代，就会出现化石所展现出的那种变化。但为了让人类见证生命的真实历史，宏观演化自身必须成为一门科学。第一步就是得弄清楚有机体是如何相互联系的，无论是现存的，还是早已成为化石的。

当后来的生物学家重新审视欧文所研究过的动物时，他们不时会发现他工作中的纰漏。有些是由于标本不佳；有些则是他故意为之——刻意忽略掉与自己理论相左的一些线索。例如，随着对美洲肺鱼标本的研究越来越多，很明显它们的鼻孔，或者至少是类似鼻孔的通道，是连到嘴里的。尽管欧文声称它们只是用来辨别气味的，他那个风干标本的鼻孔一定是堵住了。后来的科学家，如爱尔兰解剖学家罗伯特·麦克唐纳（Robert M′ Donnel）为确定这个标本的真实身份而苦恼不已。他在1860年写道："或许可以推定，美洲肺鱼实则承载着一种特殊的使命——它游走在两大不同物种（鱼类和两栖类）之间。这种大自然创造的边缘物种，是从一类向另一类进行转变难以察觉的最好例证。"

麦克唐纳弄到了这样一只活生生的动物，它来自冈比亚河麦卡锡岛附近的泥巴洞穴中，被一块帆布包着装在盒子里，放了76天。"拿到它后，我当然非常想知道它是否还活着。我便打开盒子，用一根稻草探进鼻孔去触碰它，它就晃来摆去，使劲折腾，仿佛不仅是要明确表明它还活着，还好我赶紧缩回手，要不然可能会被咬。"他削开包裹着的布条，里面的泥巴太过干硬，不得不将其锯成两半。"在这一过程中，动物持续地发出声响，毫无疑问是主动为之，当然声音远不如传说中的海牛之歌那般动听，但传到我的耳朵里却异常悦耳。"打开之后就能看到鱼，它身上蜕掉的皮好似干枯的桦树叶。他将鱼放到一缸水里，看着它自己舒展开身体畅快地游来游去，活力十足，并且再也没有发出声响了。

麦克唐纳发现，这种动物的鼻孔显然对其在泥囊袋中进行呼吸至关重要。在他看来，它的心脏就像蝌蚪的那样，肺却如同蛇的那般。"我不知道还有什么能与美洲肺鱼媲美，能如此契合达尔文的理论。"换句话说，他不知该如何称呼它为好。

1870年，古生物学家收到了从第三块大陆澳大利亚送来的美洲肺鱼的一个近亲。这只动物浑身发白，体形较宽，就像它在非洲和南美洲的近亲那般，它的鳍像四肢一样固定于肩部和臀部。与拥有细长鞭状鳍的美洲肺鱼不同，它的鳍较为粗壮，里面好像包裹着沿中轴分支出来的骨头。这种澳大利亚鱼很少浮出水面呼吸空气，相较其他几种，看起来更像古代化石上的样子。这些古代化石可追溯到4.1亿年到3.55亿年前最早出现鱼类的泥盆纪。由于它们之间颇深的渊源，将其统称为"肺鱼"（或 dipnoans，意为"两个肺的鱼"），这也就使得演化学界对其产生了更为广泛的辩论。正如一位怀疑论者所写的那样："一些动物学家将美洲肺鱼视作鱼类为演化到更高级的两栖动物而不懈努力的例子，然而这推测并未得到证实。因为我们发现肺鱼有不太易被察觉的返祖现象，正在回到有鱼类遗骸以来的某个最古老时代。"然而，达尔文从未说过肺鱼是我们四足动物祖先的最初形式。相反，肺鱼和四足动物有着共同的近亲祖先，且还都是水生动物，只是这两个分支在历史上朝着不同的方向发展。

到了19世纪末，古生物学家对脊椎动物的早期历史有了更为清晰的认识。以今天的盲鳗和七鳃鳗为代表的最原始脊椎动物是没有下颌的，只能用鼻子在水底淤泥中来回地嗅，以寻找猎物。大约4.5亿年前演化出了体形更大且带有下颌的生物，此后鱼类迎来了自身发展的黄金时代。在泥盆纪时期，海洋中出现了自此之后从未见过的各种脊椎动物：有锯齿状鳍的鲨鱼、有盔甲的盾皮动物、十来米长的节颈鱼、鳍看起来像蟹腿的胴甲鱼，以及各式各样的巨型肺鱼。

虽然这些谱系中的大多数业已不再，但起源于泥盆纪的四大类仍存活至今，包括无颌鱼、鲨鱼和辐鳍鱼。肺鱼则属幸存下来的第四类，这一类被称为肉鳍鱼。它们之所以得此名，是因为它们的共同点之一就是都有肉质的鳍，里面还长有数根强健的骨。当古生物学家在泥盆纪还发现有其他肉鳍鱼化石时，他们得出的结论是，相较肺鱼而言，肉鳍鱼似乎更像是四足动物的祖先。比起鲟鱼，有四肢的肺鱼肯定和人类更接近，但还是有些关键性的区别。人类和所有其他四足动物的肩关节，是由肱骨的球形关节和肩部的槽状关节嵌在一起的。然而，在肺鱼中则是肩部关节为球形，而肱骨关节为槽状。肺鱼有和四足动物一样的鼻孔，但其头骨则像是一个棱柱体的扩展而并非球形，看起来就像有人用木槌敲打它们的头，然后把碎片又粘在了一起。

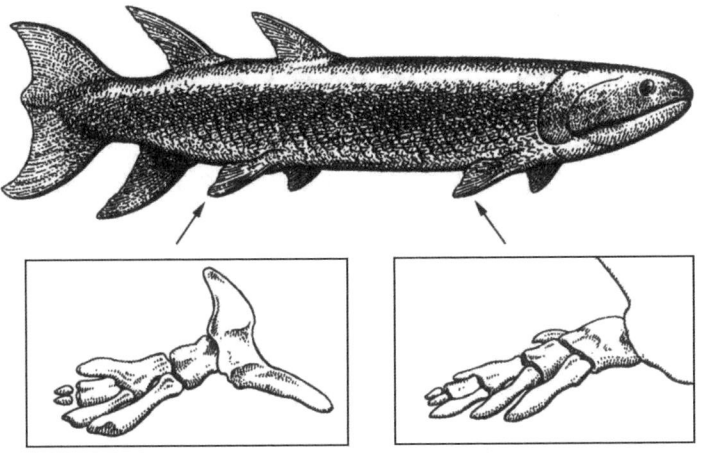

有肉鳍的真掌鳍鱼，它前鳍中的一些骨头与我们人类手上的肱骨、桡骨和尺骨很是相似（右），而其后的一对鳍则类似于我们人类下肢的股骨、胫骨和腓骨（左）

　　古生物学家还研究了与我们亲缘关系更为接近的新发物种肉鳍鱼，如真掌鳍鱼属。在19世纪80年代，加拿大的一位农民发现了保存十分完好且未被挤压变形的真掌鳍鱼化石，此后每隔几十年便又会发现更好的化石。如果纳特尔碰巧在河里，这种鱼很可能都无法引起他的注意，很可能被当作一条普通的鱼直接忽略掉了，因为它的身子看起来就像是梭子鱼或北美狗鱼，让人极易被那扁平的头和健壮的鳍给蒙骗。它用一套与我们人类的胳膊和腿尤为相似的小骨来控制肉鳍。人的骨头中，离肩膀最近的是肱骨，肘部下面的两根细骨是桡骨和尺骨；真掌鳍鱼鳍中的骨头结构与人类的相同，只是小上几号而已。它的头骨并非打碎又拼合在一起的那种，而是一系列成对的骨头，很像我们从鼻子到后脑勺的那些骨头。当古生物学家对骨头进行逐一比较时，注意到了它们是如何相互连接的，并意识到这与早期两栖动物的颅骨同源。

这种同源性提示了真掌鳍鱼这样的肉鳍鱼更可能是四足动物的祖先，但这并不足以揭示转变的整个过程。许多肉鳍鱼，好比真掌鳍鱼，可以沿着悬于大脑上方的铰合部将其颅骨顶部进行弯曲。在放低下颌的同时弯曲其吻部，它们可以把嘴张得更大以攻击其他的水生动物。即使是最原始的四足动物也无法做到这一点，因为构成脑壳的骨头已牢固地绑定到了一起。还有其他一些没有弄清楚的问题，比如四足动物的头和肩膀之间是怎样长出脖子的，它们是如何演化出肘部、膝盖、腕关节、脚踝、手指和脚趾并失去鳍和鳃的。"在已知最古老的两栖动物和所有鱼类之间，"一位古生物学家在1915年写道，"仍然存在着古生物学至今未能阐释清楚的巨大的结构差异。"

古生物学是一门四处搜罗的科学。世界上到处都是化石，令

　　　　　　　　在水一方：生命的演化

人难以置信的是，古生物常常要么定格在了垂死挣扎的那一幕，要么在地壳中身首异处。然而世界太大，到处是泥土和树木，要想找到很多有用的化石就没那么简单了。古生物学家需要能静得下来，要么得花一下午的时间穿梭于荒原，要么得有几代人的持续积累，才能破解出化石的意义所在。到了20世纪初，地球上似乎找不到能够解释脊椎动物是怎样首次踏上陆地的化石证据了。更多的泥盆纪肉鳍鱼化石被发掘出来，但最早的四足动物只能追溯到约6 000万年前的石炭纪晚期，这中间隔了3亿年。或许最早的四足动物很可能出现在泥盆纪，但在英格兰和其他地方的泥盆纪岩石中收集了上百年化石，人类也并无斩获。

一趟注定失败的穿越北极的气球之旅，却给古生物学带来了希望。在19世纪90年代，欧洲探险家还在为找到北极而想尽办法。瑞典人弗里乔夫·南森 (Fridtjof Nansen) 在秋季直接驾船驶入满是冰川的北极圈，因而他的船"弗莱姆"号被冻结于冰面之上，并随着洋流漂向极地。就这样他们被冰裹挟着漂流了两年半，直到"弗莱姆"号很明显不再向北漂移，转而向东漂向欧洲。他跳下船，试图继续向北迈进，却发现他所处的冰块正在向南漂移。在离真正的北极点只有4°的地方，他向法兰士约瑟夫地群岛狂奔而去。

"弗莱姆"号向东漂流了几个月才从冰中解脱出来，于是船员们得以向南航行到斯匹次卑尔根岛。在那儿的平地上，他们看到了一个巨大的热气球。驾驭它的是一位名叫萨拉蒙·安德鲁

（Salamon Andree）的年轻的瑞典工程师。安德鲁认为像"弗莱姆"这样的船永远无法到达北极，而这种热气球飞行是唯一行之有效的方式。他说服瑞典国王和阿尔弗雷德·诺贝尔（Alfred Nobel）[①]为热气球买单，并用船把热气球运到了斯匹次卑尔根。在那里，他将成吨的硫酸和锌混在一起以制造氢气，耗时四天才将氢气充满到丝制的热气球中。但就在他准备好升起热气球之前，大风就刮到了岛上，接着"弗莱姆"号驶来，带来了南森乘坐着雪橇朝北极进发的消息。安德鲁只得收回热气球。

当他回到瑞典，发现南森实际上并未取得成功，于是他开始策划再来一次。他于1897年回到斯匹次卑尔根，这一次他成功地飞了起来，不过没多久他就意识到他也逃脱不了失败的命运。他和他的两个船员一起向北飞了几天，但随着北极上空气温和湿度的骤变而不停地上下颠簸。在越过极地冰层的边缘时，热气球被雨雪压得飞不起来，直到热气球绳都被拖拽到了冰面上，吊舱像球一样在地面上撞来撞去才停下来。他们在浓雾中蜷缩成一团。一周后，安德鲁决定带上食物和一艘折叠船，驾驶雪橇驶过浮冰。拉着雪橇在冰面上艰难前行的时候，他们特别希望能在法兰士约瑟夫地找到避难所。然而脚下的冰却不遂人愿，反而向其他方向漂去。在北极浮冰上漂了两个月后，他们来到了一座叫作怀

---

① 阿尔弗雷德·诺贝尔，瑞典著名发明家、企业家、化学家、武器制造商。他曾拥有主要生产武器的波佛斯公司及一座炼钢厂。在其遗嘱中，他用极为庞大的财富创立了诺贝尔奖。

在水一方：生命的演化

特岛的岩石丘。37年后，捕鲸者来到岛上，发现了他们的破船和日记，而安德鲁的遗体仍然安坐于风雪之中。

但在1897年，没人知道安德鲁究竟去了哪里。以后几年的夏天，他在瑞典的那帮科学家朋友乘船四处找寻他，先是去了斯匹次卑尔根附近，后又到了格陵兰岛。随着层层浮冰的融化，他们又乘坐帆船和蒸汽船沿着岛的东边航行了8周。他们勘察了起伏的海岸，并在一座象背状的，被取名为塞尔萨斯山（Celsius Berg）的峡湾里找到了一些骨头。然而，这并非安德鲁及其船员的尸骨，而是已有数亿年历史的肉鳍鱼骨骼。

虽说在别的泥盆纪岩石中也发现过这样的化石，不过对于那些研究此地质时代的人来说，就好像地图上突现了一块新大陆：其他泥盆纪岩石大多都藏于茂密的树林和灌木之下，比如英格兰和宾夕法尼亚，而格陵兰的山则全是光秃秃的。遗憾的是，这些化石均地处偏僻，要不是因为其他一些事，比如寻找一位著名的探险家，古生物学家是不会去到北极这个如此偏远的犄角旮旯的。大约30年后，也就是20世纪20年代后期，再次出现了这档子事，那时丹麦和挪威正在争夺对东格陵兰岛及其背后的石油和矿产的控制权。丹麦人带上了瑞典科学家，他们发现了更多的肉鳍鱼骨骼，以及一些未知的动物骨骼，只得简单地将其标记为"关系未知的鱼状脊椎动物的骨骼"。

这些探险活动的危险性相比于安德鲁和南森之旅也不遑多让。科学家们仍乘坐装有三个横帆桅的木制蒸汽船旅行，而不是现今可以使用的水上飞机进行考察，他们所穿的也是北极熊皮缝制的衣服。1931年，一位名叫贡纳尔·塞维-索德伯格（Gunnar Säve-Söderbergh）的精力充沛的22岁地质学家被任命为探险队的负责人。每天的16个小时他是这么度过的：爬上山，不时把石块扔进背包并勾勒着沿途的地形地貌。他有一本专门为探险而准备的编号标签簿，"P"代表鱼类，"A"代表两栖类——考虑到还没人发现过泥盆纪的两栖动物，如此标记可真是够自信的。首个夏天，当索德伯格绕过塞尔萨斯山的北坡时，他看到了更多的化石。在东坡下的落石堆中，他还发现了十几块扁平的头骨碎片，看起来跟先前见过的所有肉鳍鱼都不太像。他兴冲冲地用"A"来进行标记。

那年秋天，索德伯格回到斯德哥尔摩，他慢慢地将骨头从坚硬的砂岩中取出来，用酒精和香脂进行涂抹，以露出其间的骨缝。他在俯视这些颅骨顶部时发现，虽然这些骨头拼凑起来倒是有几分像肉鳍鱼，但那长长的鼻子和其他一些特征，只有早期的四足动物才有。他意识到他发现了最早的四足动物，于是根据其扁平的头骨将其命名为鱼石螈，即"板鱼"。这一发现在丹麦引起了不小的轰动，不仅在那些想要对格陵兰岛加强控制的政客中间，还有公众中间。为表庆祝，一位报刊漫画家画了一条长有狗腿的鳟鱼，上面背着一个抽着烟斗的穴居人，同时蛇盘踞于山峰，而大象则挥着翅膀在天上飞着。

在接下来的几个夏天里，索德伯格或步行，或乘船，或骑冰岛马以丈量该地区的其他区域。化石源源不断地出现在他跟前——主要是鱼，偶尔也有一些鱼石螈。1929年所发现的奇怪化石原来是鱼石螈的肋骨，如同层层叠叠的大百叶窗那般。他的助手们，尤其是乌普萨拉大学的一位名叫埃里克·亚尔维克（Erik Jarvik）的学生，发现了更多的鱼石螈头骨。其中于1934年出土的一块保存得十分完好，以至于古生物学家可以将其垫在蓝色天鹅绒枕头上，横渡大西洋带回来。在取得此成功之后的五年，索德伯格被任命为乌普萨拉大学的教授，但在同一年，他也被诊断出患有肺结核。卧病在床期间，他设法写了几篇有关他收集的一些肉鳍鱼的文章，之后他在1948年6月去世，年仅40岁。在索德伯格去世的那年夏天，格陵兰岛的探险队终于找到了鱼石螈的腿部、肩部和尾部化石，从而还原出了它的大致轮廓。

作为探险队肉鳍鱼专家的亚尔维克，承接了岩石标本及重塑动物的任务。他看到，鱼石螈的腿虽然短且呈下蹲状，但有肘部、膝盖、脚踝、手腕和脚趾，足以证明它是四足动物。在它身上并未找到鳃的迹象。它的脊椎很结实，臀部和肩膀十分宽厚，头骨僵硬。然而亚尔维克还是在它头骨上与肉鳍鱼头骨相同的地儿，找到了骨缝。在四足动物的残余构造之下，可以大致窥见其祖先的样貌。另一方面，它的尾巴昭示出它依然保留了鱼的特征。要知道，四足动物的尾部较为简单，是由一长串逐渐变细的椎骨构成，其外包裹着肌肉（我们人类的椎骨已退化成如同一条嫩芽般的尾骨），而肉鳍鱼的尾部要精巧得多，好比是动物用以在水中移动的马达。每个椎骨有两支棒状骨，一根在上，另一根在下。附着其上的那更为细长的骨头被称为桡骨，而在它的每一分支上还有扇状的鳍条：一种全然不同的骨头，被称作真皮骨，鳞片也同样由此构成。这种复杂的解剖结构使肉鳍鱼可以摇尾前进或后退，以及在水中疾驰或突然刹止。鱼石螈尾底有一个简化了的四足动物特征，但顶端仍悉数保留着鱼尾的结构，尽管对它来讲已经中看不中用。从某种意义上说，它还是一种半水生动物。

体长约60~70厘米，化石时期：365~360 Ma

埃里克·亚尔维克于1956年重塑的鱼石螈（我们后续会看到，古生物学家业已对其外形进行了一定的修饰）

　　加上亚尔维克的研究，在我们祖先从水生到陆生的发展过程中，古生物学领域的两个里程碑事件得以确立：一个是真掌鳍鱼，这是一种能隐隐映照出我们人类身体特征的肉鳍鱼；另一个是鱼石螈，这是一种原始的四足动物。鱼石螈作为我们的祖先，这货长得确实不好看。从还原图看，它不过一米多长，外伸的四肢，拖在地上的尾巴，长在头顶上的眼睛，马桶盖似的大嘴能够夹捕猎物，再用两排利齿可将其刺死得以果腹。无论你是否满意它的颜值，都不能改变"它就是人类祖先"这一事实。

第二章
震惊，竟有八趾蝾螈？

这是鱼类的一小步，却是脊椎动物的一大步。

——译者

就在贡纳尔·塞维-索德伯格首次从格陵兰岩石中找到鱼石螈的骨头化石时，其他科学家也开始思索是什么样的选择压力迫使四足动物必须登上陆地。存在这样的疑问是自然而然的事，因为这个答案也将揭示人类自身从何而来。不过，彼时的古生物学家总是设法给它赋予"宿命论"的味道。正如一位科学家在1916年提出的，当今仍存于世的脊椎动物，其祖先不可能是鱼，而是其他从未离开过水生环境的物种。"至于鱼类，再怎么样也不过还是条鱼。无论它们分化的程度有多高，它们都没有，也不可能跃升到更高等级。要知道从有限的水域闯入无限的空气的过程，对物种长足的演化固然至关重要，但也是其面临的最大挑战之一。"

直到最近，古生物学家大多还依靠一个关于残酷旱灾和其他死亡威胁的过往掌故来解释宏观演化是如何使我们祖先得以度过这场危机的。20世纪最伟大的一位古生物学家阿尔弗雷德·舍伍德·罗默 (Alfred Sherwood Romer) 很好地阐述了这一点。他的父亲是美联社记者，他在纽约州的怀特普莱恩斯长大。他在还是个孩子的时候，被一只狗给咬了，因而不得不来到纽约市注射多剂狂犬病疫苗。打疫苗得花上数周时间，因此他成天都和一位不知道怎么带孩子的老阿姨待在一起。老阿姨每天都把他带到美国自然历史博物馆，然后把他丢在那儿，他便与长着帆状背部的异齿龙及长有鸭嘴的鸭嘴龙交朋友。

近朱者赤，罗默因而与古生物就此结下不解之缘。在参与了第一次世界大战之后，罗默回到了博物馆，师从古生物学家威廉·格雷戈里（William Gregory）——就是他最先发现了真掌鳍鱼，并提出了这可能是四足动物祖先的近亲。罗默沿袭了该项工作，研究了肉鳍鱼是怎样通过演化变成四肢动物的，同时还对肉鳍鱼的头骨进行了解剖处理，以研究颅骨是如何连接的。在哈佛任教期间，他每个暑假都在得克萨斯度过，在那发掘原始两栖动物和爬行动物的化石。罗默对脊椎动物化石的宏观把握是至关重要的，在他所做的每一件事中，都继承了格雷戈里和他那记者父亲的风格——他始终将演化过程视为一部连续的历史剧，而他的任务就是补全其中缺失的章节。他同时痴迷于悬疑探案小说，相信这对于他的工作也有不少启发。他先后在芝加哥和哈佛进行讲学，每场报告礼堂总是座无虚席。他从不在意外表：为了不受穿衣搭袜的困扰，他总是打上黑色领带，穿着黑夹克和黑裤子。然而，每当这个小个子讲述完某段演化过程时，听众们都会站起来鼓掌，而他写的一份科研基金申请，评委们甚至会将其带回家当成睡前读物。

为解释四足动物的起源，罗默从他在欧洲服役期间所发表的一篇论文中汲取了灵感。根据一位名叫约瑟夫·巴雷尔（Joseph Barrell）的地质学家的说法，许多最有说服力的线索并非源自化石，而是其周围的岩石。巴雷尔是一位借由石头颜色和质地来辨认原始地貌的专家，他对泥盆纪的老红砂岩的形成尤为在行。"到底是物理条件决定了老红砂岩的质地，"他问道，"还是某些鱼类跃出开阔的海面呼吸着新鲜的空气，进而在坚实的陆地上爬行，从如此低的起点开始今后一骑绝尘的演化征程，铸就陆生脊椎动物王朝并统治着地球上的一切生物？"

老红砂岩替他给出了答案。此颜色来自于形成此岩石的土壤，土壤中所携带的铁化合物因暴露于空气之中而呈锈色。巴雷尔得出结论，要生成这样的岩石，大陆得处于半干旱状态，或每年都有旱灾才行。古生物学家在这些泥盆纪砂岩中发现的肉鳍鱼化石一定生活在湖泊和河流中，而这些水体每年都得因不断蒸发而干涸。这种严苛的环境或会迫使肉鳍鱼向四足动物进行转变。在旱季，它们挤进日渐干涸的水坑之中，水中的氧气会逐渐减少甚至完全耗尽。"呼吸空气将成为一种优势，有此能力的动物尽管气喘吁吁，几近窒息，但总算在其他鱼类死亡一片的时候存活了下来，"巴雷尔说道。

罗默在巴雷尔的干旱学说的基础上，增加了一些生物现实主义的思想。现存与四足动物亲缘关系最近的生物是肺鱼，它们都生活在淡水之中，这与罗默那个时代的化石记录相一致。池塘中缺氧或会促进肺的演化，以作为对鳃的补充。"但是设想一下，如若干旱的情况进一步恶化，池塘里的水一滴不剩了呢？"罗默问道，"大多数的鱼确实会继续待在泥里，如若没有及时雨，它们将很快死掉。不过，鳍趋近于四足动物那样的鱼，即一种有着肉鳍的鱼，倒是可能在河道上爬来爬去，找到一个仍有水的池塘，欢畅地一跃而入，像往常一样生活。"

鱼离不开水。要想在对鱼类不利的环境中继续生存下去，长出腿恐怕是先决条件。"就当时的情景而言，鱼类长出腿是一种适应，目的是增加它们能在更相宜的水环境中生存下去的机会。"罗默如是解释。后来，当亚尔维克逐渐揭开鱼石螈的神秘面纱之时，罗默感到很是满意。它的腿看起来足够强健，足以支持其穿过旱地去到池塘，但对这类动物本身而言，在池塘里待着会更为适应和安乐。

罗默时常援引这个故事，因为他认为这是纠正错误观点的有力证据。对一些人来说，生物从海洋登上陆地的转变看起来是如此之剧烈、如此之彻底，他们不得不相信这种转变必然有神秘力量的加持。然而，罗默已经指出，生物适应环境的变化，其大部分都是在水中完成的，这或为动物最终完全适应生活于陆地做好了准备。达尔文首先注意到了这种"标新立异"的预见，而它的重要性在20世纪也愈发清晰起来。哥伦比亚大学的鸟类学家沃尔特·波克（Walter Bock）在 20 世纪 60 年代对此进行了细致入微的研究，他最喜欢举的例子是鸟类的喙。当像剪嘴鸥或鹈鹕这样的海鸟捕食时，它们会冲入水中，张开嘴叼住鱼。以如此之速度将其下颌没入水中，会让它们颌后部和头骨之间的第二个关节承受巨大的冲击力。陆地上的大多数鸟类都没有这种连接组织，如果胆敢尝试这种危险举措，下颌骨就会骨折。波克提出了一种由普通下全颌演化成鹈鹕那样下颌的路径：假设陆地上的一支鸟类演化出更为强健的下颌肌肉，这些更强健的肌肉需要更牢靠的关节连接处，于是下颌后部就渐渐为适应肌肉而形成更为牢靠的支撑点。随着时间的推移，此支撑点会往后延伸，直到与颅骨相连并不知不觉形成一种支撑连接结构。如果此时这些鸟再开始进行如此有冲击性的猎杀活动，比方说俯冲抓鱼，它们早已为之准备好了减震器，尽管这是在和抓鱼无关的另一组压力之下演化而来的。

多年来，像鸟类下颌支撑这类的例子被称为"预适应"（preadaptations）。这个词乍一看似乎是"有意识地规划未来"之意，但实际上这是演化本身所永远不具备的，因此在 1982 年，哈佛大学的斯蒂芬·杰伊·古尔德（Stephen Jay Gould）和耶鲁大学的伊丽莎白·弗尔巴（Elizabeth Vrba）提出了另一个术语，即"扩展适应"（exaptation）。这一术语更好地涵盖了这一概念：A 结构是为适应 B 功能之需演化而来，后被用在了 C 方面。例如，脊椎动物的祖先是没有骨骼的，但它们为了储存能量，依然需要将磷脂储存于皮下，以便在食物稀缺之际渡过难关。而保存磷脂的最好方式是将其置于钙基质中，这便恰好形成了一种坚硬的组织——骨。如果是外骨骼，还可以保护动物免受捕食者的侵害，因此自然选择开始将此储藏室"幻化"为盔甲。我们更熟悉的，则是骨骼可以很好地作为体内肌肉的支撑结构，共同形成运动系统。因此，骨的产生，是为了保持充足的能量蓄积而做出的适应，最终成为"内外兼修"的扩展适应。在罗默的设想中，带有原始肢骨的肉鳍是可以在陆地上行走的四肢的一种扩展适应形态。人们甚至可以将整个动物体视为一系列的扩展适应的组合。在罗默的例子中，四足动物是一种能以最快的速度在陆地行进，当然也就能更快回到水中的鱼。直到很久以后，它们才把这种在水与水之间的来回穿梭视为常态——真正变成了可以在陆地上生活的物种。

为了一睹罗默所说的那些类似于四足动物初始产生的泥盆纪修罗场，我来到了宾夕法尼亚州腹地。一位名叫泰德·达斯勒（Ted Daeschler）的古生物学家最近有了一项重大的发现：找到了3.67亿年前的四足动物的肩胛骨化石，这可比鱼石螈要早上400万年。他希望能找到其他的部分，于是每个月都会从费城自然科学学院[①]的繁忙工作中抽出几天时间来此寻觅。他也并不介意我这样一个来自布鲁克林的小生手过来帮忙。

在沿着萨斯奎汉纳河驱车前往威廉斯波特时，我很难想象有人会寄希望于在这里找到化石。我从照片上看过景象荒凉的格陵

---

① 现德雷塞尔大学自然科学学院，是美洲最古老的自然科学研究机构和博物馆。

兰岛，我觉得倒不失为一个更适合找化石的地方，至少未被冰雪覆盖的区域是很有可能的。要知道宾夕法尼亚州气候温暖，景色宜人。无论是从山坡上一直延伸到玉米地里的那片树林，还是谷物升降机或便利店后面，或是紫色的野花丛中，或是少棒博物馆①下面，或是营地辅导员沿人行道摆开的堆满网球的购物车下面，我根本看不到化石。我能看到的石头只有马路上的碎石而已。

达斯勒在威廉斯波特郊外的一个简易机场的停车区与我碰面。他那厚实且蓄着胡子的微笑脸庞上长着一个塌鼻子，让我不禁联想到了水獭。我们上了他那后座上满是凿子、撬棍、石锤和毯子的轿车，然后驱车前往萨斯奎汉纳河的西边支流，在一条有很多行驶缓慢的卡车的狭长山谷里，走不了几千米就会看到那一个个日趋衰败的城镇：皇后伦、法伦兹维尔、海纳、里诺沃。望着窗外高速公路两旁的森林，我告诉达斯勒，在这里寻找化石看起来是多么疯狂。

"土壤可是给我带来了不少困扰，"他说，"我登上海纳角，时不时放眼远眺整个山谷，浮想一座大冰川的崩塌。"他把空着的那只手伸向前面的挡风玻璃。"它把所有东西都冲刷到了河里。你可以看到我发现化石的地方，而它的占比或微乎其微。要想得到更

---

① 全称为彼得·麦克戈文少棒博物馆。其原名为"少棒世界：彼得·麦克戈文博物馆和官方商店"，位于美国宾夕法尼亚州南威廉斯波特15号公路上的少棒国际综合大楼。该博物馆旨在为各个年龄段的儿童提供互动式展览，以便让他们更好地去了解少年棒球联盟的历史。

多化石，就得深入谷底，但那里的岩壁全都被冲刷得异常干净。"
达斯勒自然不会坐等下一个冰川期的到来，而是依赖于宾夕法尼亚州的交通部。三十年来，他们一直在破山开道，为途经该州的货车和旅行车修建更宽更直的公路。在宾夕法尼亚州开不了太远就能看到提醒箭头，那头戴安全帽的女警们无精打采地挥动着橙色的警示旗，指挥着大家在狭窄的道路上通行。

20世纪80年代初，达斯勒还在附近的一所大学主修地质学时，便首次看到了这些岩石。它们是从纽约一直延伸到弗吉尼亚的卡茨基尔山脉的一部分，属于巴雷尔起先所说的泥盆纪干旱地貌。当时，欧洲正在勘测格陵兰岛相对于北美东海岸的位置，当火山喷发的熔岩穿过新罕布什尔州时，阿巴拉契亚山被顶了起来。在地图上，拼装起来的陆地看起来像是一道赤道斑，美国东海岸从这里延伸出来，就像一条狭长的山岬角。它使沉积物沿其西部斜坡积聚下来，越过广阔的冲积平原，直至卡茨基尔的浅海和俄亥俄州的水下部分。

在获得硕士学位并花时间挖掘哺乳动物和恐龙的化石后，达斯勒回到宾夕法尼亚州找到了一份工作。身为自然科学学院的馆藏负责人，他对化石进行分门别类的整理。为了及时了解最新进展，他乘坐大巴跨过斯库尔基尔河，前往宾夕法尼亚大学参加古生物学研讨会。几年后，他觉得该弄个博士学位了。他需要一个科学实地考察项目以作为研究论文，但不能去得太远，因为他和妻子刚有了一个小孩，他还得继续在自然科学学院工作，于是就盯上了已发现诸多有趣化石的卡茨基尔山。有一个最早的肉鳍鱼化石就是于19世纪40年代被一位铁路工程师在纽约边境附近发现的，那时炸山开路是为了建铁路而非高速公路。罗默一直认为卡茨基尔山里肯定有四足动物。在20世纪60年代的某个夏天，他的一个学生，基思·汤姆森(Keith Thomson)，在海纳和里诺沃之间的道路上做了一些发掘工作，找到了一些被他命名为含肺鱼的泥盆纪肉鳍鱼骨化石，这些化石令人恐惧：它的尖牙有拇指那么大，身长超过一辆大轿车。在20世纪70年代的时候，这条路又被拓宽了几米，彼时身为耶鲁大学教授的汤姆森派了一个学生去观察这里新凿开的岩石。忙活了一整个夏天之后，他只找到了一些肉鳍鱼的碎片。汤姆森后来到自然科学学院担任院长，当达斯勒问及卡茨基尔山时，他认为那儿并没有什么发掘价值。

1993年，达斯勒还是决定去看看。他勘察了公路沿线的红色泥岩，保险起见，他干脆睡在帐篷里。我们沿着公路，经过他曾搭帐篷的地方时，开始下起了雨。"我扎营的第一天，雨也像今天这样下个不停，悲催，"他眯着眼，越过雨刷器看向前方，说道，"红色的岩床上什么都没有，这是我第二次感觉到糟透了。"

为了等雨停，我们开过达斯勒曾奋战过的工地，穿越女人桥，然后前往里诺沃。在镇子的东边，阿勒格尼高原陡降成西布兰奇那样的冲积平原，维多利亚时代的工业瓦墙仍然矗立着，近百年来的火车车厢就是在这里进行焊接的。一节节废弃的车厢放在铁轨上，曾吸引一位当地商人将其作为度假屋来出售。人行道上空

　　　　　　　　　　　在水一方：生命的演化

无一人，路边也没有车。达斯勒和我冒着雨跑进了一家珠宝店，店主是一个名叫诺曼·德莱尼（Norm Delaney）的家伙，他有时也会和达斯勒一起挖掘。在他的橱窗里，和翡翠戒指摆放在一起的还有肉鳍鱼的牙齿化石。

天蒙蒙亮，我们便驱车返回原地。我们在那儿碰到了另一位名叫道格·罗维（Doug Rowe）的挖掘者。在火车生产厂倒闭之前，罗维曾是这儿的一名工程师，现在他在里诺沃的一家酒店任夜班经理。他是那种会准确告诉你豪猪喜欢吃什么的人——T111胶合板、铝、轮胎、塑料方向盘——其笃定的说话方式让你感觉他很靠谱。有一天，当他在里诺沃的北边散步时，他发现了一块上面印有叶子图案的石头。几天后，他在雷德山附近路边碰到了在观察岩石的达斯勒，很快他对岩石的痴迷程度就超过了达斯勒本人。现在他对岩石上极难看清的辐鳍鱼化石纹理的了解程度，与对豪猪的了解几乎一样多。

达斯勒和罗维掏出了工具。雷德山岩壁上有30来米光秃秃的地方，再往上山坡渐渐被树林所覆盖。山的上半部分是找不到化石的石炭纪砂岩，而下面则是泥盆纪泥岩层，呈微红色，像面包般从山坡上凸了出来，这便是达斯勒雨中初次莅临的地方。在接下来的几周里，他开车到其他路边，什么也没找到，于是他又回到这里观察。他甚至开始考虑得为博士论文换个研究课题的事儿了，也许要把自己变成一名古生态学家，并使用他尽可能找到的所有化石碎片来综合推测此处在泥盆纪时期的生态系统。我们一起站在路边，达斯勒从柏油路上捡起一块石头，抡起来扔向浅绿色岩石上的一个人工凹陷处，那里就是他曾发现化石的地方。

达斯勒解释道，他就是在那块绿色的岩石中幸运地找到化石的。他偶然发现了一些大小和形状像是薯片的肉鳍鱼化石，这至少让他对于找到可以写篇论文的化石有了希望。他在周围继续深挖，并用石膏包起来，这样在返回费城的路上就不会碎掉。在等待石膏变干的这段时间，他用来观察岩层的其他部分。"只是勘察，随便转悠，"他说，"接着，在不到三米远的一个得踮起脚尖才能勉强站得上去的狭小地方，我看到岩石的横截面上有块扁平的骨头。"他给自己凿了一块只够立足的落脚地，然后从岩石顶部挪到这块已风化的岩石上，用锥子进行开凿。这是一块泪珠状的骨头，达斯勒认出它是左肩上的一块骨头，不过与他记忆中的所有肉鳍鱼肩部形状都不一样。第二天早上，他在距此七八厘米的地方发现了另一块左肩骨。他用棉纸和胶带把这些骨头包好，然后开了三小时车回到费城。这个过程中有一个念头一直萦绕在他脑海：如果这些肩胛骨不是肉鳍鱼的，那么它们就可能是四足动物的。

在当晚汤姆森及次日早上宾夕法尼亚大学一帮古生物学家的帮助之下，达斯勒研究了这些骨头。他们翻开埃里克·亚尔维克的脊椎动物教科书，将肩胛骨与鱼石螈的图片进行了比较。当鱼用鳃进行呼吸时，会打开一对鳃盖让水流出；当鳃盖再次闭合时，它们会沿着折边凹槽紧贴在肩部。但达斯勒所找到那个七八厘米的泥铲状肩胛骨化石上则没有凹槽。相反，倒是有一个凸起的窄缝，就像鱼石螈肩上的插孔那般。通过这些结构，一个新生物可谓呼之欲出：它有宽阔的铲形肩骨和连接肌肉的支撑，肌肉将肩部和脊椎紧绑到一起，并使其上肢能向前伸。达斯勒简直不敢相信，在这块饱经风霜、几乎没有研究价值的岩石中，他发现了一只四足动物，这是北美除格陵兰岛以外所发现的唯一一个泥盆纪四足动物，也是全世界最早的四足动物。

这一发现让达斯勒就此翻身。在他发表这只新四足动物（他将其命名为海纳螈，意为发现于海纳镇的爬行动物)的论文后，也就是1995年，他得到了一笔资金，用以购买配备巨型凿岩机的反铲挖掘机，他终于能在雷德山上大展身手了。既然已经找到了两块明显来自相近但不同个体的左肩骨，达斯勒猜测他可能发现了一个散落着四足动物骨骼的聚集地。凿岩机撬开了岩层上方成吨的浮盖层，以便能更快地接近这块绿色的岩石。他找了好几天，却连一根骨头也没有找到。有可能是那些开山修路的工人将其余部分的海纳螈骨骼炸成了粉末。"这就是古生物学的无奈，"达斯勒耸耸肩说，然后我们沿着公路向南走去。

但隔年，达斯勒、罗维和德莱尼在沿高速公路不远处发现了另一处岩石，那里到处都是化石，因而他们将其命名为大鱼谷。我们把达斯勒的工具搬了上去，就在那堆红色碎石中忙活起来。在罗维和德莱尼开凿的岩架上，我们挖下了一块大小和形状如同沙发垫的泥岩，我们先是把凿子敲入岩石，然后用推撬杆将其从墙壁上撬下来。它碎成几块牛排大小的碎块，我们每人拿了一块。

"找到一个有望凿开岩石的地儿，然后从那儿入手。"达斯勒告诉我。我把岩石放在一边，将一把小拇指大小的凿子捣鼓进两层沉积物之间的缝隙。这里除了我们的敲击声和高速公路沿线的金属护栏在夏末太阳的炙烤之下发出的爆裂声外，一片寂静。在轻敲了几下后，我那块岩石就在一声脆响之中裂开了。我把这裂开的两块岩石平放在岩架上，仿佛翻开了一本图册。在其页面上，我看到了算是地球上最古老的一种树（名为中泥盆纪古蕨属）的茎及其簇生的叶。这种树生长于河边，可长到近20米高，它的针叶树干上满是枝叶，遮挡了下面的阳光。我仔细观察着这本"图册"，发现古蕨属的子实体和叶子均保存得十分完好，可以清晰地看到叶脉。岩层上面的碳把我的手指染得黑乎乎的，我揭开皱巴巴的树皮，周围满是用以呼吸的树孔。散落于这棵古蕨属间的是一些小鱼、一触即碎的虹彩肺鱼牙齿，以及装甲盾皮鱼的鳞片。在大鱼谷中还发现了陆地蝎和扁虱的近亲，罗维甚至在此发现了一只四足动物的下颌。这是个绝佳的消息：这块下颌要么是海纳螈的，要么是另一种北美泥盆纪四足动物的。待在雷德山的这几个小时里，我自己并没有找到任何新的四足动物，但至少我发现了曾为其遮阴蔽日的树。

达斯勒将各行各业的古生物学家带到了雷德山，其中有研究花粉化石的孢粉学家，研究土壤化石的古生物学家，以及研究脊

中泥盆纪古蕨属

椎动物和无脊椎动物化石的专家。他们都恳请他帮忙保存化石，这样一来大鱼谷的行动现在更像是做鉴别而非挖掘。很明显，达斯勒给大家展示了一幅最原始四足动物所处生态环境的美丽画卷。3.67亿年前，如恒河般的巨河和无数小溪在此蜿蜒交错。在一些地方，它们形成了U形河湾，在那里，古蕨属和其他植物散落了枝叶，动物遗骸被淤泥所覆盖。在这里，肉鳍鱼处于食物链上游，它们可以吃掉较小的鱼。水边长着跟人一样高的蕨类植物，还有把根深深扎入地下的石松。季风拂过宾夕法尼亚，江河溪流奔涌向前，将成吨的淤泥和木材卷入附近的海洋中。森林会被洪水淹没数月之久，而古蕨属则在高处的河岸和山脊上存活，看着洪水来了又去。"晚泥盆纪的宾夕法尼亚并非一片荒原，"达斯勒说，"它像路易斯安那般湿软。"

泥盆纪是如何焕然一新成为干旱生境的呢？我采访过的一位古生物学家认为是巴雷尔搞错了状况。红色岩石可以在干燥的条件下形成，但从巴雷尔时代以来，地质学家已经认识到它也可以通过许多其他方式形成。如果富含氧化铁的土壤沿着热带河流穿过茂密的地方，它们只需在岩石表面多作一会儿停留，就会给沉积处形成的岩石着上色。泥盆纪地球上肯定有干燥的区域，但其中大部分，尤其是发现首批四足动物化石的地方，都是茂盛而潮湿的。

过去关于四足动物是如何在淡水塘及河流中进行演化的说法，也站不住脚了，这在很大程度上要归功于达斯勒的导师汤姆森。早在20世纪60年代汤姆森将肉鳍鱼作为其研究专业时，科学家们便已知道肺鱼并非唯一幸存的肉鳍鱼。1938年，南非的渔民将一只一米多长的生物从印度洋捞出，东伦敦博物馆的科学家们从其肉鳍和穗状尾判断出这是某种腔棘鱼。腔棘鱼同肺鱼和真掌鳍鱼一样，是肉鳍鱼，它们的起源可追溯到泥盆纪。然而，直到1938年，古生物学家仍认为它们在6 500万年前就与恐龙一起消亡了。博物馆中这只被掏掉内脏的动物标本令科学家们感觉到，腔棘鱼一定仍存活于深海之中，但直到1952年，另一个标本才被找出。近来，生物学家们乘坐潜水器下降到百来米深的水下，观察腔棘鱼在黑漆漆的深海中漫游，捕食乌贼和其他猎物，同时它们的鳍左右

　　　　　　　在水一方：生命的演化

摆动，在远洋深海之中展示着四足动物初期行走的模样。

在汤姆森看来，腔棘鱼似乎不应该是这个样子。"现存的肺鱼生活在淡水中，"他说，"现存的两栖动物大多也生活在淡水中（部分海蟾蜍之类的是例外），所以按正常的逻辑推理，如果现存的两栖动物是肉鳍鱼的后代，那么肉鳍鱼也应是淡水动物。"如果是这样，腔棘鱼怎么可能不仅生活在海水之中，而且还生活于深海？汤姆森在宾夕法尼亚的海纳附近发现了大量的肉鳍鱼化石，它们并非生活在某个内陆淡水湖中，而是在一个流入海洋的河流三角洲，一个可能是咸水的三角洲。他复查了几十年来收集的化石，虽然不少物种是生活在淡水中的，但最古老的肉鳍鱼通常来自海洋中的岩石。汤姆森开始认为四足动物或存在另一个不同的发源地。在过去的三十年里，这一点得到了许多研究的支持。它们并非起源于干涸的池塘（很可能都没有完全干涸），而是起源于沿海的潟湖。

当时，这些沼泽属于生态学上的边缘地带。在大约4.8亿年前，除了菌类外，陆地上没有其他生命，所以菌类虽然自身防护薄弱，却依然安全。生长在海岸附近的绿藻开始蔓延到入海口和河口，那里的河流携带着大量的风化矿物质和微生物尸体。藻类侵入较浅的水域并演化出一层厚厚的"皮肤"，以保护其免受时间越来越长的露天暴晒，直到不再需要浸入水中——它们变成了陆地植物。在阳光的照射下，它们演化为低矮的苔藓类植物，进而又演化为能够扎根于陆地的杂草。起初，它们的植株低矮且根基较浅，因为茎秆不够粗壮，无法长太高，也不能克服重力泵送养分。新物种的演化最初是缓慢的，但它们长出了根部，并与地下真菌共生合作，以便更容易从土壤中汲取食物和水，还演化出了坚韧的维管束组织，以承受植物的重量并运输养料和水分，令其得以进一步长高。当植物死亡时，它们的遗骸化为养分使河流入海口富含氮、磷和其他稀有元素，更适宜于其后代的生长，所谓"化作春泥更护花"。从4.5亿年前的倍足纲开始，后有无脊椎动物从水中登上陆地，再接着就是昆虫、蜘蛛、蝎子、蠕虫和螨虫，它们开始在越来越厚的土壤中扎下根来，啃咬根茎。尽管略微阻碍了植物生长繁殖的进度，但大趋势已不可逆转，蕨类植物、石松和马尾等还是扎下根来，植物演化出"铠甲"——被树皮包裹，其叶子也开始大面积展开以完成更多的光合作用。伴随着这些组织的形成，大气中的二氧化碳含量急剧下降，于是到了3.7亿年前的泥盆纪中期，成片的森林开始形成，并逐渐向内陆扩张。

这些历史不算悠久的沿海沼泽或是肉鳍鱼的原始家园。肉鳍鱼不像鲨鱼和金枪鱼那样适合长期在深海遨游，它更适合从泥泞的水中突然跃起。沿海生物所面临的威胁之一就是由于细菌大量繁殖，吃掉浅水中的有机物并消耗大量氧气，从而导致水中含氧量骤降，但是有肺的肉鳍鱼却能从别处获取氧气。化石记录表明，肉鳍鱼在这些地方繁衍生息。食物链也很清晰，它们演化成体形巨大的样子，以成群的小鱼为食，而小鱼又以生活在淤泥中的无脊椎动物为食。它们类似四肢的鳍甚至可以令其沿着潟湖底行走，而在浅水中，它们可能会用前鳍划到水面来进行呼吸。巴雷尔和罗默认为，四足动物一定是出现于一个竞争无比残酷的世界——不变就只有死路一条。但在汤姆森以及与他同时代的其他古生物学家看来，在宏观演化的层面，情况似乎并没有如此残酷。

讨论肉鳍鱼是怎样返回海洋之中的问题时，汤姆森可能还解释了陆地生命最重要的一项功能，即排尿的起源。无论我们是生活在苏门答腊还是索诺拉，所有的四足动物都在空气中生存下来。我们身体的主要成分是水，为使内外部保持水分平衡，它很容易从我们的身体中被排出，而我们则要尽可能将其留存于皮肤和鳞片之中。哺乳动物和鸟类这些具有高能量代谢和进行较快呼吸作用的动物，它们的口鼻和组织包裹得更严，以防在呼气时带走过多的水分。

然而所有这些贮水都与我们平时最常见的代谢反应存在着矛盾的地方。我们吃的食物富含氮——事实上，我们所摄入的氮远比真正所需的要多——它能够与氢原子结合，变成有毒的氨。因为氨能很好地溶解在水中，所以我们必须每天通过膀胱排出数加仑①的尿液来将其排出。我们的生理机能做出了更明智的选择：在酶的帮助下，将氨和二氧化碳于肝脏内结合在一起，形成一种更为安全的被称为尿素的化合物。(同样的化学循环也会产生一种对构建许多蛋白质至关重要的氨基酸——这可能暗示了尿素的产

---

① 1加仑（美制）约为3.785升。

生起初是如何演化的。)四足动物可以让尿素在肾脏中积聚，而无须担心中毒，然后通过浓缩的尿液将其排出。某些动物，比如生活在干旱地区的动物，必须更加注意水分的贮存，并且会在排泄之前将尿液变成粉状。

鱼类的基本新陈代谢与四足动物相同，它们会产生同样多的额外氮。在不用担心会脱水的湖泊或河流中，辐鳍鱼只需将氨从鳃中排出并喝下更多的水。(非洲肺鱼在河流中活动时会采取这一策略，但在干旱期挖完洞后，它会转而制造尿素以节约用水。)在海里，要排出氨可是不容易，因为海水中含有大量的盐——不仅仅是食盐中的钠和氯化物，还有其他带电原子，如镁离子和硫离子。脊椎动物在其神经系统中使用其中一些离子来传播信号。因此，一条鱼从鳃中排出大量液体并吸入海水时，大量涌入的离子或会令其神经元发生混乱。如何避免呢？生活在海洋中的辐鳍鱼通过它们的鳃排出氨，并不断地通过特殊腺体的排泄来对抗它们所吸进的侵蚀性盐。

另一方面，鲨鱼在海洋中生存所采取的则是完全不同的方式：同我们一样，它们将氨转化为尿素。尿素会使血液含盐量增加，但与吸收海水中的带电原子不同，它不会干扰神经系统。通过用尿素使身体的含盐量维持在安全范围内，鲨鱼的神经系统便不会因离子强度过高而中毒。[1]1966年，当汤姆森和他在耶鲁大

---

[1] 鲨鱼并不是浑身都充满了尿液，所谓鲨鱼死后尿液的味道是尿素分解为氨造成的；鲨鱼也并非用皮肤排尿，它们也是有排尿系统的。

学的生物学家同事们第一次对新鲜腔棘鱼血液的化学成分进行分析时，他们发现就像鲨鱼那般，腔棘鱼的血液也富含尿素。

在汤姆森的研究之前，我们对自身的尿液形成仍不甚清楚：如果四足动物是从淡水肉鳍鱼演化而来的，那么它们一定是从零开始演化而来的。但是当汤姆森探究了他掌握的所有证据时，最简单的解释是，最早的脊椎动物——鲨鱼、肉鳍鱼和辐鳍鱼的祖先——逐渐拥有了在海洋中制造尿素的本事。留在海洋中的鲨鱼只是继续这么做，在咸水的沿海潟湖中演化出来的肉鳍鱼仍依赖尿素来避免盐分失衡。后来迁移到更深水域的腔棘鱼也维持了这种循环方式，而非洲肺鱼则因生活于淡水之中的缘故，大多时候不这么干，尽管它们仍可使用这种循环方式。相较之下，迁移到淡水中的辐鳍鱼失去了生产尿素的能力。后来，当它们的一些后代去到海洋之中时，再也无法恢复这一机能，因而它们不得不通过新的腺体来对抗盐分失衡。

人类自身的起源在此机能作用之下显得更为有意义。当演化成我们的肉鳍鱼支系离开大海留在了陆地上时，氨中毒和水分流失仍困扰着它们。幸运的是，它们已经为排尿做好了准备。汤姆森参与推翻了其老师有关四足动物起源的许多观点，包括那假定的扩展适应：演化出腿是为了让它们得以从一片水域窜到另一片水域。但在排尿方面的研究，他找到了一种可以取代其先前参与推翻的那种理论的扩展适应。至少在某种意义上，水和空气实际上区别并没有那么大。在从海洋过渡到陆地生活的过程中，我们就像经历了从一个沙漠到另一个沙漠的艰难跋涉。

当像罗默和汤姆森这样的科学家勾勒出他们对四足动物起源的假设时，他们不得不面对化石记录大段缺失的窘境，并尝试去寻求答案。四足动物演化的轨迹可追溯到像真掌鳍鱼这样的肉鳍鱼，然后就一下子跳到了具有成形的腿和其他四足动物那般特性的鱼石螈。一直到20世纪末，鱼石螈仍是个孤例。世界各地陆续发掘了一些泥盆纪四足动物的化石——来自澳大利亚的一块有意思的下颌骨，以及来自巴西的一些碎骨头。但到了1982年，即发现鱼石螈50周年之际，沉寂良久的岩石才再次让人类有了惊艳的发现。

在这段时间里，想要研究这种转变的古生物学家不得不局限在这段空白记录的两端。其中有一位名叫珍妮·克拉克（Jenny Clack）的英国女人，她在经历了超过15年的挫折和令人沮丧的失败之后，发现了一些古生物学中最重要的化石，并开始以此来填补鱼类与四足动物之间的那段空白。然而，当你遇到她时，就像我在科学会议上遇到的那样，这个身材矮小、头发花白的女人讲起话来轻声细语，从不张扬。作为一个在20世纪50年代长大的女孩，珍妮从小（全名是珍妮·阿格纽，Jenny Agnew）的兴趣点就和普通孩子不同，她被化石深深吸引着。"我一直都对动物的早期历史更为感兴趣，而不是恐龙时代的终结。"她说。她最喜欢的化石与当今的任何生物都不同，如长着盔甲但无下颌的鱼，或长得跟鲎和蝎子很像的带棱三叶虫。

20世纪60年代的时候，她还在英格兰北部泰恩河畔的纽卡斯尔大学读本科，师从古生物学家亚历克·潘彻（Alec Panchen）。潘彻带着研究生研究了肉鳍鱼和一些在鱼石螈之后出现的，与之相隔约3 000万年的四足类动物。这段长达3 000万年的化石空白期，一定是宏观演化大爆发的时代，因为在那石炭纪沼泽中发现了十几种不同的四足动物。纽卡斯尔的古生物学家研究了头部像回旋镖一样的两栖动物，还有一些身体像蛇但比蛇的出现还早了2亿年的两栖动物，他们还研究了像是被银行保险柜砸过的一些身体扁平的动物。然而，这些骨骼本身在所有化石当中是最为稀有的。珍妮毕业后曾希望自己能作为潘彻的研究生来研究这些生物。"我向其谋求机会，但被他拒绝了。"

　　八年过去了。她去到了伯明翰，并在那里的博物馆找了一份工作。她制作了昆虫和鸟类的展示台，在假期带学生们参观展览。她遇到罗伯特·克拉克（Robert Clack），一个比她还要安静的男士。罗伯特从事编程工作，会花费大量空闲时间在采石场寻找化石，后来他俩喜结良缘。有时他俩会骑着摩托车穿越苏格兰，停在公路旁观察泥盆纪的岩石。在1979年的时候，因为珍妮的老板注意到她已经厌倦了目前的工作，于是就建议她为博物馆找一些特别的项目来做。珍妮再次找到潘彻，想看看有没有什么机会。

　　这次潘彻想到了个机会。1870年，有人从约克郡的煤层中发掘出了一个有3.3亿年历史的名为始螈的四足动物。这种生物形似鳄鱼，在某些方面与脊椎动物（现今包括鸟类、哺乳动物和爬行动物）的祖先很是相像。1个世纪以来，它一直被存放于约克郡的博物馆中，现仍包在煤块之中，被石膏裹着。潘彻曾试图将其借出来，但被拒绝了。对珍妮来说幸运的是，博物馆正处在变革期，当她再次想借时，工作人员欣然应下，允许她将化石拿走做进一步研究。她将化石带到了纽卡斯尔，一开始她认为只要将化石从煤块中给弄出来，花上几周时间进行细致的描述，然后在回到日常工作之时，就能将其送回伯明翰博物馆。但当她从煤块上取下石膏并将其倒过来时，她发现了这只动物的颅骨，这些神秘的骨头将珍妮的生活引向了新的发展轨道。在此之前，人们只发现过这些动物很少的一点碎片，故在她向潘彻展示她的发现后不久，她如愿以偿成了潘彻的博士研究生。

珍妮在纽卡斯尔花了三年时间重建始螈属，尤其是把重心放在了它的耳朵，或者更确切地说是放在了那些后来演变成我们所知道的耳朵的那块骨头上。1981年，她在剑桥大学动物学博物馆获得了一个助理馆长的职位，并花了几年时间完成对始螈类的研究工作。但随着她的工作接近尾声，她开始思考自己接下来能做点什么。她现在是描述早期四足动物骨骼方面的专家，但并无独特化石待她去探究。有传言说在苏联新发现了一种泥盆纪四足动物，名叫图拉螈，但由于政治因素她无缘一探究竟。到了20世纪80年代中期，潘彻和其他古生物学家试图搞清楚石炭纪四足动物，并找出相互之间亲缘关系最近，并且与当今现存物种关系最密切的四足动物。但他们仍然对四足动物的身体结构最初是如何演化的感到困惑。

如果珍妮观察过鱼石螈，她或许会找到一些答案，但她无缘一见。自从索德伯格死后，描述鱼石螈的任务就落到了亚尔维克手里，他还没有完成这项工作。一些古生物学家，也许是因为他们太过习惯于在岩层上对数百万年的尺度进行讨论，往往迟迟不发表其研究成果。但对于从鱼的角度看待生命的科学家亚尔维克来说，鱼石螈只不过是一种肉鳍上长有手指的肉鳍鱼罢了。他研究了数十种生物的化石，为肉鳍鱼建立了新的分类，并花了25年时间慢慢切分真掌鳍鱼的头骨，一次只切出1毫米厚，将每个切面都描绘出来并进行拍照，在此图的基础上再用蜡重塑鱼石螈的大脑和鳃。他不时在他所写的文章中配上一些鱼石螈骨头的手绘图和照片，但他的终版专著直到1996年才出版。

20世纪80年代初期，也就是离亚尔维克完结有关鱼石螈的作品还差十来年的时候，古生物学界有个不成文规定，即在他尚未发表结果之前，其他人不得发布任何有关的新信息，不管他会花多长时间才整理出版。"当时的情况十分微妙，"珍妮说，"他从20世纪30年代就开始研究鱼石螈，但一直都未真正完成此项工作。他发表了一两篇文章——较长的那篇只是描述了尾巴，顺带讲了点其他的。他独占着该研究。不是不让别人染指于此，而是大家发表相关的文章是很受限制的。 每个人都得尊重别人的研究领域，鱼石螈这个领域公认就是亚尔维克的。"

那该如何是好呢？一个声音始终在耳边挥之不去：格陵兰岛。这个心声来自珍妮的丈夫罗伯特。当罗伯特和珍妮骑着摩托车沿着苏格兰海岸行驶时，他们曾对发现四足动物化石抱有一丝希望，但他们只找到了一些鱼的化石碎片。罗伯特想到索德伯格和亚尔维克曾去过的地方重走一遭，那是地球上唯一有发现完整的泥盆纪四足动物骨骼的地方。"对她而言，化石标本是她吃饭的家伙，但对我来说，我不是学术界的，我只是单纯的向往。"罗伯特说。珍妮觉得罗伯特或许不太了解古生物学家的工作方式，去格陵兰岛一趟可不像去当地的采石场那般简单，那是一种探险，得靠直升机、后勤配给及可双向通话的无线电设备。珍妮作为一名博物馆人，深知自己不像曾去过那儿的斯堪的纳维亚科学家那般善于登山。然后还得考虑的是，没人会资助她去格陵兰岛，因为几十年来瑞典科学家早就把那里的化石捡个精光，更是不会有人肯出资让珍妮在峡湾间漫无目的地闲逛以求能发现些什么。

　　"念念不忘，必有回响。"尽管如此，珍妮还是对此主意动了些念头，至少没有将其当作异想天开来对待。"正是罗伯特的提醒让我沿着他们那条脉络持续跟进。"珍妮说。在瑞典人不再去格陵兰岛后，由彼得·弗林德（Peter Friend）领导的剑桥地质学家团队于二十世纪六七十年代持续在那开展着这项工作。他们的兴趣点不过是标记手头的岩层，但珍妮想知道他们是否有可能在瑞典人未曾去过的地方发现一些鱼石螈的化石碎片。去到弗林德所工作的塞奇威克博物馆对她来说并不是什么难事，但当珍妮当面向弗林

　　　　　　　　　　　　　　在水一方：生命的演化

德提出疑问时，弗林德却搬出了一大堆资料供其翻阅，并祝她好运。

她逐一研读这摞资料，包括期刊论文、政府报告、实地勘查记录等。她读到了20世纪70年代弗林德的一个名叫约翰·尼科尔森（John Nicholson）的学生爬上当年亚尔维克勘察地北侧的一座斯滕斯西奥山的东南坡的经历。该报告详细记录了泥盆纪地层情况，并列出了他所发现的化石。在胴甲鱼、肺鱼及其他肉鳍鱼的旁边，他顺带加上了一些注释：“我们发现了鱼石螈骨。”这引起了珍妮的注意。她仔细翻阅了尼科尔森的田野札记。“四足动物化石，”他写道，“在这里很是常见。”

珍妮立马回到塞奇威克博物馆，步入弗林德的办公室。在平抑住激动的心情后，她问弗林德是否还留存有那些头骨化石。10年前，尼科尔森去了苏格兰的一家石油公司工作，不过他把化石留在了地下室的柜子里。弗林德领着珍妮下楼去寻找化石的记录编号。他拉开一个抽屉，里面毅然矗立着几块能瞥见头骨的砂岩化石。由于风雨的冲刷，它们遭到了严重破坏，精美的纹理也已然不可见，海绵状内骨被侵蚀得宛若焦糖。然而她仍可看到，这些比鱼石螈还小的头骨上面，长有一对从后面伸出的叉齿。这让珍妮有了新的着手点：鱼石螈没有叉齿。

她知道她所观察的是一个化石幽灵。53年前，在亚尔维克进行格陵兰岛探险的第一个夏天，他与索德伯格一起沿着高斯半岛（Gauss Halvo）的南岸旅行，索德伯格自己用男子名来命名那些山脉，以女子名来命名那些山谷。他们在那里的许多地方都发现了肉鳍鱼和鱼石螈的化石，但在维曼山，他们发现了半块很小的带有叉齿的四足动物头骨。他们知道这显然是与鱼石螈不同属，甚至可能是不同科的动物，但仅此而已。直到1952年，亚尔维克才发表了一篇与之有关的简短报告，将其称为棘螈（Acanthostega）。此后再也没人发现过其他类似的骨头。"我仍然记得索德伯格在我们的帐篷里边坐了好几个小时，翻来覆去地看标本，满脸困惑。"亚尔维克在1996年写道。

这里不仅有更多的头骨碎片，还有三块近乎完整的头骨，且在索德伯格和亚尔维克从未探索过的山上还有更多的化石。珍妮听说丹麦地质探险队将去该地区寻找石油，于是借着其发现的新头骨一事，她设法说服了丹麦方让她一同前往。后来的事如梦般顺畅：丹麦地质博物馆的一位名叫斯文德·班迪克-阿尔姆格林（Svend Bendix-Almgreen）的古生物学家组织了一支寻找棘螈的探险队，1987年，珍妮与罗伯特、班迪克-阿尔姆格林及其研究生佩尔·阿尔贝里（Per Ahlberg）一同登上一架直升机，沿着光秃秃的山地岛屿飞行。他们乘坐着直升机，在飞离大本营约80千米的斯滕斯西奥山光秃的坡上降落。

他们在海拔90来米的宽岩架上搭起了帐篷。那极昼期间永不落山的太阳在周围环绕，就像安德鲁那只失败的热气球一般升起又下沉。他们开始找寻尼科尔森当时的勘察地，但他的日志显示他是直接沿山的一侧往上攀爬的，需要直接翻越一座陡峭的悬

　　　　　　　　　　　　　在水一方：生命的演化

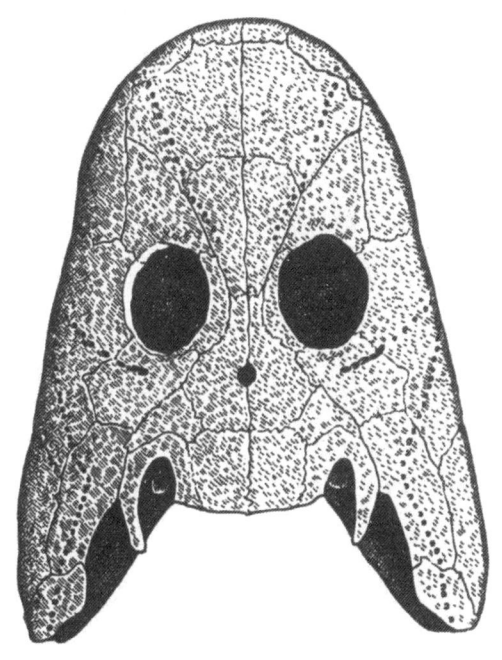

棘螈头骨（俯视图）

崖。"我们不知他究竟是如何做到的。"珍妮说。他们选择了一条迂回的路线，转上了一个缓坡，攀到勘测地上方易于折返的地方。在首次攀登中，当英国初学者试着在坚硬的岩石上挪步并避开落下的碎石时，丹麦人很快就将其甩在了身后。"我们意识到碎石坡才是安全的登山道，因为山上的其他地方都是风化岩，"珍妮说，"如果你以风化岩为支点，就会把它踩塌并坠落。不过穿行于碎石之上倒是没什么问题的。"

　　探险队花了四个小时才登顶这座风化的岩石山，其间仅为了躲避碎石，就耽误了两个小时。每逢试图找到尼科尔森的勘测点，碰到的都是空空的石头。经过数天的搜寻，他们都怀疑自己是不是一开始就爬错了山，但在放弃寻找之前，他们决定看一下尼科尔森使用的高度计是否出了问题。他们向下退到尼科尔森声称已勘测过的那个悬垂处，然后呈"之"字形缓缓向上，一边走一边观察着岩石，时不时会因方解石和风化的鸟粪而驻足。后来，珍妮注意到一块碎石上确有骨头的痕迹，这是棘螈头骨的某个部分。斜坡上满是碎片，形成一条通向上的小路，他们沿着石头走，最终找到了它的源头。

正如尼科尔森所写的那样，四足动物在这里很是普遍。队员们的背包里装满了含有棘螈头骨、腿骨、脊柱和尾骨的化石。回到营地，他们将其摆放到展开的报纸上，用胶布和标签做好标记，然后把它们放入原本搁放食物的木箱里。两周后，他们将此地的化石搜刮一空。在离开格陵兰岛后，他们还探索了附近的峡湾。在那里，他们发现了各种各样的肉鳍鱼化石，甚至还有一条鱼石螈的后腿骨，比亚尔维克的那块保存得更为完好。他们完成此次考察的时候，已收集了半吨化石，他们将其装好箱，先后动用直升机、船和卡车才把它们运回了剑桥。

几乎总是这样，在荒野中寻找骨化石只是一切研究的开始。珍妮的化石被包裹在了极其坚硬的岩石之中，只有用切割金刚石的线锯、钻头和气动锤才能将之取出。珍妮也有人手方面的问题：佩尔·阿尔贝里要离开她去牛津大学做博士后研究了，在那里他将研究自己在格陵兰岛所发现的肉鳍鱼。如果她希望在退休前取得棘螈研究的进展，就得求助于外援。她聘请了一位名叫莎拉·芬尼（Sarah Finney）的标本制作师，而芬尼又请来了一位在泰恩河畔纽卡斯尔认识的，名叫迈克尔·科茨（Michael Coates）的古生物学家。科茨是那儿的古代脊椎动物专家，研究了在格拉斯哥操场河岸边发现的原始鳍鱼化石。在取得博士学位后，科茨觉得野外古生物学甚是枯燥乏味。"完全可以说我并未有过在户外从事人类演化研究的经历。"他说。在珍妮邀请他加入其团队的时候，他几乎要放弃做个古生物学家了，不过他想都没有想就答应了此番邀约。"泥盆纪四足动物如同黄金一般珍贵，"科茨说，"而且你知道，你对其做的任何事都会动摇整个四足动物的演化树，因为你的研究已经到了这个领域的最底层。"

珍妮颇为欣赏科茨的一点是，他专注于鱼类研究，且认为四足动物只是水生脊椎动物的某种变体。没人知道鱼状的棘螈是个什么样子，但他知道像肺鱼这样的动物的鳍和头骨的所有神秘之处，而这正是珍妮所容易忽略的。同时，珍妮善于处理有关四足动物的细枝末节，这给了科茨莫大的支撑。"她会说：'天哪，鳃骨真是麻烦，感谢上帝，我不用为之操心。'从我的角度来看，我也可以说甚是类似的话：'镫骨，哦上帝，谢天谢地，我不必与所有那些附带的零碎及孔洞打交道。而且每每想到第七颅神经的走向，就不禁让人头大。都是咋长的啊？'"

珍妮和科茨两人在珍妮的剑桥实验室组建了一支类似作家狄

更斯笔下的团队。甚至在骨头从岩石中分离出来之前，他们就已将棘螈的活儿分好了工：珍妮研究头骨，科茨研究其余的部分。看起来珍妮似乎是占了便宜，但在古生物学这一行的人看来，这么分还算公平。从脖子往下，脊椎动物的骨架大且一致性较强——只需看块腰椎骨，就不难窥见全貌。对于那些希望了解动物是如何生存的人来说，头部是思考、听觉、视觉、嗅觉和进食得以发生的地方，而头骨更是一切精细结构集合的核心所在，附有小凸起、孔洞和起伏。头骨可以将不同的物种区别开来，而单靠腿骨是无法做到的。而且仅凭露在岩石表面的棘螈头骨，古生物学家无法推断出埋于其中的骨骼还有多少。

珍妮和科茨从1989年开始研究这些骨头。"我犹记得7月初刚到剑桥之时是如何的忐忑不安，"科茨说，"那时我的家人还留在北部，所以我不必回家哄孩子们上床睡觉，而在那段重回单身的日子里，我可以整天泡在实验室里，为所欲为。"他必须想好一开始得研究哪块骨头。这些化石中能看到五块清晰的颅骨，其中一个石头上住着"斑点""碎片"和"残币"，它们因为看起来像是放在篮子里的小狗而得名。（"斑点这个名字来自一本在英国十分流行的儿童读物——《斑点狗》，"科茨善意地解释道，"我觉得'斑点'的妈妈去狗窝找它和我们去找那可怕的棘螈遗骸，是一样的。若你读过500集'斑点'的故事，就会有同感了。"）另一块曾有人因其眼睛像小鹿斑比而提议将其命名为斑比，但遭到了科茨的否决。他因格蕾丝·琼斯（Grace Jones）的缘故将其命名为格蕾丝，因为粘在颅骨顶部的那层岩石看起来跟她那平头很是相像。第五块被取名为鲍里斯，这是最被珍妮寄予厚望的一块化石，鲍里斯看起来最有前途。"我们知道这就是我们要找的东西，"科茨说道，"珍妮研究过鲍里斯的头骨，如果把那块石头的所有碎片拼到一起，然后在午后的阳光透过实验室的窗户时观察它，你会觉得所有这些看起来很有希望的小小突起，好像下面就有脊柱在延伸着。"

珍妮和科茨特别希望化石中能发现脚趾。在向四足动物转变的过程中，这种从肉鳍到手或脚（包括手腕和手指，脚腕和脚趾）的转变，是最为至关重要的一项变化。四足动物大多是有五根脚趾，只有在某些两栖动物、爬行动物和哺乳动物中才会存在例外，少上一两根。科茨感到很是疑惑：为什么肉鳍鱼会是五根？他和珍妮在那块包含有鲍里斯颅骨的化石中看到了一块上肱骨，也就是手臂上半部分的骨头。这是一块扁平而坚硬的骨头，表面光滑，有利于肌肉附着——就像其他早期四足动物的上臂那般。在相邻的一块上，在剖面上能勉强辨认出有两块骨头相连接，即前臂的尺骨和桡骨。

"所以我做的第一件事就是进行一些常规操作，在其周遭钻孔，"科茨说，"我把肱骨清理干净，然后继续往下，发现了一直延伸到化石底部的桡骨和尺骨。而且尺骨很是完整且十分粗短，桡骨则很长。"单凭这些骨头，他便知道棘螈明显不同于鱼石螈或任何其他四足动物。伸出人类的手臂，就会发现你的桡骨和尺骨展开的长度一样。鱼石螈也不例外——这种长度一致对其在陆地上进行四足行走是不可或缺的。然而，棘螈的前肢长度对于四足动物而言，很不协调——桡骨是尺骨的两倍长，这个比例倒是与肉鳍鱼一样。"它的肱骨比较符合早期的四足动物，不过它的桡骨和尺骨，倒是更接近于鱼类。"科茨和珍妮已经知道棘螈肯定会引起其他古生物学家的注意。"我们看着化石，不禁想到：文章——必须立即发表文章。"

还有手或脚的事情。科茨沿着肘部的桡骨在岩石中向下搜寻，直到见着脚趾。这是一个健康的四足动物脚趾，不过科茨竟是在这样一条如鱼般的前肢上发现的，他颇感奇怪，但并没有太多时间进行深思。"我继续研究这些脚趾，就像检查钟面上的刻度那般，小心翼翼。"他寄希望于这块化石有五根脚趾。瑞典人未能找到上佳的鱼石螈前肢化石，所以亚尔维克只能假设它们有五根脚趾。"这令人欲罢不能。我更进一步对其进行研究，每天花上18个小时，弄得精疲力竭，心想：'天哪，又多了一根脚趾。'这种慌乱如同赌博，我费尽心力想尽早搞清楚到底有多少根脚趾。"

那天晚上，他打开了记录本，写道："工作到深夜。完成了棘螈前肢的准备工作。找到了八根脚趾。"早已意识到这项研究重要性的科茨还是错了，他们不仅是撼动了四足动物的分类枝干，更是直接找到了树根。

第三章
成"手"，同源异形基因

一个人的最好朋友，就是他的十个指头。

——英国谚语

在格陵兰的山腰上埋藏了3.63亿年之后，棘螈的八根脚趾终于在"应该出现的时候"出现了。就在迈克尔·科茨将那模糊不清的砂岩给整理完的三年前，其他科学家已经摒弃了关于四肢演化的原有观点而产生了新突破。不过，他们的灵感与其说是来自古生物学，倒不如说来源于相对较远的科学，如胚胎学，甚至是数学。他们的工作为科茨和其他人在宏观演化方面进行前所未有的研究提供了畅想的空间：利用化石记录来建模，重现基因是如何将肉鳍转变为四足动物的腿的过程。然而，如果棘螈的那只怪手早十年被发现，这些理论都还没出现，自然就不会有人知道该如何解释。

理查德·欧文肯定会感到震惊。他认为我们的五根手指，就像我们骨骼的其余部分一样，是在脊椎动物原型的基础上形成的，即一根由一串椎骨组成的骨骼，上面附带各种关节和骨夹。

欧文坚持认为，在许多真正的脊椎动物中，某些骨夹转变成了鳍或四肢。为阐述其原型理论，他花了大把时间来研究椎骨的不同部分是如何变成颅骨的。这是个非常复杂的过程，故他首次就其观点做公开演讲时，并未涉及头骨的演变内容，而是从四肢特别是前肢讲起。他知道听众会仔细聆听讲座，因为我们人类对自己的双手引以为傲——手是我们的原生工具，可以将我们的想法付诸实践。在别的动物仍用其从胸骨演化而来的附肢抓、爬或跑时，人类已经可以用我们的手把黏土制成陶罐，调节望远镜，甚至描绘上帝的容貌了。欧文宣称："在人体的四肢中，一对下肢是用来行走和站立的，一对上肢则被解放出来，得以执行人类理性的主张，实践人类创造性的想法。"

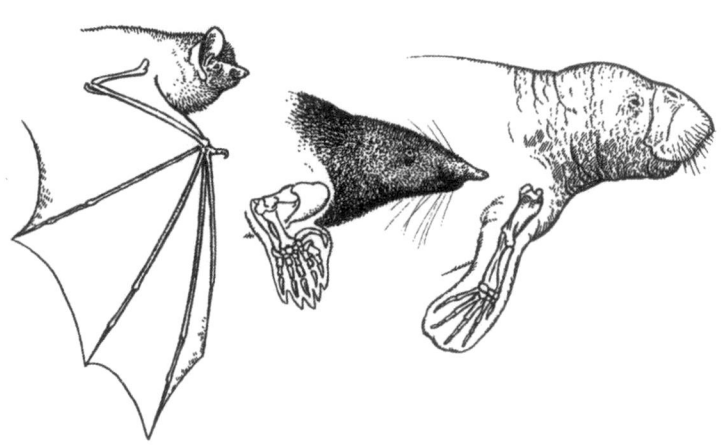

蝙蝠、鼹鼠和儒艮的同源手

对于四肢，欧文还有一个简单明了的例子来说明居维叶的局限所在。他将听众的注意力引向儒艮的桨状脚蹼、鼹鼠的爪子和蝙蝠的膜翼。三者分别作为游泳的桨、挖洞的铲子，以及飞行的翅膀。然而，欧文可以指出三者的肢体是何其相似。三种动物的肩部都长有肱骨，肘部都有桡骨和尺骨，腕部都有腕骨，并且指头都不超过五根。此后的140年里也未发现有指头超过五根的生物。即便骨头或融合或消失，一般说来指头的样子仍会得以保留。蝾螈、马或霸王龙身上可能是少了一些指头，然而从余下骨头之间的连续性不难看出是哪块腕骨对应的趾骨不见了，继而显示出五趾原型中的哪根指头有缺失。

　　居维叶坚持认为，动物的身体构造是由其生活方式所决定的。每个四足动物的肢体都与动物自身的生活相匹配，在这一点上，欧文认为居维叶是对的。然而，在它们都基于同一原型发展出的这点上，居维叶并未给出解释。欧文认为，我们人类的手实际上是五趾原型最新和最高等的具体体现。鱼类只有鳍，但其中的某些物种，如肺鱼，竟长有肢状鳍。五指肢最早出现在原始四足动物身上，后来又在爬行动物、鸟类和哺乳动物身上有了进一步的发展——但上帝究竟是如何令其在不同动物身上连续实现的，对欧文来说仍是一个谜。

　　十年后，达尔文将欧文的理论原型从神圣的绘图桌带到了自然的生物界。四肢的同源性并非某种理想原型的标志，而是反映了四足动物起源于有腿和脚趾的共同祖先这一事实。然而，尽管这种观察非常敏锐，但它却令达尔文陷入后续生物学家花了将近150年才得以摆脱的两难困境。达尔文认为此种变化是动物一代又一代慢慢适应当地生境的结果，利用繁殖过程中的变异来寻找新的生存方式。一旦四肢从鳍演化而来，不同的物种可以用其做游泳、挖洞、飞行、攀爬和奔跑这样的事，然而它们从未脱离那一形成肢体的基本蓝图。肢体并非胜任上述工作的唯一器官：昆虫可以用翅膀飞行，尽管看起来跟鸟的翅膀迥异。事实上，动物的四肢是如此相似，以至于仅靠自然选择不足以解释清楚。如果脚趾对于动物在陆地上活动有益，那么为何没有一个动物是有20根脚趾的呢？为何动物没有3条腿呢？

生物学家们最终意识到，肢体受限的原因，从宏观演化来看，与一开始由鳍衍生而来有关。达尔文本人只能预感到在哪里可以找到启示，但这已经足够——答案就是胚胎。当他还在喂养鸽子并思考如何创造一个新物种时，德国的生物学家正在记录动物是如何从一个细胞生长起来的。像乌龟和猪这样差别很大的物种，胚胎看起来也是惊人地相似。人类胚胎的颈部也一度出现了看起来像是鱼鳃裂的特征。19世纪早期的杰出胚胎学家卡尔·冯·贝尔（Karl von Baer）对此相似之处倒是不以为然，他指出居维叶划分的4大类动物，起初彼此并不相似。一种脊椎动物只是在受孕之后才与其他脊椎动物有相似之处，但很快鱼类和人类就渐行渐远了。

同其他诸多情况下一样，达尔文依旧强烈反对此种反演化论的说辞，他认为演化主要是通过后代来弥补物种的不足的。猪和

　　　　　　　　　　　在水一方：生命的演化

乌龟的胚胎之所以如此相似，是因为它们的共同祖先并不遥远，而且随着它们的进一步分化，自然选择令各自的发育方式发生了一系列的改变。通过追踪不同物种胚胎内部结构的生长过程，生物学家可以看到在成体身上已然消失的演化亲缘关系迹象。大多数哺乳动物吻端都有前颌骨，不过人类没有。然而在胚胎时期，我们起初显然也是有的，只是到了第三个月的时候，它与上颌的其他部分融合了。

达尔文认为，胚胎学，即胚胎如何发育的科学，能将与我们并不相同的亲缘物种给关联起来。海鞘是一种外观艳丽的蓝色鞘形动物，长几英寸①，成体生活于珊瑚礁上，像体面的无脊椎动物那般静静地靠过滤流水为生。但它刚出生的幼虫实际上呈现出游动的蝌蚪状，它用一根长长的凝胶状绳索来包裹其主要神经轴。在胚胎期我们人类也有相同的结构——被称为脊索——但它被我们不断生长的脊柱骨所取代，并很快缩小成楔入我们椎骨之中的软骨盘。只有当海鞘接近成年时，它的脊索才会消失，并扎根于礁石上。多亏了达尔文对胚胎学的思考，我们才得以认识到海鞘是脊椎动物的近亲之一。

将胚胎学融入演化之中是达尔文的伟大成就之一，但这也导致他陷入一个最大的尴尬中。1866年，他的邮箱里收到了一部长达千页的名为《普通形态学》的狂作，由32岁的德国人恩斯特·海

---

① 1英寸相当于2.54厘米。

克尔 (Ernst Haeckel) 所撰写。德国人已经接受了《物种起源》，而演化论在某些圈子中实际上被当成了一种宗教。海克尔这位一流的博物学家也是其主要的布道者之一。达尔文在海克尔的书出版前几个月见过他，当时是海克尔来他的乡间别墅拜会。在达尔文的记忆中，他是一个温和亲切的年轻人，说着一口蹩脚的英语。但当达尔文读到海克尔的著作时，他的心情却跌入谷底。

海克尔认为，生命是被迫向更为高等和先进的方向发展，而人类是迄今为止最为近乎完美的类型。一切都是生命演化的一部分，包括文明，而自然选择只是众多神秘的、尚未被证实的力量之一。达尔文对海克尔所创造出的一些新词感到十分不解，例如意为胚胎生长过程的个体发生学，以及特指一个物种的演化史的系统发生学，海克尔在他的书中将两者放到一起，从而组成了生物学中最臭名昭著的一句话："个体发生学囊括了系统发生学。"他的意思是，演化只能通过在胚胎发育行将结束之时额外添加的步骤来创造新的形式。他称之为他的生物遗传法则：为产生一个两栖动物，演化使得鱼胚胎中长上了腿并去掉了鳃；形成爬行动物或哺乳动物得增添更多的步骤。为证明生物遗传定律，海克尔声称，你实际上可以在胚胎的发育过程中看到一个缩短的演化史——从变形虫到无脊椎动物再到更高等的形式。

海克尔的观点流行了几十年，促使许多古生物学家试图从祖先的化石中寻找当今动物的个体发生学的证据。例如，有些人认为演化只是在鳍的基础上增添了些额外步骤，因而创造出了四足动物的肢体。鳍的形式多种多样，但它们都是从同一原型演变而来。鳍主要由真皮骨分支发展而来，与构成鱼鳞的硬质材料相同，其核心是一系列的骨骼连接着肌肉，令鳍得以移动起来。在许多物种当中，这些骨骼均是由一个轴来支配的——要么是一根长骨，要么是一串较小的骨骼。在肉鳍鱼中，轴完全控制着鳍骨，像四足动物的肢体那般嵌入肩部。巴西肺鱼的须状鳍是一根被分成一系列骨骼的轴。在澳大利亚肺鱼那较粗短的鳍中，骨骼分支从轴的两侧长出。在泥盆纪的肉鳍鱼中，例如真掌鳍鱼，这些分支骨骼则是从轴的后侧，即靠近其尾部的一侧长出来的。

古生物学家认为，如果要搞清楚鳍是如何演化成四肢的，他们就必须弄清楚轴干发生了怎样的变化。前肢的长骨明显跟真掌鳍鱼的三块大鳍骨相似，但腕骨和手骨就比较难办了。一位名叫沃特森（D. M. S. Watson）的英国古生物学家通过观察四肢或鳍中每块骨骼相互连接处的表面，将真掌鳍鱼与早期的两栖动物进行了比较。通过这种方式，他得出了一个骨骼之间是如何通过韧带、肌腱和肌肉相连的想法。这些连接或可以反映出两栖动物是如何生长的。沃特森认为我们的手是十分精细的叶状体，我们的腕骨和手指只不过是细分出来的分支而已，而其他科学家则认为轴干一直延伸到小指。最早的四足动物有许多腕骨，随着其后代的演化，腕骨一定丢失掉了许多，因为我们人类只有7块腕骨，而鸟类仅有3块。在海克尔的观点盛行之时，古生物学家据此认为，如果能足够早地观察鸟类或任何其他现存四足动物的发育过程，就能瞥见那个原始的四肢，它被一块块地削减，直到成为现在这般样子。

然而，到了 20 世纪 20 年代，海克尔定律开始土崩瓦解了。批评者收集了一系列有悖于海克尔观点的动物化石。成年后，有些物种与其祖先的胚胎一样；演化有时会在一个器官的发育过程中增加额外的步骤，而动物的其余部分则维持原样。概括论者试图将这些事实视为例外，但那时演化生物学家正在逐渐将注意力转向遗传学领域的新进展。通过研究动物的突变品种，他们得以看到杂交——基因几乎可以在胚胎发育的任何地方引入改变。此时回过头来再看海克尔的想法，不过是奇谈怪论罢了。海克尔的落败让胚胎学家感到尴尬，他们觉得如果还用胚胎学来扩展达尔文学说，只会一败涂地。他们将载玻片进行染色并绘制胎儿细胞的发育图，观察其聚在器官之中或游离于全身的状态，并且不去就结果对演化的影响进行任何预判。

尽管存在缺陷，海克尔的观点还是不应被全盘否定掉的。据估计，从一个物种到另一个物种的演化转变过程中，70% 以上与发育过程最后的步骤增减有关。这一数字无法说明生物遗传法则是绝对正确的，但却需要我们对此加以解释。直到最近，研究人员才开始重新考虑海克尔的观点，同时还在思考研究胚胎发育能如何指导其建立完备的演化理论。其中大部分贡献必须归功于 20世纪中叶的英国生物学家加文·德·比尔(Gavin de Beer)，以及后来的斯蒂芬·杰伊·古尔德，他们都认为海克尔已经意识到不同

　　　　　　　　　　　在水一方：生命的演化

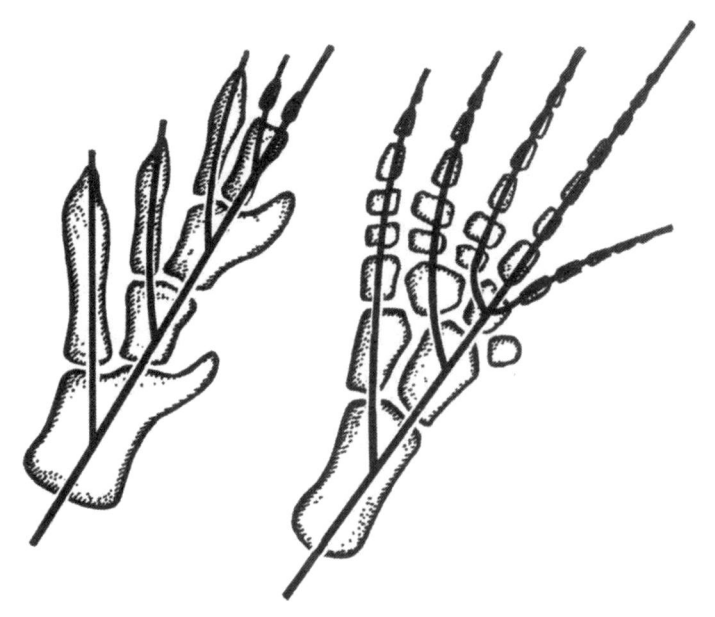

依照传统绘制的真掌鳍鱼鳍（左）和早期两栖动物四肢中的轴干，从中不难看出，腕骨和手指与分出的轴干并无二致

物种胚胎生长过程中的时空变化，但他只发现了其中一种，未窥全豹。

古尔德用一种最为简洁的方式阐述了自己的观点，他让我们设想动物的发育并非只受一个定时器控制，而是由一系列的定时器所控制，某个定时器可以控制其性成熟的时间，而另一个则控制其身体的生长。重置这些定时器，就能创造出一个新的生物。当动物达到性成熟并停止发育时，或许它的身体结构只能呈现出祖先未成年时的样子。这可能就是起先小黑猩猩会令早期的动物园游客产生误解的原因所在：正如欧文所展示的那样，人的头部与小黑猩猩的头部很是相像，而跟成年黑猩猩的就没那么类似了。否则，一只动物（比如某种长角的动物）可能会在它年纪尚小的时候就经历其祖先的整个发育过程，然后一直延续发育程序，例如其角长得更大或者出现更多的螺旋，这显然是不可能的。此时研究人员已经相信，一只动物体内同时存在诸多各不相同的定时器，每一个都控制着不同器官的生长。例如，某些蝾螈始终没有脱离幼体状态，一生都在水下生活着。然而，它们血液中的血红蛋白却经历了蜕变，成了成体样式。

令人特别难以置信的是，对海克尔的一些想法进行斡旋的发端，竟是一位名叫艾伦·图灵（Alan Turing）的数学家的工作。长期从事艰苦而单调的自然科学研究的科学家们有时将生物学视为一种调剂，就像是到一个郁郁葱葱的绿岛上游玩一番，做出一些开创性的发现，然后回到原本的领域深耕。最终，他们对自己说，如果你知晓电子和质子的定律，如果你能解微分方程，你就已经知道生命是如何运作的了。大多数这样的科学家一旦踏足于此，便会发现自己错了——生物学的乐土看上去充满芬芳，实则一片沼泽——他们要么一下子就陷进去了，要么是见好就收。但还是有很少的一些人，比如艾伦·图灵，却找到了一些原创的生物学法则。

图灵被誉为20世纪最有影响力的数学家，他因创立如梦般的逻辑训练模型而为人所知。在20世纪30年代，他梦想能制造出一台机器，从中穿过一条无限长的纸带，从地平线的某侧一直延伸下去。纸带上标有机器能够读取的一系列的1和0，根据数字，机器会做出反应，要么移动纸带，要么更改数字。图灵表示，这样的机器只需四条规则即可进行加法运算，再多一些规则，它就可以做乘法。图灵最终证明，只要规则和纸带够多，它可以进行任何运算。这种逻辑训练后来成为现代计算机得以发明问世的基石。现今，这位数学家在23岁提出的梦想已经照进现实。

第二次世界大战期间，英国军队将图灵的想法付诸实践。图灵主要负责破译纳粹的密码系统，但他认为这仅仅是图灵机实际应用的一个方面。战后，他协助领导研发出了世界上第一台计算机，但就在此时，他的生活遭遇了挫折。从十几岁起，他就一直谨小慎微地过着不为人知的同性恋生活。然而，40岁时，图灵在电影院门口收留了一位年轻人，几天后当他回到家，发现房子被人闯进，丢了不少东西——罗盘、鞋子、吃鱼用的餐刀。他向警方报了案，控诉了男孩的盗窃行为，但当警察意识到窃贼竟是其情人时，便控告图灵有性犯罪。为了不进监狱，他接受了带有侮辱性的实验性激素疗法，并被限制从事密码学和计算机研究。两年后，他被发现死在了床上，显然是吃下了一片沾有氰化物的苹果。

在生命的最后几年，图灵对生物学进行了很多思考。他想知道，规则是怎样在自然界中呈现出来的。人的卵子受精并经过多次分裂之后，就变成了一个均匀的细胞球。然而，在这个没有规则的圆球上，突然出现了一条褶皱，这条褶皱将作为胚胎沿其生长的头尾轴。发育中的海星细胞知道如何将其变成星形；豹子的皮肤能令其生成斑点。当图灵在思考这种自然规则时，离遗传学家揭秘DNA双螺旋结构还有几年的光景，但他们已然确信基因必定控制着胚胎的发育，这或许是通过在其上加入蛋白质的定位图来实现的。图灵对此不太确定。如果一个均匀的细胞球中的基因全都在制造蛋白质，那么这些蛋白质就会均匀地分布，因而它们本身就没有什么规则可言。

20世纪初的胚胎学家试图用他们所谓的形态形成场来解释这些规则。他们猜测胚胎细胞或可视为电磁学在生物学上的类推。在胚胎中的眼睛形成之前，如果将其头部的那部分未分化的细胞取出并移到身体上的其他部分，依旧还是会形成眼睛。另一方面，如果将未分化的细胞从胚胎的其他地方移到刚刚形成的肢体中，这些外来的细胞就会被形态形成场给盖过，忘却过往的使命，同其他细胞一起形成腿。尽管遗传学家鄙视形态形成场理论，认为这太过邪乎，然而图灵意识到他可以创建一个直截了当的规则，就像计算机代码那般简单。

他举了一个假设性案例。"这会是一种简化和理想化的模型，"他写道，"因而不要当真。"他让读者们想象有一串呈环状的细胞，每个细胞持续产生两种分子（我们称之为 α 和 β）。所有的细胞都是一样的，在图灵的思想实验开始时，环周围的水平相同的 α 和 β 处于一种稳定的平衡状态。α 慢慢从环上的一个细胞扩散到另

　　　　　　　　　　　在水一方：生命的演化

一个细胞，加速生成了更多的 α 和 β。同时，β 在阻止细胞生成 α，因而得以更快地在环上移动。凭借这些特性，图灵表明分子的初始平衡状态是不稳定的，就像一根直立的棍子那般，随时都可以倒掉，只需一个细胞的 α 水平起了些微小变化即可。如果一个细胞多产生了一些 α，β 也会随即增加，并像波浪一样迅速波及周围的细胞，从而减少 α。一个细胞中的 α 越少，它所产生的 β 就越少，这使得 α 再次增加。此番反应和波动会在整个环上扩散开来，最终进入再一次的稳定平衡态：此时 α 和 β 的水平会致使在环的周围形成永形波。如果它们是色素，环上就会出现条纹。

没有神笔马良或遗传图来给这些条纹着色。这些基因只是生成了一堆相互作用的分子，这些分子彼此交错，就像形成水中的冰块或弹拨吉他弦的和声那般轻巧。通过这一高超的思维实验，图灵展示了生命复杂的运行过程，而数学生物学家又将他的方法向前推进，模拟贝壳花纹、斑马条纹和海胆胚胎螺旋花纹是如何形成的。20世纪80年代初期，一些科学家开始怀疑图灵斑图是否也适用于四肢的塑造。

无论是人、鸡还是蝾螈的胚胎，一开始都是无肢体的、弯曲的管状组织。此时它的脊索还很大，沿着肠表面满是管道且仍呈圆筒状的消化系统延伸下去。它的大脑还不够健全，视觉系统也不够发达。当胚胎长到24天时，新形成的肾脏区域的细胞会释放出一个信号，触发胚胎两侧的其他细胞聚集到胚胎表面。它们聚在一起并像水疱那般膨胀成肢芽。在芽的内部，被称为间充质细胞的细胞窝在果冻状的组织中。在芽的边缘部分形成了一小块组织（被称为顶端外胚层嵴），并刺激间充质细胞的增殖。如去掉此顶端外胚层嵴，将无法形成四肢；如多加上一点，则诞下的小鼠会长出额外的手指或四肢。只有靠近嵴的间充质细胞才会增殖，在现有芽的基础上扩增并从身体中延展出来，逐步成为圆柱体——它们未来将形成肱骨。

　　一周后，芽中的一些间充质细胞相互进行连接以形成未来腿的模样。它们聚集在一起，变成软骨，从中分化出结缔组织，形成一个软质的模子待用。与此同时，血管一直延伸进肢体，再进入这些软骨的中心。它们释放骨生成细胞，填充到刚才提到的软骨模子里，此时大部分软骨消失不见。肌肉和肌腱紧贴在骨骼上面，并伴随着骨骼的生长而进行伸展。随着手变得平滑和圆润，许多细胞主动凋亡（程序性死亡），凋亡细胞的总数取决于成年后指头或趾头将来所需要的功能适应或灵活程度。在人类胚胎中，一直到手指根部的组织都死掉了，解放了手指独立性的手，让人类可以缝纫刺绣或吹拉弹奏。鸭子的脚则更为"宽容"些，死掉的细胞少，使得很多组织得以留存下来并形成蹼状桨，以更适合划水。

　　间充质细胞集聚于一个柱状组织内其实没啥好奇怪的，然而它们是如何知晓连接在肘上形成桡骨和尺骨，然后进一步形成腕骨和手指的呢？或许基因密码和解剖结构的配合不够默契，我们

　　　　　　　　　　　　　在水一方：生命的演化

尚不能回答肢芽形状是如何形成肢体的，也不能回答相邻间充质细胞是如何相互作用的。一些研究人员从生物化学角度出发，期望在间充质细胞分泌的化学物质中找到令这些形态发生的分子，而另一些则从细胞生物学角度出发，专注于研究细胞相互连接的方式。间充质细胞穿行于肢芽内的黏性液体之中，就像在一桶果酱中移动的液滴那般。细胞膜上较黏稠的部分分化为触丝，伸出并抓住它们所能触碰到的任何东西。当它向前拉伸时，会拖拽周围的东西，使其变形得厉害，以至于附近的细胞也都给挪动了。这些细胞很可能趁机用其触丝来相互连接，而且由于间充质细胞表面含糖，非常黏稠，故它们会逐步粘在一起。当聚到一起的细胞达到足够数量时，它们会渗出一些化学物质，并溶解于附近的浆状物中，使得周围的细胞破裂开来，逐步形成所需要的状态。

数以千计的细胞在肢芽基质中进行相互交联，继而改变了整个芽的形状。正如图灵所讲的化学物质那样，这种力量构建了一个形态形成场。当由加州大学伯克利分校的乔治·奥斯特（George Oster）所领导的一群生物学家对这些力进行建模时，发现它们自发地创造出了看上去就像正在生长的肢体的东西。当一个激发态芽出现在胚胎表面时，间充质细胞集中在一个圆盘状组织中。随着嵴附近的细胞增殖，圆盘拉长，变成圆柱状——它将成为肱骨。但奥斯特的模型也表明，细胞牵引所产生的牵引力使整个肢芽变得扁平，进一步使得原本呈圆柱体的间充质细胞也变得扁平而向水平扩展。扩展到一定程度后，间充质细胞相互拉扯使得圆柱体一分为二，就像汽车引擎盖上的水滴被表面张力分隔开那般，它们分裂成两个较小的圆柱体，与桡骨和尺骨类似，随着两者的进一步生长，最终也会照葫芦画瓢——两个圆柱体分裂成更小的圆柱体，隐约显现出腕骨和手指的模样。

奥斯特的模型启发了他先前的一位学生皮尔·阿尔伯希，他想看看是否能在活体动物的肢体中找到任何真正的形态形成场的证据。1983 年在哈佛工作期间，他曾在青蛙新形成的肢芽上涂抹了一种可以减缓间充质细胞分裂速度的化学物质。他发现，尽管肢芽中的细胞较少，可是青蛙的肢体并不会长得比原来更小。相较之下，它通常会完全没有拇指。由于阿尔伯希并没有破坏这些动物的 DNA，他无法仅从基因角度来解释这一结果。像奥斯特这样的形态形成场可能更有意义，因为改变肢芽的大小可能会改变决定它如何进一步分化的方向——就像通过改变出气孔的大小（影响空气振动）来调节口哨上的音符一样。

在完成这些实验后，阿尔伯希甚至在回到西班牙与父母共度时光时还偶然观察到了一个自然现象。当父母向他展示他们新养的大白熊犬时，出于职业病的缘故，他立即检查了它的脚趾。大多数狗像狼一样，前肢有四根脚趾及一根发育不全的第五趾。像贵宾犬这样的小型犬很少有超过四趾的，而像圣伯纳德这样的大型犬有时甚至有六趾，尽管饲养员很不喜欢，竭力想将其给弄掉。阿尔伯希的父母所养的那只更大型的大白熊犬就有六趾，阿尔伯希了解到该品种普遍都是这样的。人们认为第六趾在某种程

在水一方：生命的演化

度上是这些狗为在雪山中行走的一种适应形态，但阿尔伯希的观察告诉他这是演化变异的结果。每个品种的基因也许并未规定脚趾的数目，反而是肢芽的大小才决定着会有多少根脚趾。

阿尔伯希也深受古尔德的工作影响，因此他并不满足于只是简单地解释既定肢体是如何发育的，他想知道演化一开始是如何对其进行设定的。他很清楚先前海克尔的观点是错误的，海克尔认为肢体是通过个体发育对系统发育的简单、逐骨再现而演化的。对此最有力的驳斥来自20世纪70年代的实验，在这些实验中，研究人员得以首次在软骨生成的最初阶段就看见了鸡翅和脚。这些肢体一开始并不是某种原始的两栖动物的腿：它们刚一出现，间充质细胞便立即聚集成与骨骼相似的模式。另一个问题与同源性有关。海克尔（以及在他之前的达尔文和欧文）认为，找到一个四足动物肢体的骨骼与任何其他肢体的骨骼之间的一一对应关系是件容易的事情。但胚胎学家观察四肢的时间越长，他们就越发感到犹疑。他们说不出鸟翼上的三根指骨是1、2、3还是2、3、4，腕部和踝部就更令人感到困惑了。好吧，海克尔九泉之下若是有知，必然欲哭无泪。

阿尔伯希想知道在此无序之下是否可能存在一个更为深层的秩序。他在哈佛创建了一个实验室，研究生可以在那里研究诸如青蛙、乌龟和短吻鳄等四足动物肢体的每日生长情况。有一天，当他在课堂上讲述肢体演化和发育之谜时，引起了一位名叫尼尔·舒宾（Neil Shubin）的24岁古生物学家的注意。

舒宾一直在为当个优秀的古生物学家而奋斗着，尽管这一行相当的守旧。先前他一直在新斯科舍省北岸的芬迪湾一带度夏。在那儿，海天一色，广阔的滩涂从海面延伸到面向大西洋裸露的高崖，崖岩的历史可追溯到2.25亿年至1.75亿年前。舒宾希望在一个入海口的尽头找到化石，虽然老一辈的科学家曾宣称此地既荒凉又危险，毫无勘察意义。每天海湾里的潮水都会涨高一二十米，如果一个人在岩架上逗留太久，滩涂就会消失不见，而悬崖会切断一切退路。尽管如此，舒宾和他的古生物学家同事们还是冒了险，发现悬崖上实际嵌有成千上万块骨骼碎片。这些化石中有一些与最初的哺乳动物为近缘的物种，有比小猎犬还小的迅猛鳄，还有与麻雀大小相仿的恐龙。

此矿藏本该与舒宾的一生牢牢绑定在一起：他本可以将自己的职业生涯全都倾注于对生命史十分关键的挖掘化石和重建这些事儿上。但他却志不在此。与舒宾交谈时，你会受到智力上的暴击，因为他会把谈话从一个领域转到另一个领域，从地质年代学转到遗传学，从哺乳动物牙齿的复杂性转到跳蛙的生物力学。当他不在新斯科舍当弄潮儿时，他就在哈佛上课，当然他偶尔也会去图书馆的古籍善本室消磨时光。在那里，他会阅读过往大师们的作品，如欧文1849年的作品《论肢体的本质》。当时阅读对肢体的精细描述那可是相当不易的，因为其内容并非是达尔文的观点，而是返回到了他擅长的原型模式的说辞。"我读进去了，书中的论述十分精彩，"舒宾说，"事实上，他开头正大光明地反对演化

在水一方：生命的演化

论——再打自己的脸收回自己先前的说辞，即用自己超凡的原型模式理论去解释演化论。真是令人惊叹。此人是一位出色的解剖学家，当谈到结构上的相似性时，他看得很是透彻，离真相只有一步之遥。"

阿尔伯希在进一步开展肢体研究方面起了重要作用，因此舒宾就胚胎、化石和演化与他进行了长时间的交流。最终，舒宾决定亲自去看看他可以研究的每一个四足动物的肢体，探究个体发育和演化之间可能存在的联系。"阿尔伯希实验室的研究人员正在收集一系列脊椎动物的发育过程，且哈佛大学本身就有一个很棒的图书馆，"他解释道，"我一股脑儿地找到了我能找到的有关各种生物的所有论文。我将其分成几大摞——鸟类、哺乳动物等等，然后逐一翻阅。"他与阿尔伯希的学生讲了短吻鳄、乌龟和其他四足动物的肢体是如何形成的，他还亲自研究过蝾螈，用酒精和甘油冲洗其胚胎，然后将它们的软骨染成蓝色，或者将胚胎放入塑料块中，一层一层地刮下来，并用投影描绘器画出其各个发育阶段的四指。

当他查看他所收集到的所有信息时，舒宾起初并不知道如何把这一切搞明白。他当然没有在不断发育的肢体中看到任何全然一样的情景再现，但他认为他在肢体形成的方式中瞥见了一种潜在的统一性。在许多四足动物中，他注意到腕关节和踝关节中的间充质细胞沿着一个弓形进行聚合。在某些动物中，弓形会随着细胞簇的融合而消失不见，但在其他动物体内，它会贯穿四足动物生命的始终。我们人类的腕部长出了一个弓形，你可以在《格雷氏解剖学》一书中看到神经和血管是如何沿着其路径进行迁移的。但弓形并非一定会出现，要知道某些四足动物就不会如此。

当舒宾和阿尔伯希对这些结果进行仔细研究时，他们想到得再回过头去看看奥斯特的模型。奥斯特的模拟肢体总是经由一系列重要改变才得以形成：间充质细胞首先聚集成簇，这些簇有时分成两个分支，有时它们也聚合或分成若干段。阿尔伯希和舒宾意识到，在实际的肢体发育过程中，每一个都是由一些相同的改变所形成的。他们可以用一组符号勾勒出发育的大概情况，如遣词造句那般一点点地谱写肢体的发育过程。第111页的插图展示了哺乳动物的手部情况。肱骨首先形成，然后伸展下去直到细胞变稀疏，接下来分支发育成桡骨和尺骨。沿着桡骨继续生长，形成另一块骨骼，这是一种叫作桡腕骨的小腕骨（在人类中被称为桡腕关节，它接合于桡骨的末端并形成一个球状突出物）。同时，尺骨分支成两块腕骨，这两块腕骨又分支成更多的腕骨。一个分支延伸到手掌的顶部，形成弓形的指弓，接下来手指便从指弓中生长出来。

虽然成年后的四足动物肢体各不相同，但它们在胚胎时期都遵循着这些规则。一只只有四趾的青蛙手掌，弓形在第五趾长出之前就已停止了生长。蝾螈的欧洲近亲洞螈，只有两趾，它甚至从来不会长出其他三趾。随着洞螈胚胎的发育，其踝关节处只形成两块小骨，其中一块只会生成两趾。这种分支弯曲的现象或解

在水一方：生命的演化

释了阿尔伯希在他的实验青蛙身上得到的结果：拇趾消失了，因为它们在虎口的末端分了叉。在这些模式中，舒宾和阿尔伯希遇到了一种新的同源性：并非欧文的逐骨一一对应，而是发育模式

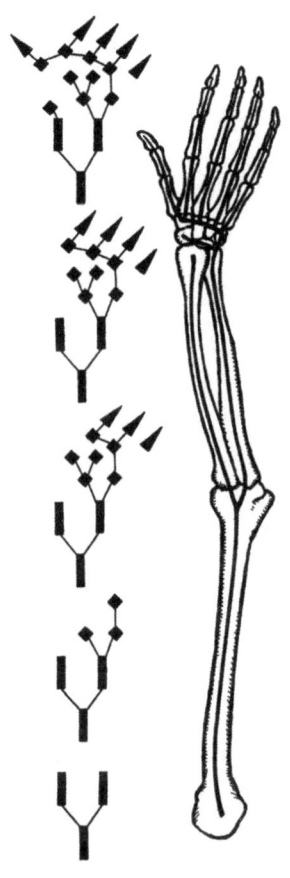

四足动物的四肢开始作为间充质细胞的分支轴进行发育，这些间充质细胞集聚成软骨，然后再变成骨骼，这条轴干并不延展到指间，而是绕过腕部形成了弓状的指弓，进而由此生出指趾

的同源性。发育模式的同源性解释了为何你永远见不到三条大腿："一变二"的这种分叉规则使其不可能生出"三"这样的数字。

作为一名古生物学家，舒宾认识到这些模式也为四足动物的手最初是如何从鳍演化而来的提供了新的解释。我们祖先的鳍是基于一侧带有分支的轴干而生成的。四足动物保留了这种解剖结构——我们的桡骨和一些腕骨在其中一侧仍然有分叉——但随着最早的四足动物的演化，这条轴干并未直接延伸生成手指，而是在接近尾端时突然转向，绕过腕部而弯成弓状的指弓。在此之上，即在轴的另一侧开始产生分支，逐步形成一根根手指。换句话说，海克尔——在一定程度上——是对的：四足动物的上肢确实是叶鳍的一种延展，在手开始形成之前的那段片刻，我们的上肢可能确实与胚胎中的真掌鳍鱼有些许相似之处。一个新的形态形成场是否造就了这个弯折？还是产生了一个新的基因系统？舒宾和阿尔伯希此时也说不好。他们所能做的就是提出这个动态模式，并寄望发现潜在的机制。

他们于1986年发表了他们的研究成果，用舒宾的话来讲可谓"一次巨大冲击"。没人就其新发数据进行写信质询，没有人对其进行引用。胚胎学和化石学貌似八竿子打不着，以至于很少有人对用一堆软骨来阐释脊椎动物史上最大的转变感兴趣。舒宾对此毫不在乎，继续活在自己的世界里。他先是在伯克利，然后去到宾夕法尼亚大学担任教授，这期间他研究了蝾螈的手，并在新斯科舍、摩洛哥和格陵兰寻找更多的早期哺乳动物化石。他想说的都已经说过了。

　　看起来暂时的无用之用却有了大用，上文提到的迈克尔·科茨可是了解了他们提出的新弯折分支理论。两年后，当科茨来到剑桥并参加四足动物速成课程时，他进一步研读了此理论。功夫不负有心人，当看到棘螈化石展示出每个脚都有八个脚趾时，他猛然顿悟。关于鳍如何变成四肢的旧理论假设最初的四足动物有五趾，并相应地经由肢轴通过腕骨形成分支。现在科茨在一只早期的四足动物身上发现了三个额外的指头，且没有可用以画出一根、更不用说是三根额外分支的腕骨。然而，如果按照舒宾的新理论所提到的，是在指弓上长出了手指，那么事情就简单得多了。大可沿着弯轴长出五趾——或六趾、七趾、八趾——只需将其挂在弯折处的末端。过了一段时间，其他泥盆纪四足动物被证明不遵循五指规则。神秘的苏联生物图拉螈有六根细长的趾，并且科茨还发现珍妮·克拉克在格陵兰岛发现的鱼石螈腿部有七根脚趾。我们人类有五根手指，在诸多生物中算是少的，只有舒宾和阿尔伯希的理论才能对其进行诠释。

　　图灵模式左右着四肢发育的想法也遭到了不少人的指责。根据奥斯特建立的模型，当芽仍是同样的细胞时，作用在整个肢芽上的各种力量就已经决定了接下来骨骼聚合的模式，而不是由某种早期化学信号决定的。1990年，英国生物学家设计了一项实验以测试这两种可能性。他们剪掉了小鸡尚处于翼芽阶段的一半翅膀，并用另一只小鸡的半个翼芽来移植代替。由于是在翼芽发育的很早期便进行了更换，单凭显微镜观察，它看起来依然是一个均匀的间充质细胞群。在奥斯特的模型中，这样的芽仍会生成一条正常的上肢，因为形成软骨的形态形成场尚未发挥作用。但是该实验芽出现了双肱骨。最终生物学家得出结论：在这个替换实验之前，也早在奥斯特理论所提到的力量产生任何影响之前，翼芽及其移植物中肯定已经做好了隐形标记。

彼时遗传学家几乎不了解基因如何构建胚胎，针对这个现象还想不出其他的解释。几十年来，遗传学家一直热衷于研究突变型。19世纪90年代的时候，英国动物学家威廉·贝特森（William Bateson）首次注意到一群尤为引人注目的怪物：一只叶蜂生来脚便长在了触角上，一只龙虾的眼部长出了一根触须，飞蛾的腿竟长成了翅膀。哺乳动物也有些尽管更细微，但却与之类似的突变，如长出小肋骨的颈椎。贝特森将之命名为同源异形突变，因为只是位置发生了更改，但本身形态维持不变。

直到20世纪80年代，遗传学家才得以在发育的果蝇幼虫中通过对同源异形的解剖，来追踪其背后起作用的同源异形基因。他们鉴别完所有基因后，回过头重新审视，不禁对此结论如此之简单而惊讶不已。同源异形基因像一串灯笼那般串联在果蝇的DNA上，链中的首个基因启动并在幼虫头部的一些细胞中制造蛋白质，其余的基因则按顺序激活，直到其尾部生成蛋白质为止。果蝇幼虫由体节构成，在每个体节内，重叠的同源异形基因的独特组合会使得细胞产生蛋白质。在每个细胞中，这些蛋白质移动到

在水一方：生命的演化

DNA的其他区域，在那开启其他基因，然后再产生每个体节所需的解剖结构——无论是腿、翅膀还是触须。贝特森的同源异形突变体是同源异体基因在错误的体节内开启的结果，这才出现了新的特征。

脊椎动物的发育模式与果蝇当然存在差异，考虑到它们的最后一个共同祖先生活在大约十亿年前，这不足为奇。但脊椎动物的胚胎也有从背部往下延的体节，这些体节除了能够发育成皮肤、肌肉和神经，还将生成内部骨骼——脊椎和肋骨。20世纪80年代后期，遗传学家竟然发现，在鸡和小鼠胚胎中起作用的基因与昆虫中的同源异形基因几乎相同！来自人类的同源异形基因可以放入果蝇的DNA中并发挥相应的作用。脊椎动物的同源异形基

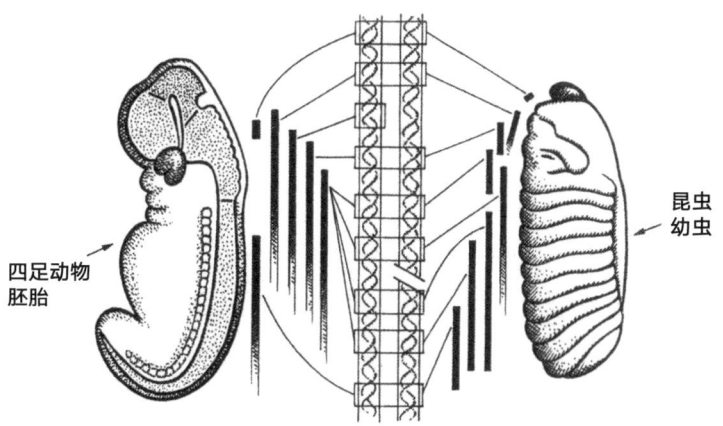

几近相同的同源异形基因（用方框表示）决定了昆虫幼虫体节及四足动物胚胎部分的命运，沿着胚胎的条形图显示的是细胞表达既定基因以及制造对应蛋白质的范围

因也部署好了胚胎从头到尾的椎干，如果遗传学家在这些基因中创造了突变，他们就会得到同源突变。颈椎骨的形状与胸腔后面的椎骨一样。哺乳动物胚胎中的第二个鳃状囊通常会产生最终形成镫骨(中耳内的一块骨头)的细胞。但如果同源异形基因没设计好，囊状物将不会生成镫骨，而是生成中耳内的另两块骨头——砧骨和锤骨，而这两块小骨通常是由第一个鳃袋产生的。

几年之内，科学家们在蠕虫、水蛭、海星和许多其他动物身上发现了相同的基因。他们惊讶地发现，有些动物的同源异形基因并非只有一组，而是有许多，相互之间略有不同。果蝇只有一组，但像七鳃鳗这样的无颌脊椎动物有三组，而多数有颌鱼和四足动物有四五组。大部分动物体内都有同源异形基因这个事实，使得同源异形基因的作用不再仅限于只是果蝇实验室中的一种工具：它们是整个动物王国演化遗产的一部分，可以告诉我们演化是如何发生的。所有带有同源异形基因的动物都必定来自一个共同的祖先，该祖先用一组同源异形基因沿其从头至尾的椎干来构建体节。这种有着十亿年历史的祖先生物不断繁衍演化，其产生出的一些后代演变成了昆虫和其他无脊椎动物——这些动物使用这种基因密码来控制幼虫的生长。相较之下，海星用同源异形基因来部署伸出到每个角中的轴线。随着脊椎动物的演化，它们多次复制其同源异形基因，有一次大约是在第一批脊椎动物出现的时候，后面一次是第一批有颌脊椎动物出现的时候。

整组同源异形基因的复制其实是一种非常激进的突变，但从数百万年的尺度上来看，这些突变经常发生。起初，一个复制出的基因只制造与先前基因相同的蛋白质，即使这个复制基因改变了，也不会影响到原来的基因的功能。在大多数情况下，这些额外的拷贝只是让基因组内增加了一些无用的额外基因，但持续的复制也会造成突变的累积，故有些复制出的基因也会因突变而能够发挥新的作用。

例如，许多动物的免疫细胞使用一种叫作溶菌酶的蛋白质来对抗细菌。免疫细胞吞噬下微生物并释放出溶菌酶，溶菌酶附着于细菌表面并钻孔，分子从细菌的膜中穿进穿出，直至细菌死掉。与大多数哺乳动物一样，在人体内除了血液，溶菌酶只存在于眼泪中，它能防止眼睛受到感染。但比较罕见的是反刍动物——如牛、山羊和绵羊等进行反刍的有蹄哺乳动物——在它们的胃中存在着大量变异的溶菌酶。反刍动物的祖先显然是复制了产生溶菌酶的基因，而这组酶也适应了胃中的强酸。反刍动物与其消化道中的菌群具有共生关系，故反刍动物也会定期将一些微生物吞入消化道内。在消化的过程中，这些突变并适应了胃酸的溶菌酶能钻开微生物，释放出反刍动物能消化的维生素和营养物质。

溶菌酶基因的复制对反刍动物的演化产生了巨大的影响，然而同源异形基因的复制，对于决定胚胎的身体结构发育则是关键的，是一个更为重要的宏观演化事件。同源基因，即脊椎动物形式的同源异形基因，其复制似乎与头部（头部是一种围绕着一群神经细胞的骨壳，这些神经细胞装有两个光敏器官）的起源相吻合。第二次复制发生在脊椎动物从其鳃弓演化出下颌的这个时期，这让它们从只有几厘米的米诺鱼大小的、只能以垃圾为食的小混混，摇身一变成为海洋捕食者，并在1亿年内变成可以凿穿一条船的大型猎食动物。这些变化中的每一项都需要更为复杂的协调发展，一整套复制出的同源基因，它们不断制造出超出原先身体发育所需的蛋白质，以为新结构的建立提供先决条件。

1989年，当生物学家绘制在不断发育的肢芽中所产生相互作用的蛋白质网络时，他们开始意识到同源基因也在其中起作用。为了便于理解此网络，请先脑补一下我们上肢形成时的图像——拇指向上指向头部，小指向下指向脚部。沿着小指侧的肢芽区域被称为极性活性区，它分泌一种蛋白质，研究人员以其最喜欢的电子游戏角色刺猬索尼克对其进行命名。刺猬索尼克蛋白从该区域渗出到肢芽的脊部，在那里它们触发脊部细胞分泌一种刺激生长的蛋白质，而该蛋白质又陆续渗到相邻的间充质细胞并使其疯狂地分裂。同时，刺激生长的蛋白质通过促进极性活性区产生更多的刺猬索尼克蛋白，继而再渗回到脊部。在此繁殖不断进行的同时，这两种蛋白质也会涌入间充质细胞中，作为传话人发出信号让其继续开启同源基因。

当科学家们第一次在四肢中发现同源异形基因在起作用时，他们推测同源异形基因可能会像在脊柱中那般：四肢会像切片面包一样被分割，每个切片中同源异形基因的独特组合将骨骼塑造成合适的形状。按其设想，只不过是头尾轴变成了肩和手。科学家们篡改了小鼠和小鸡四肢中的同源异形密码，想看看突变体是否证实了他们的设想。早期的实验似乎证实了这一点。例如，当遗传学家敲除一组同源异形基因中的最后一个基因后，出生的小鼠尾巴缩短了，趾尖也萎缩了。

但更多的实验表明，现实比设想的更为复杂：另一组同源异形基因仅在肢芽的小指侧开启，然后突然转向，扩散到指尖边缘。正当其他科学家们面对这个情况不知所措时，科茨却有了答案。科茨一直在寻找可以帮助他了解脊椎动物如何演化出手的新研究，也在持续关注有关同源基因的论文发表。当他看到同源基因的忽然转向，他意识到自己以前见过这种模式：这是舒宾的指弓曲线。"我看着它，不禁想，这简直太棒了！"科茨说。

科茨将他的思考和发现告知了科学界，并引发了广泛关注。他向大家展示了无论是化石、细胞，还是基因证据，均是从不同的学科和尺度给出了对这一宏观演化案例的一致解释。彼时或许没有人对肢体的理解和科茨一样透彻，能够清楚地说明白同源基因是如何助力形成指弓的，但无论机制如何，这些对应关系都是非常清晰，不容忽视的。受科茨的启发，瑞士生物学家在1995年证明同源基因也可以指导鱼鳍的生成。他们选择的实验动物是斑马鱼，这是一种有鳍的小鱼，就像小鼠一样，作为实验对象是非常适合的。斑马鱼的繁殖周期快，能迅速长成鱼苗，最为重要的是，它们早期通身透明，很容易看到内脏中对蛋白质甚为敏感的

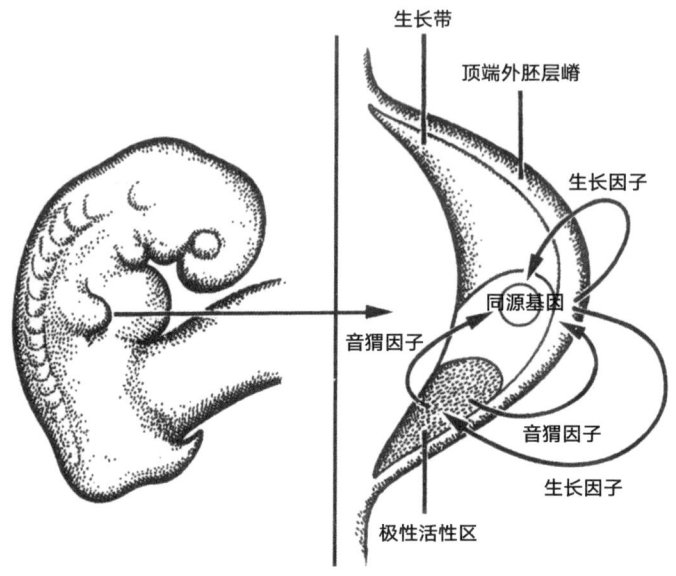

生长带

顶端外胚层嵴

生长因子

同源基因

生长因子

音猬因子

音猬因子

极性活性区

基因的相互作用（在此只显示了一部分）促成了肢体的产生，极性活性区的刺猬索尼克蛋白促使顶端外胚层嵴产生生长因子，进而刺激间充质细胞的复制，反过头来促进了肢芽的生长，并共同指导了同源异形基因在增殖区的表达，同源异形基因在决定肢体结构方面发挥着重要作用

染料。瑞士人发现，与形成人类手臂相同的一些关键基因形成了斑马鱼的前鳍，而且最初的模式几乎相同。一团间充质沿着斑马鱼的腹侧长出，然后沿其外缘隆起呈一个脊。位于尾部位置的极性活性区开始策动刺猬索尼克蛋白的生成，脊和极性活性区相互作用，结果，一组同源异形基因开始沿着尾部边缘生成其蛋白质，间充质细胞也开始聚集成簇。

如果斑马鱼是四足动物，那么沿着鳍远边缘的细胞就应该开始产生同源蛋白，进而形成四足动物的弓形器官。不过实际上，依然是鱼类而不是四足动物的斑马鱼，其体内的同源异形基因不再表达。间充质细胞沿着同源基因标记的直轴进行聚集，然后分裂成全部直接附着在肩部的骨骼。不过尽管同源基因停止表达，鳍仍在继续生长。在四足动物中，一旦肢芽刺激间充质细胞进行增殖，肢芽的嵴就会消失，但在斑马鱼中，嵴自身也开始生长，延展成一个更大的扁平结构，鳍条将在此结构中发育。

这些结果与古生物学家的推测惊人的一致。辐鳍鱼和肉鳍鱼的共同祖先可能有一个大小适中的鳍。它的同源基因形成了生成骨骼的枢椎，而在此基础上又延伸出一些小的分支，除此之外，嵴上还长出了一个小鳍。它的后代形成了两大分支，沿此两分支的发育时快时慢。像斑马鱼这样的辐鳍鱼分支里，同源基因较早关闭，而嵴内的基因则较早开启，产生更大的鳍条。然而，肉鳍鱼让其同源基因工作更长时间，生成更长的椎干和更大的骨骼。同时，同源基因延缓了鳍条的生长，使其成为环绕内部骨骼的须边，且导致肉鳍鱼向四足动物的转变过程更早：肢芽的嵴太早停止生长，以至于根本就长不出鳍，而椎干向肢芽的远端边缘进行弯曲，从而造就了手指的出现。

1996 年，一组美国遗传学家以他们的一份详尽的实验描述验证了瑞士科学家的发现。他们研究了一组正在发育的四足动物肢体，持续观测了 23 个同源异形基因的陆续表达。科学家们发现它们与舒宾和阿尔伯希所提出的指弓理论竟是超乎想象地高度吻合。在肢芽的早期阶段，同源基因活跃的区域形成了沿小指边缘进行延展的条纹。在芽进一步长大后，条纹沿着手指形成的另一端进行延伸——此时条纹已经颠倒了其次序。早在舒宾和阿尔伯希将肉鳍和四足动物的四肢关联时，还没有人知道同源基因与其有关，这些敏锐的科学家就已经看到了这种颠倒。在像真掌鳍鱼这样的动物中，所有的骨骼分支都是从枢干延伸到拇指侧，而当四足动物演化出指弓时，这个分支则转向枢干的另一侧，并在此处生成了手指。现今看来，若要翻转分支，在演化过程中必然得翻转同源基因。

舒宾多年来一直认为，他在弯曲椎干上所倾注的心血只是他一生之中微不足道的一件小事，但现在遗传学家都在劝他一起合写有关肢体发育的论文。虽然遗传学家可以识别基因序列和染色细胞，但只有舒宾才可以破译化石密码——它蕴含任何当今动物都无法提供的信息。例如，最近，他和达斯勒一直在研究达斯勒于1996年发现的可能是长有趾的鳍化石，这块化石是泥盆纪的一种叫作蜥鳍鱼的肉鳍鱼化石。这是在卡茨基尔地层发现的首个肉鳍鱼化石，但在达斯勒勘查之前，顶好的化石一个个全被损坏得差不多了。据古生物学家所知，蜥鳍鱼属于一类已灭绝的肉鳍鱼，相较于肺鱼，它与真掌鳍鱼和四足动物的亲缘关系更近，同时几乎可以确定的是，它们绝非陆地生物的祖先。

达斯勒的化石从肩部到鳍尖都保留了鳍。你可以抚摸那与肌肉和骨骼相连的光滑凹处，你可以看到能够弯曲的圆形关节。蜥鳍鱼显然可以利用结实的胸肌和鳍状三头肌来支撑身体的前部。

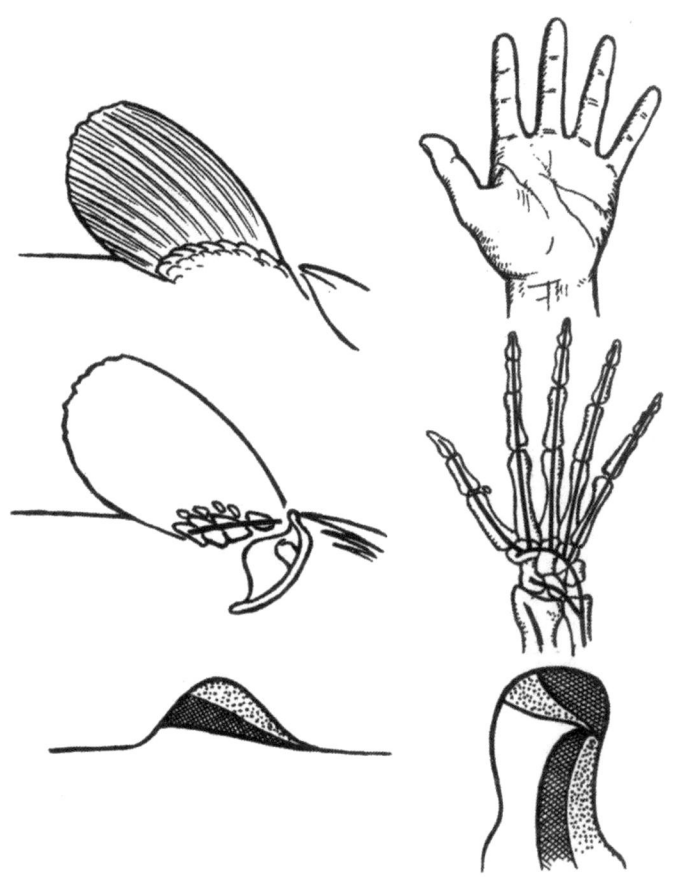

在斑马鱼（左图）中，同源异形基因活跃的鳍就是一根直枢椎，后续骨骼会沿着该枢椎进行生长；在四足动物体内，相同的基因在肢芽末端弯曲，在此新区域，次序会颠倒，这一模式与肢体枢椎的后期发育相一致，分支发生在肢体的拇指侧，直到延展到腕部，此时枢椎弯曲，分支翻转到另一侧，变成手指

它有与我们的肱骨、桡骨和尺骨相对应的大骨骼，除此之外，它至少还有八根类似于我们的手骨但更为细长一些的骨骼。虽然这些手指状的骨骼仍长在鳍内，但蜥鳍鱼已经可以弯曲它的鳍，如同我们弯曲腕部或者弯曲指节那样。

科学家现在能够观察这样的化石，并识别其中起作用的已消失基因。与舒宾合作的哈佛医学院同源异形基因专家克利福德·塔宾（Clifford Tabin）指出，就像真掌鳍鱼和其他肉鳍鱼那样，蜥鳍鱼靠近肩部的骨骼从椎干向鳍的"拇指"侧进行分支。但是在鳍的末端，形成指状骨骼的地方，一些分支会反转方向，不伸向拇指而是伸向"小指"侧。这绝不是一只四足动物的手——蜥鳍鱼的肢轴上从未有过钩状器官。然而，化石表明，这种肉鳍鱼用的是与我们人类祖先相同的遗传配方。四足动物不过是手状结构广泛演化实验，即"随机演化"的一部分，但它们碰巧是在泥盆纪之后"适者生存"的物种。

演化生物学家喜欢琢磨手，因为手可不是对原先结构的微小调整，它是实实在在的创新。35亿年来，地球上没有任何生物有手。手在很短的时间内突然出现了，自此就几无太大变化。当威廉·贝特森第一次发现同源异形突变体时，他认为他已然找到了新奇的奥秘。贝特森是一位伟大的思想家——他是最早认识到19世纪那位名叫格雷戈尔·孟德尔（Gregor Mendel）的默默无闻的修道士的工作蕴含着遗传线索的生物学家之一。然后，他为他继续辅助创建的领域造了遗传学这一名词。贝特森痴迷于变异（即达尔文的自然选择的推动力所在)的奥秘，在研究了数百个例子后，他认为大多数变异只会导致颜色、形状和大小的相对较小的变化。故对于支持微小变异造就演化的拥护者达尔文，贝特森曾如此评价："我们读他的演化论，就像在读卢克莱修或拉马克的作品那般。"贝特森认为，只有像同源异位突变这样的巨大变异才是演化过程中的真正推动力，这种力量才可以猛然造出新的东西，如四足动物的肢体。生物学家理查德·戈尔什米特（Richard Goldschmidt）后来将这些假想的生物命名为"充满希望的怪物"。它们跌跌跄跄地来到这个世界，与其祖先截然不同，如果幸运的话，它们可以通过自然选择的筛选。

然而，贝特森创立的科学与他背道而驰。同种异体突变与决定头发或眼睛颜色的微小变异之间没有根本区别。同源异形突变如此之大的唯一原因是，突变后的基因恰好调节了许多其他参与构建胚胎的基因。虽然贝特森认为同源异体突变对于创造新物种是必要的，但小的突变不断积累实际上也是足够的。新达尔文主义者宣称，新结构同样是自然选择作用于正常变化时渐变的结果。他们认为，在这方面，无须将宏观演化与微观演化分开来看：宏观演化只不过是进行了数百万年的微观演化。

论战的双方都只凭对胚胎形成的粗浅认知固守着各自的立场。随着了解愈发深入，越来越多的生物学家开始认识到，在逐渐积累或巨大突变之间进行非此即彼的选择是错误的。但与此同时，他们认为变革实际上就是宏观演化事件。这种转变范式的主要倡导者是根特·瓦格纳（Guenter Wagner）。作为耶鲁的生物学家，他认为自己是一个尤为精通群体遗传学的正牌新达尔文主义者，他提出变革需要一种与平常变化完全不同的解释。"我认为有一个突破，"他说。

在某种程度上，瓦格纳认为贝特森是对的：自然选择经常是缓慢塑造而非瞬间创造。"如果你仔细看看某个生物，"他解释道，"比如说达尔文雀，如把渐进式变化作为适应性来进行理解，它们通常是对既定设计的修改。喏，你必须让它更大、更强。但还有其他一些转变有赖于少数群体所碰到的特定情况。"然而，要完成这些前所未有的转变，瓦格纳认为不必依赖于某些神秘的宏观突变。例如，基因的正常复制可能会意外生成一个完全相同的基因，而所处的自然选择压力则赋予其一项全新的任务。更常见的情况是，自然选择一半体现在形状和大小的正常变化上，但也会在无意间改变胚胎发育的程序，进而触发了新的级联反应或可能建立了新的形态形成场，一种全新的结构就此产生。

近年来，生物学家不断找出一些细小但很有说服力的例子，以说明这种变异是如何产生的。奥地利大学的盖德·穆勒（Gerd Müller）研究了鸟类奇特的胫骨是如何形成的。所有四足动物的膝盖下方都是两根长骨，即胫骨和腓骨。在鸟类身上，胫骨从膝盖延伸到脚踝，而腓骨只有一段，还要紧贴于胫骨上半部。为了能更好地贴在一起，鸟的胫骨上产生了一个独特的可供腓骨贴合的嵴状物，并通过结缔组织把二者紧紧地贴合在一起。如没有这种

　　　　　　　　在水一方：生命的演化

崤状物，鸟走起路来绝非易事，因为腓骨虽然不完整，但又紧贴着其大腿上的一块大肌肉，如果腓骨不与胫骨紧密连接，大腿的肌肉力量决不会传递到足部。

这个崤状物非常重要，然而，在鸟的基因组DNA中没有任何基因携带要生成这个崤状物的指令。当鸟腿开始形成时，胫骨与腓骨之间长度是一致的，此时的胫骨也还没有崤，而将大腿肌与腓骨相连的肌腱则一直延伸到胫骨。在接下来的日子里，腓骨长得较缓，而胫骨生长迅速。鸟在蛋中被孵化的时候是焦躁不安的，仅一周大的时候就已经会扭来扭去，在此过程中会推拉着腓

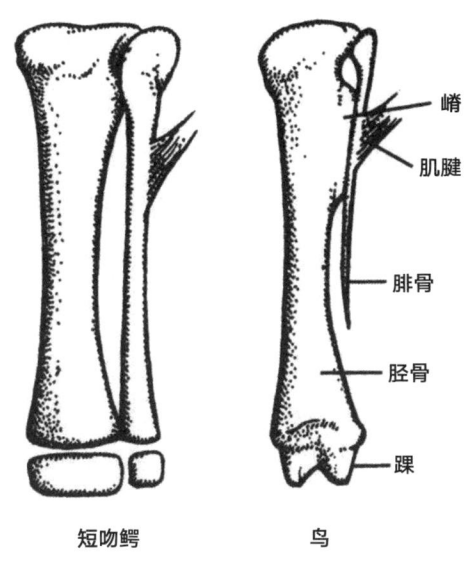

短吻鳄　　　　　　鸟

鳄鱼胫和在胫骨崤上有演化革新的鸟胫

骨。一般情况下，压力会将发育中的肌腱组织转变成软骨，因此鸟类的坐立不安会自发刺激软骨结节在胫骨之间形成。当鸟被孵化出来并用它那颤颤巍巍的腿走路时，结节会融合到胫骨并变成一个骨质嵴。所以如果鸟不在蛋里蠕动，就不会形成嵴。

穆勒在鸟类的祖先，即两足食肉恐龙化石中，也看到了同样的嵴状物。他推测早期的这类恐龙及其近亲为快速奔跑，或已经开始收缩腓骨，这些结构在卵中时就变得不牢靠了，于是，自然选择将肌腱导向胫骨，从而使其保持稳定。腓骨持续收缩数百万年，而在卵中坐立不安的恐龙胚胎也对其施加了更大的选择压力，直到出现了一个嵴状物，可以让腓骨稳定地依附于其上，并且结构非常牢靠，以至于腓骨最终可以缩成细条状。

瓦格纳举出的另一个例子是颊囊。许多啮齿动物在觅食时，会将种子装入脸颊内层的空腔中，这样它们可以在每次外出时都带回大量种子并将其储存起来，无须在猫头鹰和响尾蛇的环视之下做过多的折返。然而，某些啮齿动物，如囊鼠，配备了巨大的颊囊，它们是长在体外的，在脸颊上形成两个深坑，开口看起来像软绵绵的酒窝。松鼠或老鼠的内颊囊位于体内，与嘴上其他地方有着相同的湿润粉红色内衬，囊鼠的外颊囊则有毛附着。

外颊囊的变革意义自然无法与四肢或头骨相提并论，但它们依然用处颇大。当啮齿动物将种子塞进其内颊囊时，嘴里的水分会不可避免地流失，而在沙漠中，即便是这种流失，也影响深远。囊鼠胚胎的演化方式也表明了颊囊的演化路径。12天大的时候，它的嘴看起来与其他啮齿动物的嘴差别不大，颊内侧有腔。但在接下来的几天里，随着囊鼠长长的吻部在脸上渐渐成形，它会将腔往前推，直至最终伸到脸颊那部分，成为囊鼠的嘴唇。嘴唇又向外翻出，贴到脸上，一起向前拉扯着颊囊。这样一来，它们不再敞向嘴内侧，而是向外张开。一旦如此，它们就会与形成囊鼠脸上皮肤的细胞接触。脸部充斥着大量会触发组织长出毛皮的信号分子，而颊囊则服从指示长出大量毛发。很可能囊鼠的祖先——有内颊囊的啮齿动物——演化出了更长的鼻子和嘴，而这种崭新的外颊囊也就顺带产生了。从某种意义上说，其演化是渐进的，也是突发的：囊鼠的吻部经过数代的缓慢变化，但内颊囊和外颊囊之间没有过渡阶段，它从一种形式转变为另一种形式是在一瞬间。

另一方面，随着同源基因研究的不断深入，瓦格纳对新变异可以在瞬间发生产生了怀疑。让他改变主意的是他和他的一些学生在青蛙上所做的研究。青蛙有着一种罕见的踝骨：它并非圆形，而是长的胫骨状，就像一块被削过的大理石。这一变化使青蛙的腿部能够产生更佳的跳跃力，但这远远超出了四足动物的常规变异范围。大多数四足动物的踝骨可能稍大或略小，但在同源基因的影响下，它们基本上仍然呈大理石状。青蛙的踝骨不会像间充质细胞的小节点那样逐渐变长，而是从一开始就是长杆。"这是一个非常不错的革新，因为现在它们有机会比任何关于结节元素的大小和形状的遗传变异都生长得更多。"瓦格纳说。

瓦格纳一直在研究指导青蛙腿形成的同源基因，这个基因通常只负责塑造大腿和胫骨等长骨的发育。但他发现，在青蛙身上，与目前研究过的任何其他四足动物不同，这种特殊的同源基因也在踝骨上发挥作用。"如果真是这样，这就是一次性完成的，而不是一个渐进的形状变化。如果这是一个渐进的形状变化，我们会看到其按照一个期望的方向逐步发展，但事实并非如此。青蛙的后肢是一种全新的模式。"所有其他必须伴随踝骨延长才能发挥作用的变化，如伸展沿其运行的神经、血管和肌肉，都是随之自觉发生的，这还得归功于发育规则。"变化是瞬间发生的，"瓦格纳推测道。

至于四足动物的肢体，舒宾和其他人的观点同瓦格纳一致，同源基因在塑造它们时的行为方式是真正的革新，而并非对鳍的一些小调小修。它甚至可能演化得相对较快，也无需太多的基因修补。当基因获得产生蛋白质的信号时，它们会得到其他DNA片段（称为增强子）的帮助，而这个DNA片段可能在数千个碱基之外。DNA链在三维空间内折叠，使基因和它的增强子接触，然后增强子与复制基因的蛋白质发生反应，从而加快这一过程。当胳膊中的肱骨、桡骨和尺骨正在形成时，众多增强子协同工作以帮助同源异形基因发挥作用。但在胳膊发育的最后阶段，当同源异形基因的模式翻转并形成一只手时，事实证明助其一臂之力的似乎只有一个增强子。随着我们的肉鳍鱼祖先向四足动物演化，这种新的增强子或许已被引入遗传之中进行肢体发育。有了它的加持，同源基因的模式可能会突然翻转，于是第一只手的雏形就这么诞生了。

所以，无论手的形成历经了多长时间，这一现象都必然在宏大的生物演化中占有一席之地。对瓦格纳来说，这种倔强是革新的另一个标志：它借由重新界定自然选择起作用的边界来改变游戏规则。瓦格纳也陷入了阿尔伯希、舒宾以及之前的欧文所深深迷恋的模式。自然选择削减了手指数目，融合了腕骨，使恐龙的胫骨像灯柱一样高，但它不会允许出现三条大腿。经过3.6亿年的演化，它仍然只能改变四足动物肢体从芽开始生长的基本发育程式。

"如果有如此之多的时间，为什么我们看到的还是这种结构，以及这种类型之间的独特性？"瓦格纳问道，"有些变化很容易逆转，也不会改变自然选择发生的规则，但还有一些会重新界定边界。如果一切都是可逆的，就不会有在很长一段时间内依然维持稳定的独特类型。这是一种辩证的思考方式。社会变革——为什么历史学家会对其感兴趣？因为人们赖以生活和追求幸福的所有政治和经济规则都发生了变化。这并不意味着这种变革是忽然因为某些非同寻常的事情而发生的，相反这种变革大部分是缓慢变化加上因缘巧合所带来的机遇叠加，才逐步产生了新的模式，比如封建社会的生产力和生产关系已无法存续，转而由另一种经济力量占据主导地位。我试图以类似的方式思考演化。"

尼尔·舒宾找到了一项最为显著的例证，用以阐明肢体革新是如何导致新秩序的产生的。1991年，加利福尼亚州马林县的一个池塘因极寒而结冰，冻死了数百只糙皮的蝾螈，其尸体保存得相当完好。彼时在伯克利工作的舒宾在蝾螈被冻僵时就抓住了它们，并在随后的几年里研究了它们的452条腿。在这次对如此之多的同一物种进行研究的过程中，他发现了诸多变异：将近三分之一的蝾螈腿都显得尤为奇怪。在有些情况下，两三条通常分开的腕骨融合到了一起；在其他蝾螈体内，又不知从哪儿突然冒出了另一条踝骨。起初，这些蝾螈之间的变异似乎是杂乱无章的，毕竟，原材料如此之丰富，自然选择几乎可以创造出它想创造的任何东西。然而，仔细分析，这些变化实际上是极其有限且有明显偏好的。腕骨融合和多出一条踝骨几乎全都发生于舒宾和阿尔伯希在1986年发现的分支肢轴那一带，在相连的间充质细胞簇之间。舒宾也发现，在这个结冰的池塘里，有世界上所有种类的蝾螈的缩影。舒宾在糙皮蝾螈中发现的这种融合，其实是无肺蝾螈家族所有物种的标准特征。只有在2.8亿年前的两栖动物化石中，我们才能在完全相同的位置找到两根额外的踝骨。

"这就是你在每一次重要改变时都继承的东西，即构建结构的规则，"舒宾说，"这些规则部分编码在基因中，部分编码在这些基因指定的事物的相互作用中。有时也会出现一些革新，当然他们会提供机遇和限制。比如手指的出现无疑是一种革新，从而有了一种新的基因表达模式，它对应一种新的胚胎发育，也对应着一组新的生态位。脊椎动物现在可以奔跑和飞翔，并做很多的事。不过针无两头尖，在某个层面上或许摆脱了旧的束缚，在另一个层面上却多了新的枷锁。"

对于四肢发育的整个过程，科学家仍未达成一致。有人仍然认为，还是图灵模式塑造了它们，而同源异形基因只是通过使一些间充质细胞比其他间充质细胞更为黏稠来强化对骨骼形成的影响。其他人则倾向于这样一种观点，即基因及其蛋白质为同源异形基因绘制了一个框架，然后使间充质细胞繁殖得更快或更慢，从而产生不同形状的骨骼。但是当他们开始动手进行实验以解决争论时，他们对15年前曾被认为愚不可及的理论有了进一步的了解和反思。他们不光研究手是如何发育的，还研究了第一只手是如何演化而来的。海克尔，你的工作是有价值的，请擦干你的眼泪吧。

第四章
关联，达尔文之宝树

　　若无演化之光，则生物学毫无意义。

——杜布赞斯基

　　当迈克尔·科茨思考棘螈如此多的手指及其对人类基因的启示时，珍妮·克拉克正在努力研究它的耳朵。她的工作阐明了四足动物演化的线索，其重要性不亚于对手的起源的探究。作为宏观演化的一部分，珍妮对耳朵的研究可谓重大创举，但是关于耳朵研究的新闻并未像手指研究那样在科学界大肆传播开来。翻阅有关肢体发育的科学文献，你就会逐渐理解原因何在了。在文献之中，你会看到一幅幅图片，一张张照片，全是脱离了"整体"的上肢和下肢。这些实验并未关注四肢附着的胚胎中发生了什么，因为只有四肢内部发生的事情才是他们的研究焦点，因此这些"局部"的实验分量十足：生物学家不必关注肩膀以外的基因。这是传统科学所热衷但存在局限的"还原论"问题。另一方面，珍妮在耳朵上的研究可要复杂得多，也正是因为这种复杂性，才使遵从了整体的"系统论"研究显得尤为重要。

在水一方：生命的演化

了解早期四足动物耳朵的最好方法是先搞清楚我们人类自己的耳朵。声音是分子运动的轻微摇摆，它作为波在空气中传播，轻轻地掠过鼓膜，鼓膜上有根骨头叫锤骨，正是通过这根连接松散的小骨头，鼓膜才得以振动，而这些振动也会穿过中耳的一系列骨骼，如锤骨、砧骨和镫骨。镫骨位于耳朵入口处，连着各种错综复杂且盛满液体的管子，这些管子内衬着毛发状的神经末梢。一些管子(称为前庭系统)通过在每次倾斜和转动头部时感知液体的晃动来维持人的平衡，其中一种叫作耳蜗的螺旋形管子则和镫骨连接在一起。通过镫骨传入耳蜗的振动使管子中的液体产生波动，毛发状的神经末梢也随之摇摆。接着，毛发状的神经末梢继续将此番摇摆传递到大脑中，我们将这种信号理解为"声音"。这种在哺乳动物之中司空见惯的耳朵结构，其构造是极为精细的，适用的声波频率范围也较广。许多其他的四足动物尽管缺少了部分中耳骨，鼓膜直接和镫骨相连，但听力相对而言还是不错的。对比之下，鱼类完全没有四足动物这样的耳朵，然而它们并非一点儿声音也"听"不到。它们的头部和侧面有长长的凹坑线，称为侧线，附有对压力敏感的毛发。它们的侧线无法听到声音，但它们至少可以感知其他鱼游动时所激起的波流。

　　四足动物耳朵究竟是如何演化的？对于这个问题，19世纪的胚胎学家就已经迈出了第一步。在寻找鱼类和四足动物之间的同源性时，他们发现人耳中的镫骨和鱼类用于支撑鱼下颌的那块被称为舌下颌骨的大骨头颇为相似。人类的下颌张开，其状态就如同开门，颈部肌肉下拉，头部肌肉上提，从而让下巴通过与头骨接触的两个铰链实现上下转动。然而，当一条泥盆纪肉鳍鱼张开下颌时，就涉及复杂的生物力学了。它的头骨是靠韧带将骨头松散地连接在一起的，舌下颌骨用于将上下颌骨支撑在脑壳的后部，与此同时，它也有助于张开鳃瓣，以便让滞水从动物的头部流出。尽管这种安排在我们看来似乎很是杂乱，但它对于肉鳍鱼来说成效甚佳。由于用于呼吸和进食的肌肉和骨骼是结合在一起的，故它们都是通过张开大嘴并将猎物吞入的方式来捕食的。

然而，曾经不可或缺的舌下颌骨如今在四足动物中已然过时。珍妮在棘螈的脑后翻找，发现它最早的体现便是一个小小的且没有固定形状的镫骨。她的发现与较早的研究结合在一起，表明了随着从肉鳍鱼到早期四足动物进食方式的转变，舌下颌骨是如何衰退的。四足动物的吻部长了五倍——对于"后脑勺"的肌肉来说太长了，无法有效地弯曲。脑壳融合在一起，下颌开始直接和坚固的头骨进行接触。随着四足动物的咬合变得更简单，甚至可以"嘎巴嘴"了，四足动物就不再需要用舌下颌骨来支撑下颌了。

棘螈的舌下颌骨和镫骨不再是连接上颚、下颌和鳃骨的大骨头，而是收缩并紧紧卡在头骨后部。它不再支撑下颌或控制鳃，而是变成了颅拱，成了脑壳壁本身的一部分，同时将上颚固定在脑壳上。此时，它还不足以如同人类的运转得这般良好——要想拥有听力——还是很后面的事情了。因为它现在被锁在颅骨之

在水一方：生命的演化

中，无法随意振动。直到很久以后，等头骨的其他骨头都变得足够坚固时，镫骨终于可以松动，并开始向大脑传递声音。

四足动物的耳朵与先前的都不一样，它与肢体的出现同等重要。但是你不能假定它是独立演化的进而来追溯其历史：舌下颌骨作为互联过程中的一种过渡，变成了镫骨。它之所以能够演化，只是因为四足动物的头部变扁、变长并融合在一起，形成了一种新的咬合方式。同时，只有当鳃在动物的呼吸过程中变得不那么重要时，它才会改变。反过来，收缩的舌下颌骨会逐渐影响到身体的其他部位。不再控制鳃，因而舌颌骨也就不再跨越四足动物的头部和肩部。曾经将它连接到鳃弓的肌肉现在可以重新附着在下颌上，以助其开合，并将头支撑在肩膀上。换句话说，收缩的舌下颌骨得以让其他骨骼和肌肉来形成四足动物的脖子。这种变化甚至影响到了四肢。只有当肩膀从头部和曾经覆盖在鳃上的沉重骨头中解放出来时，才有足够的空间来容纳一个更大、更为复杂的肩关节，这使得四足动物的手臂足够强壮，可以行走。

这种精巧的变化在20世纪60年代引起了汤姆森的注意，当时他亲自研究了四足动物的耳朵是如何形成的。在他看来，这是在谈论宏观演化的一个共同特征，他将其命名为关联演化。除非自然选择同时改变其他部分来适应其他变化，否则四足动物头部和肩部的任何变化都无法持续。从某种意义上说，关联演化使宏观演化更难实现——原耳得有多么幸运才能让所有其他必要变化同时、独立且按顺序发生啊！但实际上关联演化或许真能使宏观演化变得更加容易，因为身体某一部位的变化有时会促使对动物更为有益的其他变化的发生。拥有融合的头骨以及能够像四足动物那样行走，会更容易捕捉食物；而以这种方式捕捉食物又将促进四肢的持续演化。这种互相促进的正反馈，使得各种变化的发生来得更加容易。

关联演化也可以通过基因的复杂互作而改变动物的身体。改变一个基因可以产生许多变化。同源基因的突变会打破四肢、脊柱和身体其他部位原来的结构。如果这样的突变产生的加合作用对动物有利，则可以加快演化的步伐。胚胎中不同组织的相互作用方式也可能导致相关演化的发生。养狗者就是利用这一原则来进行杂交选配的：通过狗的不同面部特征来进行人工挑选，从而以各种方式来拉伸和挤压狗的头部，比如有上翘噘嘴的日本猎犬，或者有着锥形鼻型的狼犬。几乎在所有情况下，狗头部的其他部分都随着训练师所关注的特定特征而成功地发生了变化。牙还是咬合在了一起，下颌周围的静脉仍然弯曲分布。（注意：狗无法应对所有的变化，以哈巴狗为例，它忍不住经常流泪的原因是脸被挤扁了。）狗头所能延展的极限清楚地表明它们的特性并不受某个特定基因的限制，而是可以根据周围组织的变化做出对应调整，派生出一个仍然可以发挥完整作用的新的有机体。

正如我们将看到的，关联演化是宏观演化的一个共同特征。如果在解剖某动物时，发现一些结构是紧密相连的，那么这些构造必然是随着该物种在某一迅速演化时期而同步关联变化的。居维叶的幽灵在生命演化进程中持续存在：动物并非由完全独立的部分所拼凑，而是由相互之间关系密切、协同运作的器官和组织，按照一个整体系统构建组成的。这些被居维叶视为宏观演化上的碍眼障碍，如今却铺就了一条崭新的光明之路。

棘螈大大超出了克拉克和科茨在起初研究时的希望，它几乎每根骨头都寓意深远。随着标本制作师莎拉·芬尼逐渐挖掘出越来越多的骨骼，他们开始将注意力转向整个动物身上——而非各个部位的简单加合，特别是作为一种历经了泥盆纪生态系统仍存活至今的真实动物。在空气中，棘螈几乎是听不到的，它的镫骨只不过是头骨中的残存，但它仍有侧线，可以像任何鱼类一样感知水下压力波。同时，从其他方面来看，它也是一种演化完全的四足动物：它有四只脚，每只脚上都有灵巧可弯折的脚趾。这种解剖结果与罗默在教科书中所述可不太吻合，罗默的教科书中写道，鱼是受困于干旱，才演化出腿而得以爬到下一个水坑的。在棘螈出现之前，肯定已有力量在推动肉鳍鱼向四足动物的形态发展了——根据罗默的说法，这些生物被迫花费部分时间在陆地上四处走动。然而，即便是牛蛙，它在陆地上的听力也会比棘螈好得多。随着克拉克和科茨从头部研究到了尾部，鱼和四足动物之间的适应性演化不一致性变得愈发突出。

在离镫骨不远的地方，克拉克和科茨在棘螈的脖子上发现了一根骨头，比火柴棍小一点，他们认出这是一个鳃弓。两栖动物仍然保留它们的鳃弓，但赋予了它新的用途——固定舌部肌肉。

从横截面来看，两栖动物的鳃弓是圆形的，而棘螈的鳃弓呈月牙状。要知道，在所有现存的动物中，只有鱼才会有月牙形状的鳃弓，而且有一个非常特殊的目的：它们形成一个凹槽，血管可以置于其内，这些血管把陈旧的、富含二氧化碳的血液带到鳃上，并换上满是氧气的血液。换句话说，骨骼中的这条曲线告诉克拉克和科茨，与任何其他四足动物不同的是，棘螈仍然像鱼一样在水中呼吸。

克拉克和科茨关注棘螈的时间越长，就越发意识到这种动物非常原始，它不属于罗默演化版本中描述的四足动物。棘螈在陆地上行走几乎是不可能的：它的肩膀像蛋壳一样薄，它所有的重量都压在了桡骨上，而桡骨在肘部显得又肥又圆，在手腕处却变得又薄又细。"这就像把餐刀当柱子使，不过带刃的那面朝地，"科茨说。

它的肋骨结构也好不到哪里去——甚至在重力作用下都无法保护棘螈的内脏——它的椎骨也是松散的、相对较宽的环状结构，围绕在裸露脊索外周。和其他所有四足动物一样，棘螈已经有了腿和臀部，显得更为高级而有面子。然而这不过是"金玉其外"，因为它的臀部仅由一根细长的肋骨和一些韧带勉强支撑，而不是与其脊柱合为一体；它的膝盖和脚踝尤为扁平和僵硬，以至于它只能像桨一样将后腿放到身体两侧。虽然鱼石螈的半条鱼尾令古生物学家感到惊讶，但棘螈却拥有一整条鱼尾。从尾巴顶端一直到基底部，两种不同类型的骨骼交织在一起——长长的杆状

在水一方：生命的演化

体长约0.6米，化石时期：365 Ma

棘螈的骨骼标本，以及它在现实生活中的样子

的尾巴和鳍状的鳍，上面还有精细的肌肉附着。通过尾巴驱动，棘螈可以方便地在水中行进或刹止，但到了陆地上，其尾部就成了一种负担，基底部的脆弱组织会被刮伤、破裂，从而引发感染和疾病。

这个四足动物在水下跟其他鱼一样舒展惬意，但在陆地上却过得惨不忍睹。这里有两种可能的解释。第一种是四足动物在适应陆地生活的同时演化出了它们的形态特征，而棘螈的直系祖先随后又回到了水中，重新长出了鱼鳃、鱼骨和鱼尾。当然有许多两栖动物回到了水里，但它们总是会演化出新的外鳃——从颈部伸展出来的富含血液的羽状结构。将这些与鱼嘴内的鳃进行对比，鳃位于弓状部位，并附有一个片状下垂物，可以洗刷掉流过的水。为游泳，水生两栖动物仍然可以扭动身体，它们的尾巴有时会带有一条肉质长条来推动更多的水，但仍旧无法完全重新演化出鱼尾那般中看且复杂的结构，因为演化永远不会重走老路。科茨说："你必须想尽千方百计以证明棘螈是水生动物。"这就留下了第二种解释，它是一个更为奇怪的选择：一些与在陆地上生存相关的变化，是为在水下生活而演化出来的。

我们自己这副四足动物的躯壳在水中是如此之累赘——试试在池底奔跑，想象被一条虎鲸一样大的肉鳍鱼追赶——这个想法乍一听很是荒谬。鱼既然在水里过得很是惬意，推动其身体向四足动物进行转变究竟有何益处呢？ 1696年，一群荷兰水手似乎对此有了些头绪。在澳大利亚海岸，他们遇到了一群大约半米长的鱼，据他们报告，每条鱼都有"某种像胳膊和腿，甚至像手一样的东西"。这些生物因其在陆地上行走而被称为躄鱼。18世纪初，一位居住在印度尼西亚的艺术家曾写道，他在家里养了一条只活了三天的躄鱼："它非常亲近地跟着我到处走来走去，就像一只小狗。"

在水一方：生命的演化

躄鱼，属鮟鱇目，同斑马鱼和鳟鱼一样，属辐鳍鱼，与四足动物的起源无关，但它们的鳍已经演化成了欧文所说的类腿。在每一个鳍中，三根鳍条都伸展成胫状结构，在末端和一个较短的呈脚趾状辐鳍相连。然而，与老一套恰恰相反，这些假腿在陆地上中看不中用，一旦发现自己离开了水，躄鱼便会借助其体重将自身像煎饼一样展开。在水下，鱼的大部分重量都被浮力给抵消掉了，因而鱼鳍用处很大。在珊瑚礁上，有些种类的躄鱼用鳍进行支撑，轻沉到水底，鳍会弯曲成看起来像是带有趾的脚。大多数辐鳍鱼用肌肉来回划拨鳍，而躄鱼的肌肉是按四足动物那样的弧形路线来摆动鳍，把鳍像膝盖那样折叠起来，并像脚一样放下。它的假脚趾可以让它抓住珊瑚，并抬起另一根鳍，从而采取下一步行动。从时间及其力量生成模式来看，躄鱼像四足动物一样行走，尽管它每小时的移动速度不到一英里。有一种躄鱼生活在长满马尾藻的广阔海藻林中，然而它的运动方式并不像"林中之马"，而是如树冠中的蜘蛛猴的运动方式来使用鱼鳍：它通过折叠其扇形的辐鳍包裹住身边的茎干，进而在海藻的叶状体之间摆动。在这两个水下生境之中，腿和脚趾使新的生存方式成为可能。当一条鱼在游动时，它的起伏会激起层层浪，而其他鱼可以用它们的侧线感知到。躄鱼可以悄无声息地踱步，并通过抓住岩石而非蹚水的方式来实现隐蔽。

　　科学家不时指出，躄鱼可能是类似早期四足动物的，但在没有化石证据支持的情况下，这点并未得到足够的重视。然而，对

体长约10~30厘米，化石时期：路特期至今
蝙鱼用它的鳍在水下行走

于科茨和克拉克来说，如果演化采取的是其他路线，棘螈就不可能存在。考虑到汤姆森等人提出的早期四足动物的新环境，这种水下起源就说得通了。在陆地的边缘，植物开始形成地球上最早一批森林，沿海水域开始变深，到处都是沼泽。树木的叶子飘落水中，树枝也掉落了下来。它们的根堵塞了沉积物，形成了松软的土壤。无脊椎动物钻进淤泥之中觅食，鱼也紧随其后。肉鳍鱼在此生境过得舒适惬意，其中有些长得比台球桌还长；另一些则畏畏缩缩，穿行于泥泞的残骸。鳍基因的构建方式使得一些肉鳍鱼能够用骨骼的突出物（手指和脚趾）来美化鳍，这有助于它们在沼泽地上行走。几百万年后，突然产生了棘螈。它大部分时候生

活于水下，大部分时间也还是用鳃来呼吸的。它常常爬上原木或抓住岩石，用"守株待兔"的方式准备捕猎。一旦猎物进入棘螈顶眼的视野，它会迅速起"锚"——它的尾巴，并用尾巴向上迅速追赶，同时张开长长的嘴。而在特别浅的水中，它则可以不时踮起前腿，将头伸出水面进行呼吸。

在发现棘螈之前，许多古生物学家都认为，四足动物体的演化和从水中走到陆地上是同一时间发生的同一件事，但是这个化石把两者区分开来了。早在四足动物登上陆地的数百万年前，它们就已演化出了在陆地上生活所需的基本结构。这种看似"被迫适应"的现象，已然变为了最具戏剧性的"扩展适应"。

珍妮·克拉克从格陵兰岛带回家的岩石不仅囊括了四足动物，还有鱼，她以前的学生兼野外的搭档佩尔·阿尔贝里于1990年将岩石带到了他在牛津大学的新工作中。几年来，他一直在研究一群狡猾的肺鱼近亲——骨鳞鱼，整理这两者之间的关系。在前往格陵兰岛之前，他从博物馆的抽屉里拿出了许多数十年来仍未明确的化石。当阿尔贝里来到牛津时，他再次打开了他的抽屉，仔细查看了在苏格兰朗莫恩伯恩 (Longmorn Burn) 一个名叫斯卡特克雷格 (Scat Craig) 的地方挖出的不知名化石。这些骨头的历史可以追溯到3.7亿年前，比棘螈和鱼石螈还要早上700万年。

"这个地方早在19世纪20年代就被发现了，"阿尔贝里说，"一群业余爱好者们二十年来热衷赴此收藏，使得人们开始意识到苏格兰有化石鱼，甚至是化石鱼最后出现的地方。苏格兰到处都有这样的业余爱好者，在斯卡特克雷格，他们找到了一些残骨，但保存状况良好。化石收集到了很多，文章也发表了多篇，然后这些收藏分散到了不同的地方。我发现牛津有一小部分收藏品在130年前被发现，但今天仍未编录入库。这是伍斯特学院校长和他女儿在度假时收集的，和一封询问馆长风湿病有无好转的简短问候信放在一起。"

阿尔贝里在翻看校长的藏品时，很快就找到了一条不错的孔鳞鱼，于是便沉下心来研究斯卡特克雷格的材料以期找到更多。"一旦开始逐个检查标本，我就不得不打量每个地方，"他说，"一块扁平的吻状突起引起了我的注意。"这是一个大多数古生物学家都不会注意到的细节，而阿尔贝里注意到此。几年前他一直蹲在格陵兰岛的一座光秃秃的山上，试图搞清楚发现的骨头到底是泥盆纪鱼类还是四足动物，因而他现在对诸如3.7亿年前的吻状突起之类的模糊事物尤为敏感。"如果你只见识过后来的四足动物，那么当你看着斯卡特克雷格的材料时，你会想到，哦——这是鱼。"

阿尔贝里意识到，这块吻状突起的形状意味着它实际上属于四足动物，是已知最古老的四足动物的骨骼。在抽屉里他发现了更多的四足动物骨骼，很快他就开始到处参访，在英格兰和苏格兰的博物馆里找寻散落在外的斯卡特克雷格化石。他的收藏品年复一年地增长，下颌、吻状突起、胫骨和一些股骨，都在柜子里放了130年。他开始尝试对此动物（阿尔贝里称之为埃尔金螈，以斯卡特克雷格附近的一个小镇埃尔金命名）进行重构，还原出了一头约1.5米长的尖头兽，其腿被拧成浆，比棘螈更甚。

在20世纪70年代，唯一可以确定的泥盆纪四足动物只有鱼石螈。现在四足动物园里突然挤满了埃尔金螈等诸多动物。这些化石现在可以一步一步地向我们展示四足动物的起源，而不是孤立地展示泥盆纪生命。但为了看到连续的动态图画，古生物学家必须弄清楚这些动物之间的确切关系。是时候做一些分类了。

分类学有时看起来相当"另类"，跟18世纪的博物学家可能会把贝壳放到老式玻璃柜里如出一辙。一群分类学家会低声讨论灌木是否代表一个新物种、一个新部落、一个新的下目、一个新的亚纲。另一些则意识到某些化石尾巴和外壳其实属于同一种龟，但它早已被命名得纷繁复杂，故对于如何删掉冗余的名称，他们也有一套严格的协定。又比如，发现了某只田鼠下颌上多出来了一颗牙齿，是否意味着我们正在跟一个新物种打交道，抑或这只是一个地域性的变种？在重塑生命历史的过程中，分类学几乎与动物标本剥制术一样重要。事实上，演化生物学的主体是有赖分类学才得以建立起来的。如果一开始没有精确地了解生物体相互之间的关系，就不可能了解新的身体结构是如何形成的。

分类学也见证了近期生物学史上一些最为激烈的冲突。像林奈这样的科学家将物种按其相似性进行分门别类，划为属、科、目和更高的等级，但在这个系统中，他们无法考虑到生物体彼此相似这一事实，之所以相似，要么是因为它们拥有共同的祖先，要么是因为它们并无关联，只不过是外形趋同。哺乳动物纲由灵长目和啮齿目等多种目所组成，但哪些目之间的关系更为密切，哪些目最为原始呢？在了解到分类学的模式是演化的依据之后，生物学家试图通过寻找不同动物（活的和化石的）之间的相似之处来调和林奈和达尔文各自的观点，并勾勒出从祖先到后代的可能转变。做完这些，他们就会勾勒出这些动物的生命之树。直到20世纪70年代，这基本上是每个人使用分类学来理解演化的方式。然而，一位名叫维利·亨尼希（Willi Hennig）的德国昆虫学家逐渐被人知晓。他写了一本关于昆虫分类的书，很是晦涩难懂，在20世纪70年代被翻译成了英文。尽管讲得不够清晰简洁，但作者依然用自己的表述方式，讲述了一种全新的分类方法，重要的是这个方法还可以经得起公众验证。

想象一下，你恰好在门廊的屏风上碰到了三只蝴蝶，它们的翅膀轻轻地张合。一只有短触角，身体呈鲜明的紫色，翅膀上有蹼状图案。第二只有长长的触角，身体呈同样鲜明的紫色，每个翅膀底部都有一个巨大的斑点。第三只的身体也呈同样的紫色，长触角且翅膀边缘有红色斑点。这些蝴蝶有何相似与不同呢？它们都有一对翅膀，身体都呈鲜明的紫色，可每一只的翅膀上又都有独特的图案。然而这两只有长触角的蝴蝶才是一致的，另一只与它们不匹配。你可以像亨尼希那样用一棵树来展示出这种相似性。现在把它想象成逻辑的可视化表示，就像一个布有重叠圈的文氏图。

由于所有这些蝴蝶都是自然的产物——因而也是演化的产

物——它们必定都来自一个共同的祖先。那个蝴蝶的祖先分化为许多的后代物种，而这些后代物种又分化成更多的物种。在此过程中，新的特征得到了演进，一些旧的特征消失在了历史的长河之中。许多物种灭绝了，在活着的蝴蝶之中，只有这三个碰巧出现在你的门廊屏风上。除非这三只蝴蝶全都是在同一时间由祖先演化而来的——这是极大概率不会发生的事情——否则它们之间肯定有亲疏远近之分。亨尼希宣称，这意味着这棵逻辑树同样可以作为演化树，这表明了蝴蝶谱系可能是如何分支并演化出诸如长触角和翅样式等显著特性的。

当然，演化确实会要花招。谱系可以演化出一种特征，然后又将其丢掉。亲缘关系颇远的动物有时会演化出极为相似的形态。它们或试图在相同的环境中过着同样的生活，或者说它们的遗传变异可能是有限的，因而往往会产生相同的结构。也许这两只触角很长的蝴蝶并非拥有共同的祖先，而是各自独立地长出了长触角。为了克服这种生物上的偷奸要滑，科学家采用所谓的简约原则。当他们想研究一些生物是如何演化的时候，他们会从与已知事实一致的最简单假设入手。这里所说的简单是指寻找需要最少演化步骤(获得新特征或失去旧特征)的演化树，且同时仍可按某些特征将物种进行分门别类。在三只门廊蝴蝶这个例子中，因为能够研究的物种和特性均有限，很难搞清楚真正的树究竟是个什么样子。然而，一旦科学家研究更多物种的更多特征，尤其是对所讨论的种群(如蝴蝶)与种群以外的物种(如甲虫和蚱蜢)进

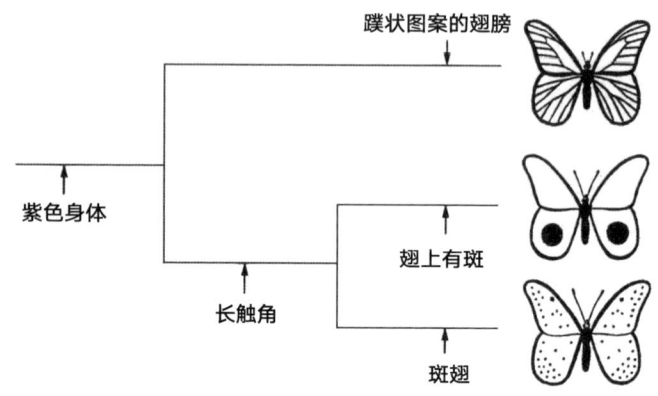

蹼状图案的翅膀

紫色身体

翅上有斑

长触角

斑翅

三只蝴蝶的演化分支图

行对比，其个性就会凸显出来，而"趋同演化"带来的混淆也就不再形成干扰。

亨尼希的演化树是非常抽象的，并非实实在在的树木。它本身无法将一个物种与特定的祖先联系起来。第一只有蹼状图案翅膀的蝴蝶相较其他两只蝴蝶，离共同起源的源头更近，但这并不意味着它比另外两只更原始。在这类小的演化树上，两个谱系的共同祖先只不过是将其汇聚成一个节点，以便为融汇到其他动物的更大的演化树做好准备。我们只能说，三只蝴蝶的共同祖先大概是一只触角短、身体呈紫色的蝴蝶。同时这种演化树也不包含来自同一共同祖先的其他物种的所有分支。然而，它对于解释门廊屏风上三只蝴蝶的关系以及演化是如何产生的已经足够，甚至引申开来，对于为生命建立一个新的分类也已足够。

早期的分类学家会把大象归为一个单独的目，因为它们都有各自的特征，如象鼻和象牙。亨尼希的演化树可以显示，象鼻和象牙的确是从一些早已绝迹的原始大象种群中长出并由其后代继承下来的。我们将大象归入一个更大的群体，其中还包括很多动物，如水獭、鼹鼠和人类，因其都拥有毛发、温血新陈代谢、乳腺及其他特征：它们全都是哺乳动物。没有其他动物能集这些特征于一身，这表明哺乳动物都来自一个共同的祖先。在任何种群之中，我们都可以找到某些动物拥有而其他动物所没有的特征，但更多的还是大家所共有的一些更为原始的特征。以这种演化谱系来对动物进行分类，亨尼希将生物学家从林奈系统倒向了生命的分支，也就是演化支。他将演化树称为分支图。

越来越多的生物学家开始注意到亨尼希的方法（现称为支序分类学）是一种比先前的方法更为一目了然的演化研究方法。因为生物分类学家别无选择，只能按照特性，以可验证的方式，把对这些物种之间关系所做的所有假设一一罗列出来。但是，即便是那些对支序分类学给予高度评价的人，在早期也是不喜欢构建分枝图的。而如今他们不得不用铅笔和纸来构建分枝图，将生成数据的步骤简单高效地汇聚到一起，这使得支序分类学研究一发不可收拾，蓬勃发展。如果你研究三只蝴蝶，你就需要比较三种可能的演化树，但如果你分析十来只蝴蝶，则可能存在上百万种演化树，如果是分析一百种（只占世界上两万种蝴蝶中的极小一部分），那么你面对的演化树比宇宙中的原子还要多。但是，正如图灵那无需图纸便可形成模式的想法激发了胚胎学的活力一样，数学对新的分类学也有巨大的帮助。对演化树进行归类可是计算机再擅长不过的拿手活儿。生物学家可以将数十种物种的信息上传到一个分类学程序上，这样计算机就可帮忙检查上百块甚至更多，并指出各部分是否有特定的斑点、凸起或沟纹。计算机实际上并没有审看浩如烟海的演化树中的一草一木，而是借由统计学的捷径找到几百万个最佳候选者，然后从中挑选最为简洁的演化树。

一些古生物学家很快接受了支序分类学，但许多人对此仍存疑虑。生物分类学家出现在博物馆里，满口深奥的术语，带着他们嘎嘎作响的书包，里面装满了新词，如衍征、共同衍征、独有衍征和祖征。他们对自己的方法如此着迷，以至于他们看起来像是亨尼希教会的传教士，想要抛弃悠久的分类学传统，尽管从他们的计算机中得出的结论往往只是证实了古生物学家几十年来所知道的一些事实。一些生物分类学家甚至错误地宣称化石与构建演化分支图无关，因为与有血有肉的活体动物相比，化石所能提供的分析特征太少了。

生物分类学家则认为他们的众多古生物学反对者在祖先崇拜中迷失了方向，他们花费大量时间以试图准确找出是哪个物种衍生出的哪个物种，或哪个纲的动物起源于哪个纲。然而，从逻辑上讲，我们在化石和活体动物中获得的信息并不能告诉我们一个物种究竟是另一个物种的祖先，还是仅为其近支。即便你在同一个山坡的相邻岩层中发现了两种几乎相同的化石鱼，你也不能断定年长者就是年轻者的祖先。生物分类学家认为，与其追逐这些虚幻的假说，寻找最客观、最经得起检验的组织生命的方式更为重要。

支序分类学现是古生物学的通用工具，尽管在博物馆大厅里你仍可以听到有关其乏味的抱怨。虽然支序分类学确实只是验证了一些早已确立的观点，但古生物学家也用它来辩驳一些有争议的论题。例如，它支持了这样的观点，即鸟类并非像曾经被认为的那样来自某种有点像鳄鱼的爬行动物，实际上它们就是有翅膀的恐龙。支序分类学现在正在动物王国中发力，他们的计算机正在剖释数据，并且满是分支的新演化树正在逐步形成。随着如此多的泥盆纪四足动物的发现，古生物学家已经开始构建演化分支图来记录这种转变。如下显示的是一个由迈克尔·科茨采用简化形式所计算出的值得注意的分支图。他将18种四足动物的76个特征的信息输入计算机，为了了解它们是如何随着时间的推移而不断分支的，他将分支与动物化石的年龄匹配到了一起，从而创建出了演化树。

由于物种繁多，这样的分支图就变成了宏观演化的地图。要想知道四足动物是如何演化的，你只需逐个节点进行研究，从演化树的根部溯到你所感兴趣的那个分支。例如，回想一下达尔文系谱中那吸睛的带鳔的鱼。他认为，用鳃呼吸的鱼首先演化出了一个鱼鳔来调节其浮力，只不过后来这个充满气体的结构变成了肉鳍鱼的肺。一个多世纪以来，大多数生物学家都同意他的观

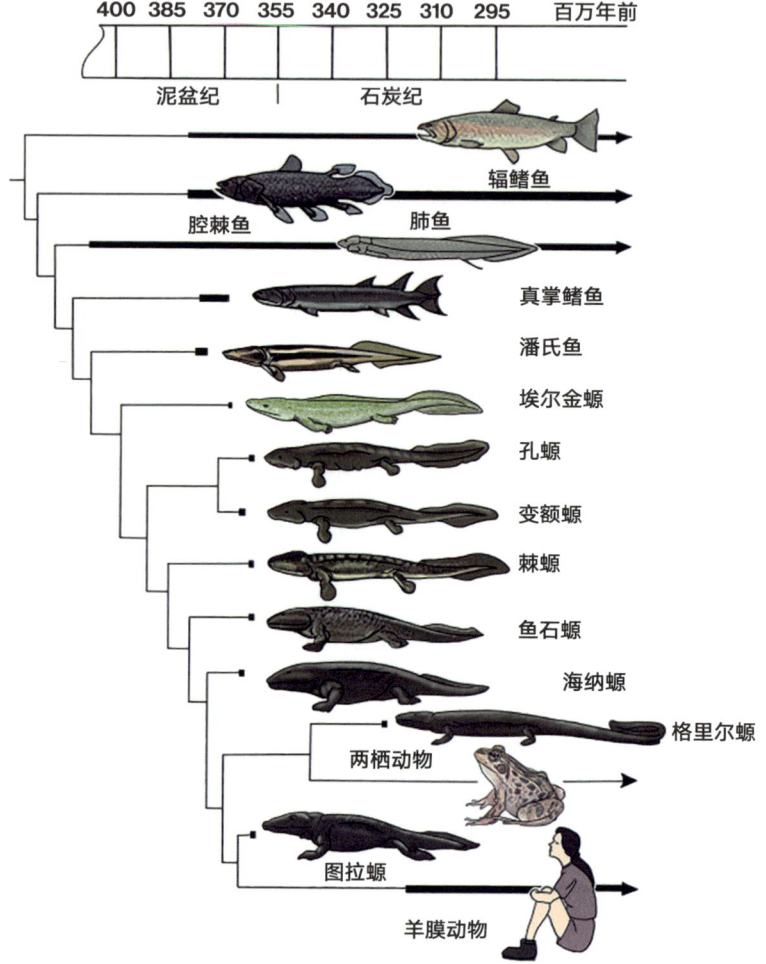

400 385 370 355 340 325 310 295　百万年前

泥盆纪　　　　石炭纪

辐鳍鱼

腔棘鱼　　肺鱼

真掌鳍鱼

潘氏鱼

埃尔金螈

孔螈

变额螈

棘螈

鱼石螈

海纳螈

格里尔螈

两栖动物

图拉螈

羊膜动物

四足动物的起源，如迈克尔·科茨所创建的分支图所示，粗条表示每个谱系已知化石的跨度，细线表示尚未有记录的分支。一些动物（如海纳螈）的化石记录很少，因而便画成与其近亲相似的样子

在水一方：生命的演化

点，然而在有肺或鱼鳔的主要鱼类分支的演化分支图中不难看出，这一假说在分类学看来不过是花把式。下文所示的演化树显示出了具有鱼鳔或肺的鱼类的主要分支（腔棘鱼没有肺，但有多个腔室，如今满是脂肪，看起来曾是肺）。此演化树的每个分支都代表着一个独特的支系，可以追溯到数亿年前，尽管其中一些已没啥存活至今了。例如，只有少数几种多鳍鱼分布于西非沼泽。相较之下，真骨鱼是辐鳍鱼中种类最多的，包括我们最为熟悉的一些物种，如金鱼和鲑鱼。

最为简单粗暴的解释是，肉鳍鱼和辐鳍鱼的共同祖先都有

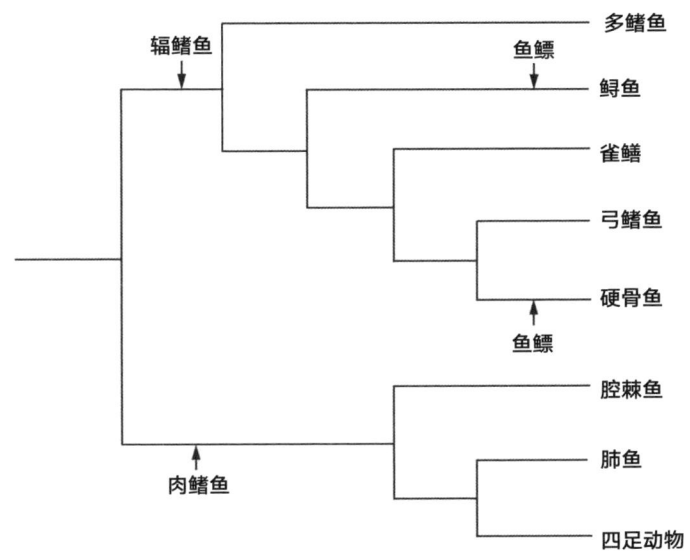

除了鲟鱼和真骨鱼，所有主要的辐鳍鱼和肉鳍鱼都有肺而不是鱼鳔

肺，仅在少数几个谱系中，肺变成了鱼鳔。但也因为如今无法呼吸空气的支系是最常见的，所以很多人都会有错误的直觉。达尔文和其他人便成为这一隐含假设的牺牲品——肺一定比鱼鳔更复杂，所以我们"高贵"的人类有肺，又因为硬骨鱼如此普遍，它们一定是原始的"大路货"。

考虑到四足动物的先辈们生活在易缺氧或会完全消失的易干涸池塘中，原先的气体膀胱转变成肺便说得通了。在鳃无可奈何的时候，肺可以发挥作用。不过如今巴雷尔那干旱的样子已一去不返了，汤姆森等研究人员业已证明，早期的肉鳍鱼生活在海洋或入海口，其他人则发现即便是更为古老的辐鳍鱼和肉鳍鱼的祖先（它们最早演化出来了肺），也都生活在远海。在开阔的海洋中，海水不断地被搅动，随便一条鱼都永不必担心氧气会被耗尽。

肺真正演化的一个线索，或在于你可以让鳟鱼因奋力游动而致死。像鳟鱼这样的无肺鱼是用一个简单的循环泵"系统"来输送血液的，在这个循环中，血液从心脏被输送到鳃，在那里充满氧气，然后借由身体的其他部位，滋养着游动的肌肉。当血液回到心脏时，大部分氧气已被耗完，这圣洁的肌肉必须在将血液泵回鳃进行补充之前处理残存的东西。随着鳟鱼游动加快，情况只会变得更糟：游动使得肌肉需要更多的氧气，而留给工作强度更大的心脏的氧气却更少。折腾不了几分钟，大多数没有肺的鱼都会死去。

另一方面，正如布朗大学的科琳·法默(Colleen Farmer)最近指出的那样，有肺的鱼耐力更强。它们用两个循环回路泵送血液。无肺物种(从鳃到身体到心脏再到鳃)的鳃环大同小异，但是当它通过肺部呼吸空气时，血液首先从肺部流向心脏，而不是最后流向心脏。因此，当像弓鳍鱼这样的鱼必须长距离游动时，它会不时呼吸空气以免心脏中的氧被耗尽。法默认为，肉鳍鱼和辐鳍鱼的祖先或是一种强大的、游动迅速的捕食者，如果它仅依靠一个简单的鳃-体-心-鳃循环，心脏就会损伤严重。它的肺作为容器长在了消化道中，继而血管变得致密。因为当它们浮出水面时可以将空气中的氧气吸收到肺部并为心脏提供营养，所以这些鱼得以比其他动物游得更起劲，游得更久，或更便于其捕食。

　　据此设想，当四足动物首次演化时，它们那似乎很是适合在陆地上生活的肺，已经存在了6 000万年。如果法默是对的，那么关于肺所真正需要回答的问题是，为什么失去了肺的硬骨鱼比有肺的鱼更为常见？呼吸使得一条鱼得浮出水面，把嘴暴露于空气之中，且直到2.2亿年前，这都是一个证据确凿的见解。但在那之后，天上到处都是捕食者——首先是有鳞翅的爬行动物翼龙，后来是鸟类——它们在掠过水面时看到鱼便抓。因而或许硬骨鱼就开始潜觅于水下，它们的肺变成了鱼鳔，并且蓬勃发展。

　　一旦有了肺，呼吸本身就会随着肉鳍鱼变为四足动物而逐步演化。支序分类学得以让研究人员通过研究活体动物来重建呼吸的历史。以肺鱼这种肉鳍鱼为例，它是用的一种二冲程的嘴泵呼吸。为了吸入空气，它会扩张鳃弓，从而打开嘴巴。随着嘴里空气压力的增大，它开始下沉，嘴巴吸入更多的空气后，原先体内的污浊空气便从肺里跑出来，新鲜的空气从鼻孔灌进去从而形成混合空气。一部分混合空气通过鼻子溢出，然后鱼会紧闭其嘴，迫使余下的混合空气返回肺部。

两栖动物至今仍使用这种泵，只是在此基础上做了一定的改进。当两栖动物张口用鼻和肺吸气时，它也会收紧侧面的肌肉，这会压缩其肺部，迫使空气更快地排出。然后，就像肺鱼一样，这种两栖动物会紧闭嘴巴以吞下空气，但由于嘴巴顶部的大孔布满了与肌肉相连的膜，给吞进空气的过程又增添了一份力量。通过收缩这些肌肉，两栖动物可以压下嘴中的空气，并将其更用力地推入肺部。（有些青蛙过于用力挤压，使得每次吸气时它们那位于嘴部顶端膜上的眼睛都会消失不见。）

现存四足动物的另一个分支，即当今的哺乳动物、龟、鸟类和各种爬行动物（统称为脊椎动物），已在肺鱼构造的基础上建立了自己的呼吸系统。美洲鬣蜥或是最能体现原始脊椎动物呼吸方式的参照物。由于没有早期肉鳍鱼的鳃弓，它无法再将嘴当作泵来用，像两栖动物一样，它通过挤压肺部侧面的肌肉来进行呼气。但与两栖动物不同的是，脊椎动物有完整的胸腔，内部还衬有另一套肌肉。呼气后，它们可以扩张胸腔，在肺部产生低压以便于吸气。（一旦早期的脊椎动物将呼吸系统从嘴部转移到胸腔，不同的支系就产生了不同的样式。比如我们哺乳动物，仍用肌肉

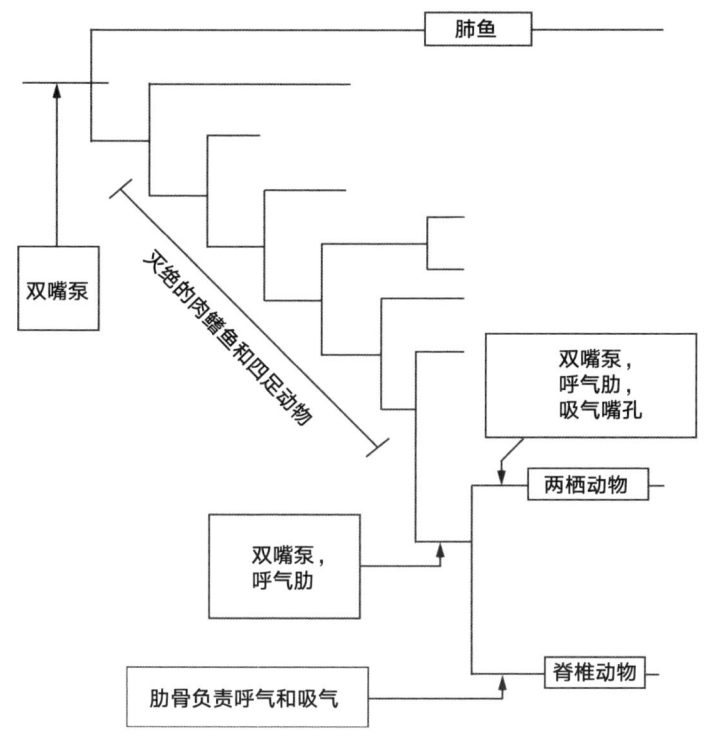

在演化分支图上重建四足动物呼吸的演化是可能的

来扩展胸腔，但我们同时还演化出了一种能更有效吸入空气的横膈膜。）

　　这些来自现存动物研究的线索，是对古生物学家构建演化分支图方式的考验。来自这些分叉上的已灭绝动物化石的证据，与现存动物的数据非常吻合。真掌鳍鱼等类四足动物仍有肋骨，刚好从脊椎中伸出，显然无助于呼吸，表明它们像肺鱼一样吸入空气。虽然埃尔金螈和棘螈等最早一批四足动物的肋骨变大了，但仍不够大，这些动物还得依靠二冲程的嘴泵。只有在后来的四足动物中，肋骨才变得足够坚固，得以帮助四足动物吸气。沿着通向当今两栖动物的这条演化路线，你可以在最早的化石中看到它们嘴巴顶部的孔，挤压的时候膜正好与之相匹配。与此同时，脊椎动物化石表明它们很快长出了完整的胸腔，不但可以吸入，而且还可排出空气。

把诸如这般的细节加到科茨的演化分支图上，可以将其解读为生命的发展趋势史。至少在3.77亿年前，出现了比真掌鳍鱼更像四足动物的肉鳍鱼家族，其中一种是叫作潘氏鱼的动物，被发现于拉脱维亚，这种半米来长的鱼有一个像咖啡桌般扁平的头骨和一个光滑的背部，没有其他肉鳍鱼那样的背鳍。它的肩膀及附在肩部的鳍均非常牢靠，因而即使离开水，也可像挂拐似的挪着走一阵子。就像腔棘鱼和肺鱼一样，它或会左摇右摆式地踱步，像人类行走一样。尽管如此，潘氏鱼也不会被误认为是四足动物。它没有脚趾的四肢被放入了一圈鳍条之中，它的脑壳仍是铰接而并非整体的。此外，潘氏鱼没有镫骨，只有一块与下颌和鳃相连的舌颌骨。

然而，在距今1 500万年到1 000万年间，潘氏鱼的近亲将其身体重返到了四足动物的样子。佩尔·阿尔贝里发现藏在博物馆抽屉里的动物标本埃尔金螈不仅是已知的最古老的四足动物，也是最原始的四足动物。它的吻部变成了一个血盆大嘴，韧带将其

　　　　　　　　在水一方：生命的演化

骨盆和脊椎连接到一起。单从残缺不全的四肢来看，无法知道是否还有脚趾，但埃尔金螈显示出诸多迹象，均表明它是像潘氏鱼这样的肉鳍鱼和后来的四足动物之间的过渡体。它的后腿弯得很厉害，以至于它的膝盖（如果有的话）都快碰到地面了，这样一来它的腿就无法用来行走，不过却适合划水。就埃尔金螈身长1.5米并在河底觅食这一点来看，不难想象最早期那批四足动物应该会像肉鳍鱼那样，可以获得优势的生态位并不断演化。在几百万年里，埃尔金螈就灭绝了，但新的四足动物正在世界各地不断演化。其中一个分支含有一种名为孔螈的动物，因在拉脱维亚发现了它的部分头骨和一些其他碎片而为人所知，还有来自澳大利亚的更鲜有人知的变额螈。当时这两个大陆隔着赤道，相距数千英里，这表明四足动物正沿着热带海岸快速移动，同时遍布江河湖泊。然而，尽管这种四足动物的后代遍布全球，但还是很快就灭绝了。

与我们自身渊源更深的是在赤道附近的格陵兰岛^①出现的两种四足动物：棘螈和鱼石螈。棘螈的四肢上全都有手指或脚趾，它的脑壳也是封闭的。它有一个僵直的长长吻部无需舌颌骨的支撑，因而这块骨就缩成了锁在头骨中的镫骨。埃尔金螈可能已然出现了这种变化，只是它的骨骼太少，无法进行确认。无论哪种情况，这些化石都表明有一系列变化，正如舒宾和其他人的研究

---

① 在大约4亿年前的泥盆纪，格陵兰岛位于赤道附近。

结果所示，这种变化是基于基因和发育的出人意料的变化。真掌鳍鱼和潘氏鱼等肉鳍鱼使用同源异形基因来引导其脊椎和鳍的形成。在最早期那批四足动物中，突变改变了肢体中原有的同源异形模式，结果沿鳍远端的地方长出了一套新的扇形棒，即后来的"指"或"趾"。

鱼石螈曾被视为鱼类和四足动物之间缺失的一环，现在看来，它似乎只是四肢进化过程中的又一个怪异尝试。在某些方面它更像后来的四足动物——鱼尾已经没了一半，前臂骨头都一样长，以便它可以靠其行走，有大肋骨，臀部有深槽以容纳股骨球。然而，据亚尔维克的一位瑞典同事汉斯·比耶林（Hans Bjerring）所说，它的后腿像海豹那样甩到身体后面，这与科茨的观点如出一辙。虽然它有像后来的四足动物那般结实的肋骨，但似乎有点过了，变得很宽。可能用肋骨是为了抵消其肺部的浮力，继而得以待在水下，就像海牛使用自己那超大肋骨一样。

从某种意义上说，棘螈和鱼石螈都是它们那个年代的活化石。达斯勒在那郁郁葱葱的河口中发现的宾夕法尼亚四足动物海纳螈可是比它们早上了数百万年，但相较而言却与当今的四足动物更为近缘。它已经演化出比鱼石螈更为强有力的臂膀，虽然海纳螈这一命名只因它仅有一根肩胛骨，且它的后腿是什么样子仍是个悬而未决的问题。也许它只能像鱼石螈那样拖着，也许这根骨会使后腿更为挺直。无论怎样，四足动物可能在海纳螈出现时就已经放弃了用鳃呼吸，正如它的肩部所呈现出的那样，没有迹

在水一方：生命的演化

象表明其与鳃腔相连。它们可能会吸口空气并保持待在水下，或者生活在很浅的淤泥中，只要扬着鼻子在水中挪动就可以了。也有可能海纳螈已经在用它的肋骨来帮助呼吸了，因为现在只有肺才能给其带来氧气。鳃的变化也改变了它的进食方式，早期的四足动物可以通过将水滤过鳃裂来捕食，然而一旦鳃腔消失，它们就只能靠捕猎来获取食物了。

与海纳螈大约处在同一时期的或许还有许多其他四足动物，只是我们暂未发现，然而仅仅是它的一个近亲导致了当今地球上所有四足动物的产生。科茨认为，在3.55亿年前，这个祖先的后代就已分成了两个主要分支，其中一支最终导致了如青蛙和蝾螈等两栖动物的出现，另一支最终导致了如鸟类、哺乳动物和爬行动物等脊椎动物的产生。然而，这两支起初都是水生的。一想到脊椎动物踏上陆地的漫漫征程，这种新的发展路径就让我们不禁把关注点放在两条独立的冒险之旅上。科茨之所以把分支的时间定得这么早，是因为俄罗斯的动物图拉螈。科茨曾与该动物的发现者、俄罗斯科学院古生物学研究所的奥列格·列别捷夫（Oleg Lebedev）合作，他们最近认为这种泥盆纪六趾动物实际上是现今脊椎动物的早期近亲，尽管它的化石是在形成于浅海水域的岩石中找到的。在此分支之后的某个时候，两栖动物开始演化出强大的嘴部肌肉来帮助呼吸，而脊椎动物开始更多地依赖于肋骨。

随着四足动物的演化，同源异形基因在帮助塑造它们身体方面的功能因呃逆作用(打嗝)而改变。与四足动物相比，构成肉鳍鱼脊柱区域的多样性要低得多。同源异形基因帮助划定了它们的界限，决定了鳍所生长的部位，并助其成为身体的轴心，同时伴随长出很多分支。在最早期的那批四足动物中，同源异形基因也开始另辟蹊径，即在发育中鳍的远端发挥作用，产生需要的蛋白质并诞生了手指形成的新模式。然而棘螈的拇指和小指之间的关系，与其颈部椎骨和腰部椎骨之间类似，并没太大区别。像同源异形这样的基因还没有在这批四足动物身体的任何一部分产生新的特性。

在对两栖动物的研究中，同源异形基因的功用变得更为显著而独立，这种特性甚至超过了后面的羊膜动物。早期的证据表明，大多数两栖动物的脚趾固定为四个之前，会有四趾到六趾不等，而在最早一批的脊椎动物中，究竟有几只同样也是不确定的（想想图拉螈那六趾），但从3.25亿年之后，羊膜动物的脚趾数量不再超过五个。随着同源异形基因开始将各个四足动物塑造成形式各异的样子，四足动物的脚趾数或已固定下来。当然，同样的情况在脊柱上也体现得淋漓尽致。当四足动物的躯体从适合游变为方便走，就需要更为复杂的背部：颈部必须灵活，并为转动头部的肌肉提供支撑；尾部的远端，椎骨必须支撑一个强有力的胸腔；再往后，椎骨需要与臀部融为一体。同源异形基因决定了所有这些区域的个性化特征。

每当古生物学家发现一组化石似乎捕捉到了这般巨大转变时，他们生怕错过了整个过程，担心他们所了解的动物实际上属

在水一方：生命的演化

于远缘的分支。但对于最早的四足动物，俨然就是另一番样貌了。"我们所掌握的证据表明，我们或多或少实时地看到了这种转变——客观上就是这么个节奏，"佩尔·阿尔贝里说，"看起来四足动物并没有在世界其他地方更早地进行演化。四足动物出现的同时还伴随着各方面的大量尝试。然后到泥盆纪末期就有了一定的筛选。如果你在20世纪70年代做过调研，你就知道那时的人们都认为鱼石螈是正儿八经的动物。然而现在我们看到各种奇特的事情出现了。"

我们的祖先与我们基本相似，主要体现在以下几点：它们呼吸空气时无须大口吞咽，它们可以行走，它们有脖子。不过它们仍流连于浅浅的沼泽，或在夜间爬到附近的另一条小河之中，陆地仍然是千足虫和蚯蚓的家园。尚待解决的另一个问题是，我们的祖先是怎么上岸的，以及又是如何在岸上繁衍生息的。

科茨的演化分支图表明，四足动物在海洋和河流中分成了两支，然后分别来到陆地。其中之一会演化出羊膜动物，而另一支则演化出了两栖动物。到3.5亿年前，最早一批两栖动物一下子涌现出了十几个主要支系。它们有时看起来像长达一米且成年后有蹼足的蝌蚪那般。有的长得比独木舟还长，还有一些没有了腿，在弯弯曲曲的脊椎上演化出了数百个椎骨。到3亿年前，它们中的一些在旱地上度过了相当长的一阵子，证据就藏在骨头里：它们有些身披鳞片，依赖于强健的腿，把镫骨缩减为一根可将空气中的声音传入耳的杆状物。然而到了2.1亿年前，这些古老的动物均成为历史的过客。在化石记录中，两栖动物仍幸存至今的分支很快便出现了，看起来和现在的样子很是相似 ——侏罗纪的蛙会跳，蝾螈会爬，而无腿的蚓螈则会挖洞。

现存的两栖动物为研究它们的祖先如何生活提供了骨骼以外的难得信息。它们大多数生活在潮湿的弯月形池塘、森林地面或河流，不过有少数分布在更为广泛的区域。一些蟾蜍在海洋中畅游，还有一些存于沙漠之中。一种叫墨西哥钝口螈的蝾螈生活于山地湖，它们无须在空气中呼吸，无腿的蚓螈就好比肉食性的蚯蚓，生活在地下。这些两栖动物和脊椎动物最大的不同在于卵，前者更像鱼的卵。正在发育的两栖动物胚胎位于被一层厚厚的胶皮包裹着的多孔膜内。氧气和水透过胶状物来给胚胎提供营养，二氧化碳等一些废弃物则可排出。两栖动物的产卵量不一，多的有数千，少的只有一个，在淡水中通常聚起来呈球状。不过也有很多例外：有些卵埋在了母亲背部的皮肤里，有些则会被母亲吞下在其胃中孵化。有些长在父亲的喉咙里，有些则紧贴父亲的大腿。黑真螈的幼崽在母亲的子宫内生长，以从子宫壁渗出的分泌物为食，最终在长达三年的"孕期"后以成年的形态被生下来。

这些卵的样式限制了两栖动物的演化。如果没有将之放到适宜的环境，卵或会干透掉，如果卵的直径超过一厘米宽，那么所包裹的厚厚胶状物就会对其进行挤压，无法保持其结构的完整性。因此，许多两栖动物刚出生时都呈很小的幼体状态，只得生活在水下，直至变为成体状态。有些两栖动物一生下来就是微型版的成体状态，然而它们很难算作真的两栖动物——作为胚胎，它们必须使用巨鳃或布满毛细血管的尾巴才能获得尽可能多的氧气。

　　羊膜动物的祖先看起来很像两栖类四足动物，有些过于相似，以至于区分它们的唯一方法就是比较其颈骨或上颌。到3.4亿年前，脊椎动物的祖先在陆地上待了一段时间，又过了几百万年，第一个真正的羊膜动物诞生了，它是今天所有羊膜动物的最后一个共同祖先。现存的三大脊椎动物谱系：下孔亚纲（以我们人类等哺乳动物为代表）、副爬行动物（龟）和真爬行动物（鸟、鳄鱼、蛇和蜥蜴）。一提到乌鸦、人类和加拉帕戈斯陆龟，想到其不同之处肯定比相同之处容易得多，然而大家全都从共同祖先那继承了相当多的特征。我们都有坚韧的皮肤、能吸收水分的肠道、巨大的肺以及泪腺。而最显著的一点在于我们的出生方式。脊椎动物胚胎并非被包裹在胶状物中，而是被一层层膜所包裹而形成一个囊。塞进囊里面的是一个卵黄和三种不同的组织，其中一个组织负责收集胚胎中的尿素和其他废弃物，另一个组织将气体送进卵并将其泵出，第三个组织将胚胎浸入液体中（最后一个被称为羊膜，即此类脊椎动物被称为羊膜动物的由来）。原始的脊椎动物的卵或许类似于乌龟产下的那种有弹性的软壳卵。一些哺乳动物发展出了另一套系统，以便在子宫内安置胚胎和胎膜，而爬行动物为其卵发育出一层坚硬且富含钙的外壳。然而，即使是最原始的形式，脊椎动物的卵也能让胚胎长得比两栖动物的大得多。

有了壳的支撑，且有胎膜保持营养供给和洁净，它便可以发育成类似成年后可以直接呼吸空气的"幼态版"，而不必再长成像蝌蚪那个样子了。

考虑到这些关于四足动物的事实，我们便可以重返3.4亿年前，问这么一个问题：为什么四足动物会来到陆地？最显而易见的原因似乎是食物的诱惑，但这种诱惑还没说到根上。早期的四足动物都是大个头，身体构造也算精巧，且主要以鱼为食。它们靠摆动尾鳍或扭动身体，就可以快速在水中锁定并吞下猎物。进食时，它们先用宽大扁平的嘴巴将猎物抓住，嘴里有两排牙，外加长长的尖牙很方便将其咬杀。但森林覆盖了越来越多的大陆，树木多到把阳光都给挡住了，但这些水下食肉的猎人终究是没法把树当干粮啊。至于昆虫，一只四足动物固然也能拖动它那一两米长的庞大身躯在陆地上移动，但这显然不会对飞来飞去的虫子们构成太大威胁，且如此巨大的动物也不可能靠吃这么点东西就能管饱。

长期以来，古生物学家一直在想，首先到达陆地的可能不是四足动物，而是它的卵。罗默曾持有这一观点，他在1957年提出了一个构思精巧的假说。早期的脊椎动物生活在水中，产卵方式与两栖动物非常相似，因此这些卵同样受到腿和肺所经历的那种演化压力。他认为，这些适应性演化是为了让四足动物通过呼吸空气并爬到可赖以生存的池塘中以度过干旱。罗默假定这些早期的四足动物像当今的诸多青蛙一样产卵：雌性将其产在淡水中，雄性将精子排到卵上，两者在水下以胶状团块的形式发育，并诞下带鳃的幼体。干旱对它们来说是致命的，因为裸露的卵会干掉，如果水生幼体在旱地进行孵化，它们将毫无存活的希望。

罗默认为，脊椎动物想要的是演化出一种可以在干旱中幸存下来的卵。它的外壳和内膜能抗旱，并由此孵化出一个已准备好呼吸空气的幼体，即便它很可能马上就要去水中生活了。罗默再一次看到一种原本只是为了应对眼前危机的方法，最终却让动物以一种截然不同的方式生活：直到很久以后，成体才跟着卵上岸，脊椎动物随后在陆地上散播开来。"如今，"他宣布，"各种各样的两栖动物都在'奋斗'（如果它们懂得'奋斗'的话）以得到某种形式的适应，来获得更好的生态位，这种奋斗精神或与爬行动物的祖先在亿万年前所经历的过程有得一拼，只是它们奋斗的程度仍不太够且太晚了。"

就像罗默关于早期四足动物的其他看法那样，此次这个假说的先决条件，即所谓的泥盆纪大干旱，是站不住脚的。在它们那热带家园中，脊椎动物的祖先及其卵每年都不会死于干旱。事实上，一些基础物理学表明，早期的四足动物可以在没有羊膜卵的情况下上岸产卵。鉴于泥中水分充足，一些现存的两栖动物将它们的卵埋在地下几厘米的地方。所埋的卵周边的水分情况取决于许多因素——卵和土壤的化学性质、土壤的湿度及水流过土壤孔隙的难易程度。事实证明，除非将卵埋在极其干燥的土壤中，否则不至于缺水，这对于生活在沿海潟湖中的泥盆纪四足动物来说，是不太可能出现的危机。土壤会给那些产卵的早期两栖动物提供诸多便利。土壤为卵提供了充足的水和氧气，而且无论白天黑夜，温度几乎保持恒定。在没有陆生脊椎动物的泥盆纪，卵会被水中的鱼吃掉，因而相较之下，陆地或将是一个更为安全的产卵场所。

因此，早期的四足动物有足够的动机跑上岸，即便只是为了埋下卵并溜回到水中。从卵中孵化出来的幼体也会被洪水带回，或者它们还能一扭一扭地挪回到溪流中。从这个角度来看，罗默的观点似乎仍讲得通。但在陆地上产下的最早的那批卵可能不是羊膜动物的卵。它们或是老式的两栖动物，甚至还可能是最早的四足动物的卵——不妨脑洞再大一点，它们之所以演化出趾，不仅是为了可以在水下移动，还是因为趾可以帮助其在陆地上挖洞。

无论如何，羊膜动物连同它们完善的羊膜卵确实演化得更成功，几乎从各个方面来讲，都于其发展有利。在不少于2.8亿年的时间里，它们一直处于陆地生态系统的顶端，也从来没有哪一只嗜血的蝾螈能吃掉豹猫或西猫。尽管现存的两栖动物多达3 000种，但羊膜动物却有18 500种。羊膜卵是其成功的秘诀所在吗？

在生物学中去定义何为成功，是一件很难的事情。在所有的化石记录中，你可以找到一些动物谱系忽然演化出前所未有的特征，然后迅速扩散，并在很短的时间内形成了丰富的多样性。在现存的动物当中，最多样化的分支通常具有一些似乎注定会令其

在水一方：生命的演化

走向成功的共有特征。壁虎等蜥蜴种类繁多，它们还以脚趾上演化出的可以让其粘在垂直表面上的垫子而闻名于世。也许壁虎变得多样化是因为它们可以生活在树上，避开捕食者，而没有趾垫的蜥蜴只得在地面摸爬滚打。鸟类的一个目——雀形目，现今的数量远超其他目，它们最为显著的是脚上有韧带，可以让其自行抓住栖木。有些人认为，或许这就是它们与壁虎一样在树上繁盛的原因。那些渗出树脂和其他黏性液体以吞噬或毒死饥饿昆虫的植物，相较无法渗出树脂和其他黏性液体的植物，多样性更强。很难找到一块没有啮齿动物(它们可是有2 000种)出没的地方，而

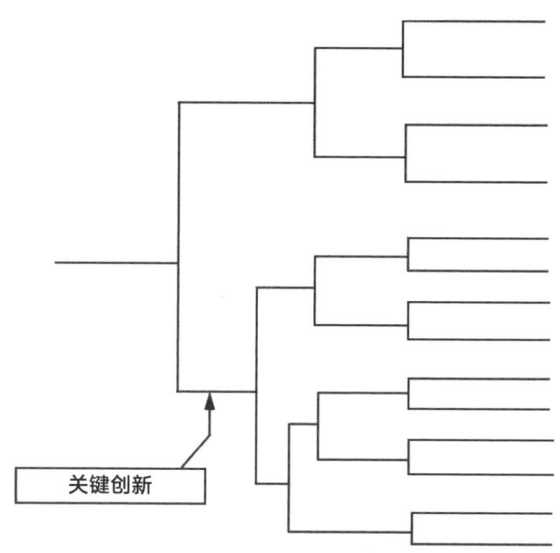

一项关键创新促进谱系多样化，例如，在这个假定的演化分支图中，具有关键创新的谱系分为十个物种，而没有关键创新的近缘谱系只有四个

一种类似啮齿动物的哺乳动物多瘤齿兽，已经灭绝了3 000万年。有观点认为啮齿动物之所以胜出，是因为它们演化出了不断生长的牙齿，这使得它们能够啃咬坚硬的种子和坚果，而不会因永久的残损而废掉。

生物学家经常将这些成功秘诀称为"关键性创新演化"。虽然它们似乎是宏观演化的重要组成部分，但仍然需要长期验证，因为相关关系不等同于因果关系。研究人员列出了啮齿动物的牙齿、鸟类的脚和壁虎的趾垫等案例，但并未对其进行任何验证，就将其转变为一种科学的民间智慧。当我询问生物学家是如何看待关键性创新演化这一概念时，他们会习惯性地眯起一只眼，不断地摇头。"我很难接受，"尼尔·舒宾说，"当我事后看到，有些许的了解。但如果现在有人递给我一个当代的生物说，'这个变体有一个关键创新'，我真的会知道吗？这不是先验。我不会怀疑它们的发生，不过你是如何确认的，并且一旦你对其进行了确认，你又拿它们怎么办？"

假若你认为一项关键性创新演化是造成某一动物群体出现巨大多样性的原因，也许它开辟了这些动物此前无法企及的新生态位。为了验证这一说法，你不能简单地说一个给定的按照林奈分类法归类的多少物种有创新，然后将它与其他没有创新的物种数量进行比较，因为简单比较数量并不能很好地反映演化的过程。相反，生物学家必须查看演化分支图上的这个创新所出现的位置，将位于其上的所有分支上的物种相加，并将其与没有关键演化的近缘分支物种进行比较。

一旦你以这种方式建立了一个假设，那么你将不得不直面这么一个事实，即一个支系或有诸般呈现多样性的方式，而这些方式与步入新的生态位无关。它可能恰好生活在森林中，那儿的河流不停地重分着区域并把种群隔离开来。即便纯属偶然，其物种产生和灭绝的速度也可能与其他种群不同。在这种情况下，生物学家若想通过寻找一些新的创新来解释成功就有些说不过去了。为避免受到这些混淆视线的影响，方法之一是进行多方验证，而不是只做一次验证就完事。假若某个关键创新已独立出现在多个谱系中，如果在每种情况下，拥有关键创新的谱系都比来自共同祖先的最为近缘分支的多样性更强，那么创新与多样性之间的联系才会更具说服力。

1996年，多伦多大学的罗伯特·瑞斯（Robert Reisz）和同事们验证了羊膜卵是脊椎动物迈向成功的关键创新这一陈旧理论。结论很是拨人心弦，但所有关于关键创新的告诫都应牢记于心。看待这个问题的一种方法是判定在有了卵之后脊椎动物的历史进程是如何发生改变的。卵很是脆弱，少有能成为化石的；虽然已知最古老的卵化石大约有2.5亿年的历史，但追溯到卵的出现远比这要久远。再次看看演化分支图就不难发现这点。已知最古老的一种真正意义上的羊膜动物名叫古窗龙，它是一种光滑且有3.2亿年历史的小动物，人们在新斯科舍省的一棵石化树底部找到了它的骨头。古生物学家已经认识到它是一种原始的爬行动物。

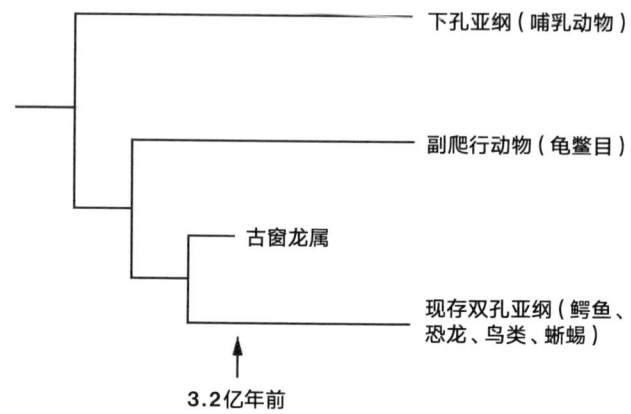

一种名为古窗龙的化石将羊膜卵的起源追溯到至少3.2亿年前

　　因为所有这些现存的谱系都产羊膜卵，所以它们的共同祖先可能也是如此。因为古窗龙安然地出现在这棵树上，所以很可能也诞下了一个羊膜卵。因而有理由将这些卵的起源推到其最古老化石之前的7 000万年，甚至更早。如果羊膜卵真如人们想象的那样将羊膜动物从水中解放出来，并让它们演化成形式各异的新样子，那么我们不难想象一旦卵得到进一步演变，羊膜动物的多样性就会开始超过两栖动物。然而这并非实际情况。在2 000多万年的时间里，脊椎动物一直生活在阴影之中，其多样性远低于两栖动物。直到3亿年前，脊椎动物的物种多样性才开始急剧攀升，这种繁盛与四足动物大爆发的事件无关。而在脊椎动物大爆发期间，两栖动物保持原有水平停滞不前长达3亿年。

　　多伦多的研究人员认为，这些化石暗示了脊椎动物成功的另一原因。虽然两栖动物幼体常以池塘中的藻类为食，但你永远不会看到青蛙在草地上吃草。化石记录显示，草食性是在早期的小型四足动物的几个次要分支中独立发展出的，这些分支可能已经演化出在陆地上吃昆虫。它们不是蹲下身子等着去伏击猎物，而是不得不外出寻找食物，并且需要强有力的下颌以碾碎抓到的虫子那坚硬的外骨骼。当它们在茂密的灌木丛中捕获到猎物时，它们或许也会吃进些种子或部分植物。渐渐地，它们演化出了可以消化这些食物的酶。

在脊椎动物及其近亲中，这种杂食性转变为成熟的草食性。在地面嗅来嗅去的脊椎动物可能已经感染了多种土壤细菌，一些专门分解植物物质的菌株也十分喜欢待在四足动物的肠道里。一旦它们分解掉了脊椎动物可能吃下去的坚硬植物物质，其新宿主就可以通过肠壁吸收糖和其他营养物质。最终脊椎动物和微生物群落共同演化出了强大的共生关系。脊椎动物演化出磨牙和宽大的下颌以咀嚼叶子、根茎和种子，并在其肠道中形成一个特殊的被称作盲肠的口袋，在这里菌群可以更稳定地生活。随着四足动物的出现，相关的发展或促使了植食动物的产生。以吃植物为生意味着要在户外花费大量的时间，还容易成为捕食者的靶子。一种应对机制是变得比先祖更大更重，实际上许多早期植食性的脊椎动物就是这样的。这些适应可能在不经意间让植物变得更容易被消化，因为它们在早期食草动物的肠道中为更大的消化道开辟了更多空间，使得分解更为坚硬的植物物质成为可能。能够吃更多，食草动物就能变得更大，从而更好地得到保护。虽然食草动物的胃不会变成化石，但它那钝齿和粗壮的肋骨可以，因而我们可以将第一批草食性脊椎动物的年代追溯到大约3亿年前，这与脊椎动物开始繁盛的时间点很是接近。

实际上，植食性并非一蹴而就的，而是在四种不同的早期脊椎动物谱系中独立演化而来的。其他脊椎动物分支作为食肉动物继续演进，在随后的3亿年里，十多个后来的食肉羊膜动物谱系也转向了植食。多伦多的研究人员通过观察其现存物种的多样性并与其最近缘的肉食动物相比，衡量了这些近来转变动物的表现，还对吃水果的蝙蝠和吃昆虫的其他蝙蝠做了比较。研究人员研究了14个种群，发现食草动物的多样性平均增加了17倍。这种强大且不断再现的模式表明，食草性使动物得以成功存续至今——换句话说，这是一项真正的关键创新。

一般来说，相较其他食物，植物或能提供更多种类的"佳肴"。一棵树是由树根、树皮、树液、嫩芽、叶子、种子以及大约1.5亿年前便已出现的花和果实所组成。还有许多其他种类的植物可供选择，每种植物都有自己的配方搭配。一旦羊膜动物演化出处理植物物质的基本设备——肠子、牙齿和下颌——它就可以开始特化成不同的物种，并在植物生长的任何地方兴盛起来。回到3亿年前，这项关键创新的影响可能不仅仅局限于植食动物。在那之前，羊膜动物的捕食者要么是小型的食昆虫者，要么是一直紧挨河流和沼泽的大型生物，以鱼类和仍生活在水中的四足动物为

　　　　　　　　　　　　　　在水一方：生命的演化

食。但随着植食性四足动物的演化，旱地开始到处都是个头大、行动缓而肉质肥的植食动物，它们的出现也使得捕食者随之适应，从而出现了新的生态系统平衡。

即使羊膜卵的产生不是使羊膜动物可以称霸陆地的根本原因，但对于四足动物的演化而言，它也绝非毫不起眼的小高潮。两栖动物的一些早期亲缘物种，同时作为早期的脊椎动物是吃昆虫的，甚至可能还附带着吃一点植物物质，但两栖动物从未成为成熟的终生植食动物，这种差异可能与它们的卵有关。两栖动物通常将它们的卵产入水中然后离开，而羊膜动物会一直照看到出生，有时甚至在出生后很久仍持续关注。这种抚育的方式，使得羊膜动物的双亲或会毫无疑问地将分解植物的菌群传递给其子代。此外，体形太小的动物或许无法成为植食动物。在羊膜动物，比如蜥蜴中，所有以植物为食的物种体重均超过10盎司[①]。反观大部分现存两栖动物，都是从它们那小小的胶状卵中孵化出来的，它们或许无法长到很大，长出能足以容纳消化植物细菌所需的肠道结构。故羊膜卵的产生可能就是世系演化为食草动物的先决条件之一。

这便是我们的祖先如何从海中走出来的故事，然而这个故事仍在继续。就目前而言，我们还不知道结尾，因为从水生到陆生的转变并未真正结束。我们所有生物，包括人类、蟾蜍和燕鸥，

---

① 约等于283.5克。

仍在努力调整原有的肉鳍鱼般的身体构造以适应这种新生活。现存的两栖动物并非泥盆纪物种的消极后裔，我们人类也不是从它们演化而来的，而它们为在陆地上生存已经奋斗了3.6亿年——早期的两栖动物比羊膜动物早数百万年便演化出了适于在陆地生存的双耳，现在你仍可在它们的后代中发现无数巧妙的新的陆地适应性状。有些蝾螈不是通过肺而是通过皮肤来呼吸空气的。有些青蛙在它们的皮肤上涂上一层不透水的黏液以保水，而有些蝾螈可以在足以渴死犀牛的旱季钻入地下一睡几个月。很多青蛙可在冬季冻土中通过休眠而幸存，而高约塞米蒂的蟾蜍则被看到踮着脚尖穿过雪地。箭毒蛙的生活可能仍离不开水，但水都被收集到了雨林树冠高处的树叶间隙中，因而它们不仅不必生活在河里，甚至连脚都不必触碰地面。羊膜动物依然需要水，比如池塘仍然会吸引它们回去喝水，它们中的很多种类仍然捕鱼，甚至有些已经完全回到大海，但它们和水的关系已经变得超乎我们想象的惬意和自由。反观我们人类，我们真的全都是从遥远的格陵兰溪流中的棘螈演变而来的吗？不同之处在于我们逐步不需要再去水边，而是通过科技把水带到我们身边。人类一般会将利用自然或改造自然的能力归功于文字和工具，我却始终认为，这是源于其不羁的特质和持续探索的精神。

　　　　　　　　　　　　在水一方：生命的演化

第五章
鲸豚，海洋中的智慧

企鹅当然会飞，水就是它们的空气。

——译者

人们倾向于认为四足动物迈向陆地是脊椎动物有史以来最伟大的转变，但你只需要看到一只海豚从海里跃入空中，或者一群长须鲸张开气孔喷出雾气，就会明白这种倾向是站不住脚的。我们终于开始弄清楚经历了数百万年的适应，包括与之相伴的胚胎变化、与菌群的合作以及耳朵和手指等器官的出现是如何使肉鳍鱼得以长期生活在陆地上的，尽管四足动物依然还在演化进程中并有待完善。反观鲸和海豚，它们是如何从日本游到巴哈，是如何捕获比我们所有拖网渔船都多的鱼，是如何像鲨鱼一样在海上自由遨游，以及陆地对它们来说为何就意味着死亡。它们脑袋大且灵活自如，一生都在占世界面积3/4的海洋中遨游，而我们人类则过着枯燥的受限生活。它们无须装上探测设备或者铺设我们人类那套自来水管道系统——只需要从其捕猎的动物身上和空气里的水蒸气中就可获得生存所需的淡水。然而，尽管如此，它们也是四足动物，甚至是像我们人类这样的哺乳动物。谁又敢想象，这些动物的祖先竟然源自陆地？

一个多世纪以来，大多数演化生物学家都回避了这一挑战，因为他们没有多少证据可以研究。然而，在二十世纪八九十年代，由古生物学家、遗传学家、功能形态学家、比较心理学家和胚胎学家组成的松散联盟敢于接受挑战，这些科学家群策群力所拼凑出来的描述是如此之扎实，以至于通常可以将其视作宏观演化模型。鲸的兴盛展示了它是如何在创造新结构的同时抹掉了旧有的布局，如何把扩展性适应东拼西凑，最后铸成新的身体部件的。它甚至还展示了宏观演化最终是如何创造出生命中最难以捉摸的特征——智力。但在深入了解鲸豚类动物的起源之前，有必要先花点时间，了解鲸豚类动物的构造是多么的精妙绝伦，从而领会宏观演化之创举。

当前，已知有79种^①鲸豚类动物仍遨游于地球的海洋和河流之中，它们拥有其他动物所不具备的显著特征，因而被单独归为一类。例如，所有的鲸都靠上下摇摆后背，抬起尾部末端的尾叶来游动，并用肩部的鳍状肢来控制方向。每次呼吸都得靠一个气孔，且用隐藏在皮肤褶皱中的乳头来哺育幼崽。虽然鲸豚类动物有诸多相似之处，但它们还是被分为了截然不同的两支。这些亚目之一便是须鲸亚目，它包括真正的巨鲸，如30来米长、200吨

----

① 原文如此，应为92种。

　　　　　　　　　　　　在水一方：生命的演化

重的蓝鲸，以及像10米长的小须鲸这种小型鲸。将须鲸作为一个亚目单归一类是因为其鲸须——从它们巨大的弓形上颚顶部垂下的角质叶帘。大多数的须鲸会张开褶皱的下颌，大口吞掉成群的小鱼或无脊椎动物。合上嘴后，它们用舌头挤压鲸须，从唇缝里挤出水，同时留下食物。但是有些须鲸有它们自己独特的捕食方式：灰鲸钻入海底并铲起上百斤的泥浆，它们会筛出甲壳类动物，而座头鲸则捕食像鲱鱼这样的小鱼群，它们通过爆破从嘴里和气孔里出来的气泡网将鱼围起来，然后转身把鱼一扫而光。

另一个亚目是齿鲸亚目，包括海豚、鼠海豚、抹香鲸、虎鲸以及一些奇特的物种，如喙鲸和独角鲸。大多数齿鲸都有一长排整齐的钉形齿，然而有些却与众不同：独角鲸的嘴里有一个独角桩，而大多数喙鲸的下颌两侧都有一个斧形齿。所有齿鲸都使用生物声呐：发出高频波并接收其回声，从而感知一个三维立体的海洋。它们利用声呐进行捕食——抹香鲸用它来追逐大王乌贼，海豚则靠其追捕鲱鱼等小鱼。

动物获取食物的方式促进了其社群的塑造，鲸类也不例外。多种须鲸在觅食地混合，然后分别迁徙到另一个区域，在那里它们再次相遇并进行交配。另一方面，齿鲸通常会形成持续数十年的大社会，并像狼或人类一样携起手来，一起捕猎。不过，鲸类社会生活的诸多细节仍是个谜，因为在野外观察鲸非常困难。喙鲸一直都生活在广阔的海洋和深水区域，以至于只有在它碰巧搁浅于某个偏远海岸时，人们才能对此新物种知晓一二。几乎没人见过活生生的大王乌贼，更不用说与抹香鲸搏斗的大王乌贼了。

即使鲸类学家在海上花费足够多的时间来揭秘鲸的整个社会生活，他们仍然无法回答诸如它们是如何游的，是如何在水下生存的，以及是如何进行思考的等一系列问题。这方面的知识只能有赖于圈养鲸豚类动物的实验。然而，将一头抹香鲸（10~20米的大家伙）放入水族箱中饲养是不大可能实现的，也没什么人想这么干，而许多体形较小的鼠海豚和海豚在脱离海洋和正常社交生活后情况也堪忧。事实上，在所有鲸豚类动物中，只有一种是能让人从生理学、水动力学、解剖学和心理学等全方位进行了解的，那就是宽吻海豚。宽吻海豚也是我们其他人最为了解的鲸豚类动物——它有鳍状肢，是把一众人等吸引到水族馆看台上看其表演的动物，它是电影中的明星，是玻璃雕像和耳环模型，是当今时代新晋的心理治疗师和助产士。只有少数动物会作为科学研究中的模式种类而走红，比如果蝇、小鼠、斑马鱼和线虫，但宽吻海豚是唯一除了受到博士后的欢迎，也被大众广为喜爱的动物。

宽吻海豚在游泳时，无论是紧贴水面狂奔还是潜入200米的水下，看起来都毫不费力。当你观察它时，很难想到它是一只高新陈代谢率的且需氧的温血哺乳动物。宽吻海豚的泳姿优雅而惬意，不会让人注意到它竟然是屏着气在水下游泳这一事实，而每隔几分钟，无论它在做什么都可随意中止，然后嗖地向上一冲，跃出海面完成呼吸。

　　　　　　　在水一方：生命的演化

为了成为优雅的游泳者，动物首先需要适宜的体形。如果一个在水中运动的物体形状不太符合流体动力学——例如一块方木——水会冲击其宽边，撞碎其棱角，让它不停打转。这样进一步将木块的前进动力全都耗在自身回旋上，于是木块很快就会停步不前。但是如果一个物体是长的、圆的、锥形的——换句话说，是一只海豚——水会顺着其轮廓平滑地流动。海豚的体形当然不会令其毫无阻力地游下去，但它游动时所需的能量要比方头方脑的鲸豚类动物少得多。

　　海豚的泳动能量源自尾巴。从其脊椎末端的两侧伸出来的是两个由结缔组织构成的长尾叶，这些尾叶逐渐变细，形成长翼状的尖端。它们的流体动力学实际上与鸟翼的空气动力学几乎完全一样。当鸟儿向下扇动翅膀，保持略微向上倾斜的姿态时，空气以一种失衡的方式流过，从而产生一个向上和向前的推力。通过调动其背部和侧面的肌肉，海豚下摆尾巴，它的尾叶同步跟上，产生一样的效果。然而，在鸟的上行过程中，同样的动作会推动它向前和向下，在与重力的持续斗争中，它不会坠地。相反，当向上飞升时，它会收起翅膀。海豚完全不用担心会坠入海底，因为它几乎是处于悬浮状态，所以它像太空中的宇航员那般游走。它可以抬起尾巴推动自己向前，就像一只倒过来的鸟。

　　对海豚如何游泳的正式研究只有六十来年[1]的历史。1936年，

----

① 本书写于1998年。

体长约1~2米

无论是上摆还是下摆，海豚都会前进

彼时的全球动物运动专家詹姆斯·格雷（James Gray）爵士研究了一部展示海豚仅用7秒便从印度洋上的一艘136英尺[1]长的船身旁掠过的影片——据此计算，它的时速为37千米[2]。格雷对海豚以此速度游动时的阻力及它必须提供多大动力才能克服阻力以保持前进做了些标准计算。结果是屏住呼吸游泳的海豚，其肌肉所产生能量是正常哺乳动物同等条件下的7倍多。格雷所能想象到的解决此悖论的唯一方法便是接受这一观点：海豚以比物理学所预测到的还要低得多的阻力畅行于水中。

　　自这一悖论提出开始，格雷悖论就让后来的生物学家感到困惑不已。当冷战开始时，美国和苏联海军也开始关注这一理论。他们认为，如果能够解决这一问题，他们就可设计出能够高效在水下静行的潜艇。也许温血动物所散发出的热量使周围的水变得

---

① 约41.45米。
② 原文为23英里，换算为37千米，但似应为21千米。

在水一方：生命的演化

不那么黏稠，也不太容易形成漩涡；也许海豚皮肤有脊，可以将水引向两侧；也许它那黏稠的眼睛分泌物给身体加了层保护膜。美国海军因怀疑海豚的橡胶状皮肤可把引发湍流的小波浪扼杀在摇篮里而发明了橡胶涂料。苏联科学家甚至将人体拖过水槽，看其脂肪的波纹与海豚在水中有何异同。但是依然没有人能揭示海豚泳动的秘密。

近来，尽管俄罗斯的一些研究人员仍在不懈努力，但大多数流体动力学专家认为解开格雷悖论并非明智之举。格雷的测量依据是男子每划船15分钟所消耗的肌肉力量，而如果不考虑这么久，比如在7秒钟内测试，哺乳动物能释放出更大的爆发力。要知道尽管海豚能以每小时37千米的速度游动，但它们更喜欢的其实是每小时游5~16千米，类似我们的有氧跑。所以除了明显的形体特征外，海豚其实没啥流体动力学奥秘，它们仍需应对湍流和相当大的阻力。它们的皮肤或身形同样没有魔法，仍然是依靠其肌肉产生的强大力量才可穿梭于水中。与其说解开海豚之谜关乎着是否可以赢得冷战，倒不如说它的"毫无秘密"就是最让人们感到费解的最大秘密。

当然，如果不能帮助动物游动，再精妙的流体动力学体形也不过是徒有其表，毫无价值。当生理学家观察游动着的宽吻海豚时，他们常想知道这些动物是否有些奇特的方式来有效地耗能。不过，直到最近，他们才得以靠谱地测量海豚的生理机能。他们使用通过吸盘连接到海豚身上的监视器来监测其心率，并根据所显示的数据计算其耗氧量。通过将氧气与海豚游动的速度进行比较，生理学家们得出了一个被称为"单位距离能耗"的数字。从技术角度来讲，它指的是每千克体重游动一千米所消耗的氧气毫升数。从非技术性的角度来看，它类似于汽车的油耗计算，反映了将既定重量的动物移动一定距离所需的能量。生理学家发现，在所有游动的哺乳动物中，海豚的单位距离能耗最低，仅为同等大小鱼类的两倍，而人类则要高出二十多倍。然而，如果将游动的海豚与在陆地上奔跑的陆生哺乳动物进行对比，单就此项移动能力而言，它的效率就显得很普通。水中的海豚实际上和陆地上的公牛的数据差不多。

鲸豚类学者还没有完全弄清楚海豚是怎样很好地利用其流体动力学和特有生理构造来游动的。一部分原因或在于海豚使用了许多小技巧来高效地泳动。野生海豚以在船首乘浪而闻名，它们有时紧贴水面游动，或在浪尖上跳跃。看起来它们这样做是为了消遣，但冲浪是一种冷静的经济之举：一只海豚以每小时8英里的速度冲浪与以每小时5英里的速度游动的单位距离能耗相同。很可能早在出现航船之前，海豚便一直在被风或大鲸搅动的大海中劈波斩浪。海面并非海豚唯一可以借力的区域：在深潜到大约50米深的地方时，它们的胸腔被压缩，肺也因挤压而关闭。它们不再有浮力并像石头般下沉。似乎海豚自己也发现了这一技巧，当感知到失去浮力时，它们就不再游动，而是利用重力潜到它们想要的深度。

　　　　　　　　　　　　　在水一方：生命的演化

其他的技巧是生理构造方面的。作为哺乳动物，宽吻海豚需要将其较高的体温维持恒定——这在水中是很难做到的，因为在热带以外的地区，水会迅速从动物身上带走热量。海豚和所有的鲸豚类动物一样，用一层厚厚的鲸脂来保温。从生到死的整个过程中，它们几乎从未停止游动——甚至在睡觉时也不忘游动，故其睡觉也只关闭一半的大脑，以确保游动程度适宜。要知道，它们的脂肪层太厚，以至于过热和失温一样都会造成生命危险，看来海豚要担心的事儿还真不少。

我们陆生哺乳动物有时也会面临过热的风险，比如人类的热射病，为了释放这些额外的热量，我们配备了一套特殊的血管。它们从我们手臂和腿部的主要动脉分出来，分布于我们的皮肤之下，继而令携带的热量迅速散发到空气之中。不过，如果变得过冷，我们的身体会卡住要道以关闭这些血管，使我们的手指和脚趾变得冰凉，但保持了我们身体的核心温度。海豚也有类似的血管，贯穿于整个鲸脂层，遍布于其尾叶和鳍的皮肤之下。在辛苦地游了一阵子后，海豚会把血管都打开，把热量一股脑儿散出去。

热对海豚所构成的威胁是我们在陆地上永远不会面临的。例如，游泳或会使雄性海豚不育。精子只能在比哺乳动物核心温度低几度的温度下发育和存活，因此大多数雄性将睾丸存于外挂的阴囊中。虽然这种安排在陆地上或是个良策，但游泳动物不希望在其流线型的身体挂上个袋子，因此雄性海豚将其飞艇形睾丸紧贴于身体里。但仅做到这点还不行，虽然它们可以快速游动了，却无法生殖。因为睾丸位于在游泳时不断调用的强健肌肉之间，附近还有充满热血的大动脉经由，想想都很热！这种愚蠢的安排就好似将一桶冰淇淋贴紧在高速运转的发动机缸体上，却还想让其保持冷冻状态。

任何生命都不傻，更不要说海豚了。雄性海豚自然有办法解决这个问题，它们通过改变循环路线以保持其生育能力。在血液流向它的尾巴和鳍并释放出热量后，它会通过静脉直接流向其性腺。在那里，静脉分成细小的毛细血管，沿着动脉血管并排分布，使其降温，而动脉血管反过来又冷却海豚的精子。如此一来，雄性海豚的睾丸比周围的体温低1.4华氏度^①，这种降温机制如此强大，以至于当海豚需要长时间快速游泳令其身体温度更高时，睾丸温度实际上又下降了半度。

雌性海豚同样需要保持性腺处于较低温状态。哺乳动物的胎儿在母亲体内就像是一个小熔炉在燃烧着，其新陈代谢率比母体组织要高两到三倍。这种热量必须以某种方式从子宫中被排出，否则胎儿生下来后会畸形或死掉。孕妇通过她的血管带走一些热量，而其余的则靠腹部散热。但雌性海豚的子宫在身体中所处的位置与雄性海豚睾丸所处的位置相近，这意味着在胎儿和海洋之间有一层不停自产热的腹肌，除此之外还有一层绝缘的脂肪。如

---

① 等于–17摄氏度。

　　　　　　　　　在水一方：生命的演化

果没有腹窗，胎儿就会过热。但与雄性海豚一样，雌性海豚也有一个循环系统，以便让其将尾巴中的血液直接泵入子宫，从而维持婴儿的低温。

在它们的锥形蒙皮和错综复杂的静脉和动脉之下，首先是推动宽吻海豚行进的解剖结构——它们的骨骼和肌肉。我曾见过海豚尸体解剖，最让我吃惊的一个瞬间是生物学家把海豚剥得只剩脊椎的时候。人类最大的骨骼和肌肉（正如所有陆生哺乳动物那般）均长在了我们的四肢及其周边，因为它得推动我们向前。我们背部所要做的主要是保持我们的内脏和头部处在高处。然而，海豚只靠背部游动，看着解剖完后的骨架，我可以看到它们为之有过的付出。每块脊椎骨的顶上都有一块巨大的倒置T形骨，在它所形成的两个架子上搁置着长蛇般的肌肉，贯穿海豚的头尾。当我看着它的骨架时，我伸手绕到了自己的背上，触摸到了脊椎上那一连串的轻微突起。

游泳时，海豚不只是简单地收缩这些长肌肉并将背部进行弯曲。从海豚的后脑勺到尾巴的根部，一层几乎看不见的结缔组织包裹着脊椎顶部和两侧的肌肉，就像一套织物那样交叉编织，但又不仅仅像香肠的肠衣那般包裹肌肉。海豚全身的肌肉都被固定在此鞘状组织里，嵌入自身的脊柱点上。北卡罗来纳大学的生物学家安·帕布斯特（Ann Pabst）花了5年时间才绘制出鞘的形态。她的研究表明，当海豚想要弯曲背部时，一小部分肌肉先收缩，使鞘状组织部分变硬，直到变得像骨头一样坚硬。附于鞘状组织刚性部分的另外一些肌肉能将其当作脊柱的替代品，以助其将力量传递到海豚全身。正因没有尾叶，肌肉再次附于鞘状组织上，而鞘状组织将肌腱向下延伸到尾尖，这些肌腱可以将尾叶上下牵引以调整到产生升力的最佳角度。

鞘状组织也可能像弹簧一样起作用。海豚基本上是一个被螺旋缠绕的纤维鞘所包裹的增压缸。这种形状有一些良好的特性，让鱿鱼、鲨鱼、蚯蝚和蚯蚓等诸多动物很是受用。这样的缸体在弯曲时不会扭结，并且纤维的角度使其能够避免弯曲变形。如果纤维均在某一角度范围内进行延展，缸体就会变得极具弹性，以至于一旦弯曲就会反弹回来。换句话说，弯曲所吸收的能量储存于纤维，然后被再次释放出来。

如果海豚能以这种方式节能，那过去几年出现的一些奇怪数据就不难得到解释。随着海豚游得越来越卖力，它们的耗氧量平稳增加，然后趋于恒定。这一稳定期并不奇怪，因为动物的有氧代谢是有限度的。为了奋勇前游，它们不得不求助于其他无需氧气的化学反应代谢链。对于人类来说，与大多数其他动物一样，这种厌氧能是短暂的，因为它会生成作为废物堆积于肌肉中的乳酸，从而产生吃力感和酸痛感。然而海豚却可产生越来越高的力量，并且将乳酸维持在很低的水平。与其不相上下的已知哺乳动物只有一种：袋鼠。

袋鼠可以不停地跳跃，远远超出其有氧代谢能力，因为它们的腿上有大量的弹性组织。每次跳跃都会拉伸肌腱中那一股股僵

　　　　　　　　　在水一方：生命的演化

硬的胶原蛋白链，并储存下落时的大部分能量。当它们准备再次跳出时，肌腱会返还先前储存能量的92%。当袋鼠想要跳得比它的有氧代谢所能提供的速度更快时，它会使用腿上的弹性组织，而无须产生乳酸这样的化学物质。海豚在水中或也如出一辙。也许在某个频率下，海豚尾巴的上摆可将能量传入皮下鞘中，皮下鞘的回弹会利于下行时将尾巴向下推。在合适的频率下，海豚会在游泳时产生共振，就像铃响一般。如果真是如此，那么这样一位了不起的游泳健将有着如同公牛般的强劲动力就不难理解了。

研究人员过去曾推测海豚或是靠弹性组织来游动的，但他们的结果有些模棱两可。问题在于鲸豚类动物并非简单的缸体；它们的尾巴在尾叶展开之前又窄又平，而鞘部组织确实会混淆诸如附着到脊椎之类的事。尽管如此，鞘状组织中纤维的角度对于让尾巴像弹簧一样振动是适合的。验证这一主意的最好方法是测量护鞘状组织的弹性，但事实证明，工程师所用的拉伸机在纤维拉伸时方向有了改变，因此无法获得准确的读数。

帕布斯特在研究鲸脂的过程中有了进一步的发现。鲸脂并非如人们所想的那样是一块乏善可陈的脂肪。通过偏光显微镜不难看到两者之间的差异：牛的脂肪看起来是一大片紫色斑点，而鲸脂的结缔组织有着蓝色和金色相间的绚彩条纹，像日本挂毯那般编织于这些斑点之中。这是附于鞘状组织顶部并包裹住海豚的另一种交叉编织材料，其纤维角度与下面的鞘状组织相匹配。但与鞘状组织所不同的是，鲸脂在夹紧和拉伸时会保持原有形状。弹性只是衡量你从系统中所获能量除以所输出能量的相对值。最好的生物弹性组织，即胶原蛋白的相对值为92%，而鲸脂的相对值也高达87%。

游动需要复杂的身体构造——包括降温设备、弹性组织、鞘状组织和杠杆——然而海豚前额内的器官是如此之奇怪和复杂，相较之下，它们身体的其他部分看起来就像独轮车一样简单易懂。海豚的脑袋里隐藏着用声观海的能力。当达尔文高调解释演化是如何创造出复杂结构的时候，他所选用的例子便是眼睛。他认为，再也没有比这个小小的球体更为复杂、更为敏感的器官了——仅靠多个不同的组分，如晶状体、瞳孔、视网膜、玻璃体、肌肉、色素、血液、神经的共同作用来将光线聚集成像，让我们得以看见并认知世界，这太奇妙了。如果说，通过简单拼凑以上组分，就能形成如此精巧的器官并实现如此复杂的功能，当然没人会相信。但我认为，如果达尔文在当下著书的话，他或许会选用海豚的声呐系统当例子。

特德·克兰福德(Ted Cranford)是最为了解这一传动装置的人选。自1984年以来，克兰福德便在现已退休的加州大学圣克鲁斯分校教授、回声定位仪专家肯·诺里斯(Ken Norris)的指导下，一直在研究鲸头的内部构造。动物学家在1960年便知齿鲸会发出咔嗒声、嗡嗡声、口哨声和砰砰声，它们可以利用咔嗒声经由回声探测周围的物体，就像蝙蝠那样。过去人们想当然地认为这些声音来自齿鲸的喉咙。当解剖学家从一只死海豚的嘴里割下舌头时，发现它看起来就像一颗肉乎乎的心，从舌头后面长出一根长柄，其末端看起来像两片微笑着的嘴唇，这就是海豚的喉部。鉴于像我们这样的哺乳动物的喉部会发出声音，而海豚的喉部是由18块独立的肌肉所控制的，大多数人认为它也一定是齿鲸的发声地。但在1960年，诺里斯驳斥了这一普遍的观点，指出海豚无法探测到其下颌下方的物体。事实上，如果物体靠近海豚那有着平滑曲线的头部上方四分之一圆周处时，它就能最精准地定位这一物体。因而诺里斯认为声音不可能从海豚的喉咙中发出——必定是从介于其头骨和气孔处之间某处，即鼻腔中发出。

在随后的几年里，实验证明诺里斯是对的，但克兰福德的贡献可不止于此。当克兰福德最开始在圣克鲁斯进行深造时，诺里斯建议他在电脑中重构海豚的头部结构。几十年来，解剖学家一直在对海豚进行解剖，不过尽管他们的工作很是重要，然而所用手段受限。"你从解剖论文中能得到的不过是膝盖骨与大腿骨相连接这样让人见怪不怪的字句，"克兰福德说。回声定位设备——囊、管、脂肪块、骨头、软骨——在三维上都有精巧的安排，以至于仅仅切开海豚的头部是无法全然了解的，得看这些结构的原有位置，才能判断诺里斯究竟是对是错。如若缺少这一细节，没人可以确切地知道声音是哪儿发出来的，以及又去往何方。克兰福德原以为这一课题会很直截了当——他只需按亚尔维克对肉鳍鱼（真掌鳍鱼）的所作所为依葫芦画瓢来上一遍即可：制作头部切片并拍下每一层内部结构的轮廓。然后，他会将这些图片扫描到电脑，并用电脑来计算其头部内的三维形状。

克兰福德得到了一只在加利福尼亚海岸搁浅并死掉的宽吻海豚的头。他将其冻得严严实实，打算用金刚石绳锯将其切成数百块，然后逐一拍照。他花了一年的时间才凑够钱租了一把锯子，并购买了镶有金刚石的特殊切割线。"唯一能让海豚头硬起来的方法就是把它抬起来放到冷冻柜里。所以在某个夏天我将其锯成一块块放进了冷冻柜里。在海洋世界捣鼓这个的时候，贼鸥和企鹅在我脚边跑来跑去，我恍如就在北极。事情发展得不尽如人意。组织虽已被冻得结结实实的，但还是太韧，搞得绳锯上的金刚石都掉了下来。这家伙令我不得不去专门准备一个有着三倍数量的金刚石、每根价值350美元的金刚石切割线，而今这些金刚石还是都脱落了。"

一个月后，克兰福德放弃了冷冻柜，毫无疑问，他的这个项目未获成功且损失不菲。不过在开始锯之前，他已进行了一系列CT扫描，以期捕捉到某些细节。他仔细看了看，发现自己完全低估了机器的力量：他可以在扫描中看到海豚头部的骨骼、囊、脂肪、软骨以及肌肉，尤为细致。他可以将切片投影到屏幕上，勾勒出斑点和曲线的轮廓，然后将其变成电脑化的头部。结果好极了，因而他能够使用CT扫描来研究其他齿鲸亚目的动物，包括小抹香鲸、港湾鼠海豚、拉普拉塔河河豚和太平洋斑纹海豚。那些凄冷、绝望、冷酷和钻石掉落的日子已成过眼云烟，克兰福德终于可以引导人们沿着他所坚信的，声音的接收和发出均源自海豚头部的这条路继续探究下去了。

这一过程源自喉部。它就像一个泵一样，冲入从海豚喉咙延伸到头骨顶部的鼻道。因为骨壁无法弯曲，所以被挤压在腔内的空气压力猛增。鼻道从头骨中伸出，形成两条并排的肉质管道。一小部分空气流入一组从每条管子所分支出来的囊中，但大部分空气在管子的顶端猛烈地进行挤压。它们被脂肪和软骨的皮瓣给封闭了起来，其皱缩、裸露的结构使得19世纪的解剖学家将之命名为猴唇。海豚用面部肌肉小心翼翼地控制着猴唇，让置于其间的空气逸出，使猴唇像吹喇叭的嘴唇那样振动。等到空气从其身边逸出后，海豚不会让它从气孔中溜出来给白白浪费掉。气孔保持紧闭，空气反而流入鼻道周围的两个囊中。它们将空气从囊中挤出，然后通过鼻子向下压，这样就可以将其再次向上回推到猴唇之间。

然而，发声的并非空气本身。在水下空气振动是不起作用的：水的密度比空气大得多，因而空气中的声音会像光照到镜子那般被反弹回来。但是在含水的软组织中所产生的振动——尤其是某些脂肪——几乎可以毫不费力地移入水中，因为这些物质在声学上极为相似。海豚猴唇之间的空气使唇本身每秒振动数千次，克兰福德认为，这就是海豚水下发声的源头。

位于唇上的是被称为背囊的脂肪团，且背囊与一大块脂肪组织相连，这使得海豚的前额凸出，被称为额隆体，位于海豚头部的凹骨上。生物学家曾一度认为额隆体是一种缓冲器，只会帮助

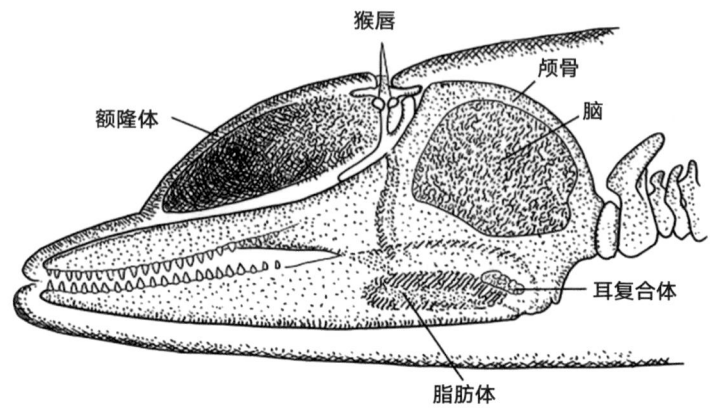

猴唇

颅骨

脑

额隆体

耳复合体

脂肪体

海豚头部的横截面，空气通过鼻道使猴唇振动，这些振动经由额隆体传入水中

海豚的身体更符合流体动力学，但现在它被认为是一种可以改变信号路径的声学透镜。"这些脂肪对于代谢机制而言是不利的，"克兰福德说，"换句话说，它们不是用来储能的，也不是起到类似液压缓冲这般微不足道的作用。如果只是用于该目的未免有些大材小用了——完全可以靠结缔组织来代替。"当它们发出声音时，齿鲸可以用面部肌肉控制额隆体的形状，或会改变声波的路径。

追踪经由额隆体从猴唇传出到豚头部的声音，仍是克兰福德等科学家所难以企及的。一些声波向后传递并遇头骨弹回，而另一些则从鼻子周围的许多囊状物反射出来——遇到骨骼和空气的反射是全然不同的。每个鼻管都有自己的一套猴唇，海豚分别调动它们。额隆体的脂肪由许多不同长度的分子链组成，每个分子链都以自己的方式改变声音的特性。这些脂肪似乎以一种独特的形态分布于整个额隆体中，但无人知晓它对脉搏所造成的影响。

在水一方：生命的演化

而且这些声波也相互干扰，在某些地方增强，在另一些地方减弱，不仅改变声音的音调，还改变其方向。

"如果人们接受过工程师或物理学家的培训，他们就不会考虑这一点，"克兰福德说，"培训可以使得他们化繁为简，这将对其大有助益。但是生物学家所受的训练是将事物看得复杂。如果你试图解一个偏微分方程，并把你在海豚头上找到的所有条件都放进去，那么你就会看到有的地方界壁很硬，有的很软，有的很软但反射性很强——持续不停。即便是最强电脑想要将其弄清楚也并非易事。"

鲸豚科学家目前所能做的最好的事情，就是研究海豚头部发出的声音。嗡嗡声、口哨声和砰砰声似乎是海豚之间用以交流的，而咔嗒声则揭示了其周围环境。海豚从额隆体中发出一束可像手电筒一样在水中来回扫描的声波，就像光线中的光子一样，声波会从所触碰到的物体上给反射回来。为了听得灵敏一些，海豚需要具备与陆地上的哺乳动物完全不同的解剖结构。你可识别到一只知更鸟是在你的左边唱歌，那是因为它在空中的歌声无法穿透骨头。声音通过耳孔直接传到左耳膜，但必须从其他物体反弹开来才能绕过你的头部到达右耳。两个信号之间有些许的延迟，基于此你的大脑便可确定知更鸟在哪里。然而，当你在湖下游泳并听到头顶有摩托艇开过时，你将无法分辨它在哪儿。如果摩托艇在你的左边，它的声音会透过水直达你的左耳。为了抵达你的右耳，它无须像在空气中那般绕到头的另一边。因为一些水下声音可以穿透骨头，船的振动经由头骨仅需很短的路径便能传到你的右耳，致使你那延迟测量的大脑无法分辨。

鲸豚类就没有这种困惑，因为它的耳朵和头骨是分开的，置于一个类似葡萄的骨盒里，在下颌后面垂下来，仅仅通过骨头边缘和几条韧带与头骨相连，周围全是空气和泡沫。这样隔绝开来，耳朵就无法接收到经由鲸头部的杂散声音，包括其自身强烈的回声定位冲击波。然而，海豚并没有通过耳孔听到声音。它的下颌是镂空的，填充的是与额隆体构成相同的脂肪，这意味着传入的声音更容易通过脂肪而不是骨头进行传播，然后传回到靠近下颌的耳朵。它就像一条声学管道，将声音输送到海豚的耳朵，海豚的耳朵里有一大片密度是普通哺乳动物六倍的毛细胞，是它将信号传送到大脑的。

齿鲸撸鼻涕并用下颌倾听回声似乎多有不便，但它却能以我们梦寐以求的清晰度感知水下世界。它们就像活生生的超声波机器，可以看到周遭动物的内部。研究人员已经能够通过训练海豚在听到放在它们面前的物体时触摸一支桨来衡量其感知力。它们可以对着相距一个足球场远的橘子大小的钢球尖叫，接收回声（声音返回时弱了一百万倍），然后告诉人类球就在那里。它们不仅可以区分球体和圆盘，也可以区分相差不到一厘米的缸体，如果研究人员试图通过使用两个相同尺寸的缸体来欺骗它，它便会拒绝响应。更厉害的是，它还可以听出铜和铝的区别。

海豚通过回声定位来管理的感知，需要的不仅仅是敏锐的耳朵。它们的大脑必须能够分辨听到的时间，这样才能区分相隔两千五百万分之一秒的声音，而人脑的时间分辨是它的四十倍。如果蒙上海豚的眼睛并在不同方向摆上锥体（或立方体或矩形块），它还能够识别同一物体在不同角度的形态。研究人员曾让海豚用眼睛观察塑料管道的复杂结构，然后在蒙住双眼的情况下成功地将其从一组管道中挑选出来。这两项实验均表明，海豚不仅能像我们看到的那样敏锐地感知物体，而且可以构建抽象的、多维的、不受特定感官约束的表现形式。

海豚的感知对象甚至不必是实体。在夏威夷大学，路易斯·赫尔曼(Louis Herman)和他的同事发明了一种手语，并成功地教给了海豚。他们先通过示范来教海豚，当海豚正确对信号做出反应时就能得到奖励。赫尔曼的研究最引人注目的地方在于，语言不仅仅是一套标签。如果他向其做手势示意"左边飞盘、右边铁环、取"，海豚就会去往处于其左边的飞盘，用嘴衔住，然后将其放入右边的铁环。赫尔曼的研究表明，海豚能理解语法并进行行动前的思考，不仅可以处理事物的抽象描述，还可以处理其与其他事物的关系。有一次，研究人员示意海豚从一个铁环中游过去，但铁环是沉入了池底的。于是海豚游到水下，衔住铁环，将其正确放到开始执行指令的位置，以便于它履行指令。

像人类孩子那样，海豚是通过示范而非规则来学习这种语言的，但它们对语法的理解如此之透彻，以至于有所背离的时候它们会察觉到。例如，在赫尔曼的跨物种语言中，"人、水、铁环、取"这样一组指令的意义是非常模糊的。当人类受试者被教授一种人工语言，然后得到一个费解的指令时，他们会尽己所能领会出些许意思并做出反应。海豚也能这样做：在它们脑海中，它们从指令中去掉了"水"这个词，将其简化为"人、铁环、取"，然后把铁环交到人的手上。如果这个指令进一步混乱到毫无意义——如"人、水、取"——海豚则会耐心地等待，直到人类住嘴以进一步明确。最了不起的是，研究人员可以告诉海豚简单地做一些新的事情——也许是用其玩具做些常规动作，或者一些它们以前从未尝试过的杂技。比如让两只海豚一起做一些新的事情，它们会立即冲向游泳池中间并表演。在无法理解海豚之间的交流以前，它们是如何就创造性劳动进行分工的，仍是个谜。

20世纪60年代，当有关海豚智力的首部作品问世时，各种出格的说法纷至沓来，如鲸豚类比人更加聪明；几年后我们将与宽吻海豚进行哲学对话。然而，30年来，我们所能做到的顶好的研究，也就夏威夷大学这样的了。问题或许不是海豚不够聪明，而是自觉"高高在上"的我们，已不可避免地难以理解除人类以外的智慧。

像克兰福德这样的科学家依靠专业的海豚训练师来做实验，而训练师曾敏锐地意识到他们每天所面临的交流鸿沟。在聚会中，大家有时会玩海豚模拟训练游戏，这是一件很有意思的事情。扮演海豚的人出列，然后其余的人决定他们想让这只"海豚"做什么。比如用手站立并拍打脚三下，或者拿个球放到某人的头上。那位扮演海豚的人回到房间，你能和他交流的唯一方式就是说"开始"，或者你可以吹口哨表示"真棒"，扮演者就可以因之领取奖励。

"所以你说'开始'，受训者便开始在屋子里四处晃悠。当他们接近某物时，你说'真棒'，于是他们会想：'哦，这里有东西。'他们得到奖励后，回到原地。通过一系列奖励措施，你就可以训练他们去做你想让其做的事。但当我扮演海豚时，我非常清楚我根本无法搞明白他们究竟想让我做什么。比如我做着各种各样的事，我也可能会认为他们想让我在捡球之前转个身，但事实并非如此——之所以这样是因为巧合——我只是碰巧在他们吹哨之前转了个身并捡起了东西。此后这些训练者认为我必须转身才能继续获得奖励。"

老到的训练师知道如何消除这一误导行为，他们帮助鲸豚科学家进行的数百个实验表明，他们确实可以与这些生物有效交流。但换句话说，训练游戏也表明了要想理解海豚真正的所思所想有多么困难。克兰福德之所以如此设定，只是为了真实地模拟海豚和训练师之间的交互。也许经过几天的训练，训练师会让扮演海豚的受训者们恰当地做些常规动作了。但是，如果仅根据这些拙劣的表演就来评判其真正心智的话，那肯定是对其极大的不公。

正在进行的对海豚是否拥有自我意识问题的探究，是海豚心理学中如此含糊的一个例子。在对动物做常规测试的时候，心理学家得看它们是否能在镜子里认出自己。由于他们无法询问动物是否认出了自己，研究人员转而使用一种迂回的方式：他们先将镜子放在动物面前几天，然后将其拿走。在麻醉动物的情况下，他们在其头上做了一个标记，然后把镜子又给放回来。如果动物在镜子里看到自己脸上的标记后伸手去摸，则大概率会认定镜子里的并非别的动物而是它自己。黑猩猩和红毛猩猩都通过了镜子测试，不过迄今为止只有一只大猩猩通过了镜子测试。

1993年，佐治亚州埃默里大学的一位名叫洛瑞·马里诺(Lori Marino)的研究人员对海豚进行了首次镜子测试。她和同事在水池两端分别放有一面被蒙住的镜子，以测试两只分别名为潘恩和德尔斐的雄性宽吻海豚。海豚每天都会来到池子的一端，训练师会抚摸它们的侧腹，或在其身上涂上难以看见的蓝色药水。每隔两三天，被蒙住的镜子就会被揭开，这时马里诺会拍摄海豚的行为。第十一天时，在它们日常游动期间，她用少量的白色氧化锌给其做标记。

前十天，潘恩和德尔斐在镜子前的表现似乎与先前不太一样。它们会一再地在镜子前将身体翘起，或是不停晃头和张嘴。马里诺还注意到它们的性生活也发生了变化。像大多数的海豚配偶那样，潘恩和德尔斐性欲旺盛，每隔几分钟它们就会有交配的冲动。当马里诺揭开镜子时，它们便立即开始在镜子前面做爱，它们如果游到镜子的视线之外，则立马停止性行为。最后，在第十一天，在她用氧化锌标记潘恩之后，潘恩和德尔斐在游泳池周围疯狂地游了一个小时。她把它们给叫回来并擦掉标记，刚擦完，还没来得及下达离开的指令，潘恩就冲向镜子跟前，摆出查看斑点是否还在的姿势，然后游回到马里诺身边。同样的事情在两只海豚身上连续发生了三次。

这么说来海豚有自我意识？结果无法让马里诺得出确切的结论。潘恩和德尔斐所做的那一切可被解释为自我意识的举止，都可以有另一种解释。当它们张开嘴时，它们或想低头看看自己的喉咙。但是张开嘴也是一种攻击性的彰显，它们可能一直在用这种方式来对其认为是另一只海豚的东西示威。海豚喜欢互相模仿，因此无法知道这些动作究竟是动物意识到那是自己，还是单纯的模仿。至于性行为，潘恩和德尔斐或许是喜欢看到镜子里的自己，抑或它们也许就是喜欢在别的海豚面前做爱。至于那个标记，它们只是在擦掉标记后才在镜子跟前扭来转去，而在刚做上标记时，它们却并没有这么做。

是否具备自我意识或许并非海豚需要做出的抉择。加州大学洛杉矶分校的神经解剖学家哈里·杰里森（Harry Jerison）试图通过想象海豚如何感知其世界来解答海豚的智力水平。我们如何感知现实，很大程度上取决于我们的感官向大脑传递了什么。蜜蜂可以利用偏振光来当指南针，引导其往返于花朵和蜂巢，因此对蜜蜂来说，东南西北的感觉可能就像我们感知三维空间那般司空见惯。我们通过自己的身体及与自身的关系来感知世界，但对于一只蜜蜂来说，世界可能只有两极：蜜蜂自己以及太阳。

海豚的大部分感知来自其眼（较为模糊，但具360度超广视角），以及在此之上能叠加一个闪现3D图像的回声定位。不过杰里森指出，海豚或会像人类一样感知宇宙。多亏了语言，我们得以用一种复杂巧妙的方式来组织和呈现我们对这个世界及世界上的人的所见所思，并且我们可以通过说或写来将我们对世界的看法传递出去。听力不仅可以察觉树木倒下的声音，还能触发远程交流。

照杰里森的说法，海豚可能也是存在远程交流的。当一群海豚一起行动时，某个成员的尖叫声及其所蕴含的信息回荡在整群海豚中，而所有的海豚都会相互分享这些声波信息。同样，海豚也有可能通过制造回声定位影像来进行大范围的交流。如果海豚群真是这样做的，即不断地相互分享和交换内外部信息，那么人类所在意的"自我"概念对它们而言将一文不值。当然，在海豚的社会里也有等级制度、求偶冲突，以及有些争强斗狠的社会性行为。海豚甚至可以用独有的哨声辨认彼此。当然，在透明的海洋中，海豚的社会或许依然比较初级，信号混杂，思想层叠，松散无序。

从尾鳍到大脑的如此种种，是我们对宽吻海豚所见所知的一个概述。也许如果我们能够约束自己不去宰杀其他鲸豚，我们就能对其有更多的了解。它们有着诸多共性，但也存在着不少差别。须鲸或会像海豚一样使用鲸脂那样的弹性组织，但它们那巨大的体形令其不得不在水下乘浪潜行，巨浪为其游动省下了三分之一的能量。须鲸似乎无法进行回声定位，但没人知道它们的感知或智力是什么样子。然而，即便目前知之甚少，我们也必须承认鲸豚的诞生是宏观演化最伟大的杰作之一。当你考虑到它作为温血、以肺呼吸的哺乳动物竟能如此适应海洋，拥有鲸须结构和回声定位等天赋，还具备如此复杂而神秘的智能这一事实时，很明显，在生命长河中除了我们人类自身的演化外，也必然还有很多值得称道的故事。当我们沿着时间尺度开始回溯，直至最初出现鲸豚类时，我们知道这将是一段多么漫长而奇妙的旅程。

第六章
皆数，动物亦有方程？

> 生命演化或是这样一种模型，常量是遗传，变量是变异，
> 奇迹是涌现。

——译者

居维叶给巴尔扎克留下最深刻印象的一件事，是他如何"像卡德摩斯[①]一样，用龙之牙重建了一座城"，他也被称为在化石中作诗的拜伦。1804年，作为彼时"化石之王"的他，从蒙马特的石灰岩采石场得到了一具与猫大小相似的动物骨架。它在两块像松饼和松饼模那般组合的夹板上留下了印记。臀部、腿部和些许脊椎嵌于一块石灰岩中，而骨架的其余部分，如肩膀、手臂和部分下颌则嵌在另一块石灰岩中，有一半的牙齿还露在石灰岩外边。由于不清楚这是什么动物，居维叶将化石带到他那博物馆实验室，开始深入研究该动物的嘴部，他切开此处的骨头，并细心地记录。

[①] 腓尼基国王阿革诺耳的儿子。

他可以看到下颌后部与头骨衔接处的隆起，这一特征被称为髁突，只有哺乳动物才有。在许多哺乳动物中，髁突在下颌后部高高隆起，但居维叶发现的那石灰岩中的生物有一个不那么高的髁突，从下颌开始隆起，仅比那排牙齿略高一些。他可以立马排除是猫、狗和貂等哺乳动物的可能，因为只有鼹鼠、刺猬、蝙蝠和负鼠等动物才有这样的下颌。居维叶将此低下颚撬开，发现露出了两排牙齿。这两排牙齿既不像食肉动物那样锋利，也不像食草的牛那般扁平。相反，它们长满了小尖尖——同样，只有髁突较低的哺乳动物才会这样。在放大镜下，他可以看到一些牙齿是三角形的，带有三个钩状的尖凸。鼹鼠有七个这样的尖凸；蝙蝠也是如此；刺猬有四个。拥有三个的哺乳动物只有某些有袋动物，如北美和南美的负鼠及其近亲——包括袋獾在内的澳大利亚袋鼬科动物。

"我在研究骨骼的其余部分之前就停止了对牙齿的研究，"居维叶后来写道，"但我已可从这个单一线索预测出其他一切。有哪几部分、构成形式、分布比例——只需看一眼岩石表面，所有这些便可得到很好的回答。"

如果在法国发现一只负鼠化石，将颠覆彼时科学界的共识。负鼠是有袋动物，它们生出的幼崽只有米粒般大小，会钻进母亲的育儿袋并含着乳头待上数月。但欧洲所有现存的哺乳动物都是有胎盘的——它们在子宫中孕育，由胎盘滋养，且比有袋动物的幼崽大得多。欧洲并无仍活着的有袋动物，负鼠和袋鼬只生活在澳大利亚和美洲大陆。居维叶刚开始向欧洲介绍灭绝这一概念，人们仍可能对此现象持怀疑态度，毕竟过去居维叶只发现了一些证明力度不够的化石。但这次，如果他对这些新的石灰夹板的看法是对的，那么怀疑论者就很难再质疑了。

然而，居维叶对他的预测信心十足，因为他坚信这种动物的身体结构并非东拼西凑而成。他认为，每一个生物都有自己独特的生活方式，而身体的所有构造都与之相匹配。鼹鼠的反铲手和厚实的头部并非巧合——均是挖掘地下隧道所必需。而且由于动物们的一致性太强，牙齿即可作为其缩影。"每个有效组织的生物都形成了一个完整、独特而封闭的系统，其各个部分之间相互呼应，"居维叶写道，"总之，从牙齿的特征就可以推导出髁突的形成，进而肩胛骨直至尾骨，就像一个曲线方程可以决定其所有属性那般。"

当然，居维叶并不知道负鼠的曲线方程式，但他可以通过研究身体各部分如何相互关联来进行更好的了解。借由足够的观察，博物学家或会愈发清楚背后所隐藏着的物理和数学定律。居维叶非常想把解剖学提升到与这些学科一样的理论高度，让它不仅仅是一种文雅的收藏癖——他特别想用他所谓的负鼠来一展风采。无需其他，仅凭牙齿就预测其身份来历，他在完成工作之前将见证人带进了他的房间。"这项手术是在有见证人的前提下进行的，且我事先便向其预测了结果，"他写道，"目的是向他们证明我们的动物学理论的严谨性，因为要使一个理论真正可靠且得到公

　　　　　　　　　　　在水一方：生命的演化

认，它得具备对其规律的预测能力。"

居维叶凿开石灰石，沿着动物的身体往下看。他发现了13根肋骨，然后是连接到一起让生物能爬树的肱骨，以及背部的6块腰椎骨——所有这些都完全符合此动物乃负鼠近亲的说法。但为了让那些油盐不进的怀疑论者闭嘴，居维叶将这些骨头放在一边。众所周知，有袋动物有育儿袋，且由动物骨盆前部的两块突骨进行支撑。居维叶化石中的骨盆是朝下的，于是他开始用锋利的钢尖往石板里挖，见证者们无疑震惊了，因为他破坏掉这块价值连城的化石的一部分脊椎，才到达正面。他不停地挖掘，撕开骶骨和尾部，直到骨盆前的石块上并排出现两根斧状的骨头。

"没有哪种科学是不能成为像几何学那样的，"居维叶在其袋骨化石旁边宣称，"最近，化学家已经为他们的学科证实了诸多推论，我希望不久之后人们也能承认解剖学家可以做出同样的事情。"

差不多两个世纪后的当下，古生物学家并不像居维叶那般自大。动物的身体并非由它的某些功能公式所产生，它是其演化史的产物，虽然相关的进展和胚胎发育的限制或使其具有一定的连贯性，但有些化石动物与现今存活的所有动物都不一样，而另一些看似是诸多生物随机拼凑而成的。即便是在当下，牙齿依旧像指纹那般在分类学上起着举足轻重的作用，至少对哺乳动物来说是这样。当我们出生时，骨骼还未成形，除牙齿外，软骨必须固定并融合，伴随着我们的成长而变得厚实。一旦婴儿颌骨中有了牙尖、牙隙和牙根，形状便会保持终生。如果古生物学家只发现了一根股骨或肋骨，通常无法对其主人做出太多的推断，然而如若他们找到了一些破裂的、风化的珐琅质，找到了数千万年来一只落单的哺乳动物死后所留下的唯一一根骨头，他们便可宣称那是老虎、树懒、负鼠，抑或原始人——当他们这样做出判断时，便像极了居维叶附体，仿佛穿越到当年巴黎博物馆中，越过居维叶的肩膀看着仍然封存的石灰石板，自己已然成了一个也可以预知的魔法师。

从一开始，鲸的牙齿便已在帮助引导着古生物学家去了解其真实历史。1832年，也就是居维叶去世的那一年，住在费城的美国哲学学会会长收到了一封信和一个盒子。这封信来自路易斯安那州一个自称布莱法官的人，盒子里有一块三四十斤重的岩石，形状和大小都好似一个小型火药箱。布莱写道："对于一个在路易斯安那州最偏远的森林中度过他生命最后30年的人来说，指望他会写出一本科学传记是不现实的。在此漫长的时间里，他的一生全都奉献给了农业。"相反，他只是简单地描述了考德威尔堂区沃希托河沿岸的一座曾发现过贝壳化石的小山。"大约三年前，在经历了长时间的阴雨天气之后，靠近河流边上的那部分山丘发生了坍塌，因而露出了28根这样的骨头，这些骨头在此之前一直被大量的泥土覆盖，厚度有十来米。据住在这个地方附近的人所述，刚看到这些骨头时，它们排列得整整齐齐，有一定的弧度，一节节的，中空且有一百来米长。那人还提到，许多骨头被用作壁炉中的柴架而毁掉了，为免继续遭殃，我挽救了其余的骨头。如果我有幸对这些骨头的归属发表意见的话，我敢说它们是海怪的一部分。"

化石落到了理查德·哈伦（Richard Harlan）博士手里。作为当时美国为数不多的古生物学家之一，他是小号的理查德·欧文爵士。和欧文一样，他是一名外科医生，在费城救济医院工作，不过他在生理学、地质学、动物学和比较解剖学方面也很有天赋。在有新事物出现时，他尽己所能对其进行研究。当一位杂耍演员抵达费城吹嘘他可以治愈响尾蛇咬伤时，哈伦通过对其进行实验来验证他的说法是否属实。他让那个杂耍演员的响尾蛇去咬小狗，看到其中只有一只死掉；他也看到杂耍演员自己被咬，同时服用了其秘方药水。这个演员出了点儿汗，但还是活了下来。哈伦由此得出结论，不是秘方多神奇，而是这条蛇的毒性并不高。当动物的遗骸被带到美国哲学学会时，无论是秃鹰、猩猩还是猛犸象的牙齿，哈伦均对其进行了描述。他查验了发现于密西西比河河口并被认定为巨海蜥的一具骨骼，通过仔细观察，他认定这实际上是一头抹香鲸。

哈伦是一个谨慎的居维叶派学者，对于灾变论深信不疑。灾难摧毁了地球上的旧民，新的生灵取而代之，不过他认为"在物种与物种之间，大自然已经划出了一条时间无法改变，人类的诡辩也无法将之抹杀的界线"。他看着布莱法官在路易斯安那州所发现的巨大椎骨，就像居维叶那样，试图用其重塑整个动物。哈伦断定椎骨来自某种已灭绝的巨型海洋爬行动物的脊椎骨，长约30米。"如果将来得以发现这种爬行动物的四肢、颌骨和牙齿并能够证实我的判断，"他写道，"我猜它会有个广受欢迎的名字，那就是龙王鲸。"——换句话说就是，爬行动物之王。

就在1835年哈伦将布莱的化石成果付印之际，南方发现了更多的骨头。在亚拉巴马州，另一位名叫约翰·克里格（John creagh）的法官，在其种植园的石灰岩中发现了巨大的骨骼，岩石非常坚硬，他不得不炸开这些化石。当哈伦看到克里格那骨骼时，他意识到其中某些与布莱的化石十分吻合。克里格还设法在同一块爆炸的岩石中找到了肋骨、巨型肱骨以及还残留着几颗牙齿的下颌。每颗牙齿都有土豆般大小，但它们的多样性让哈伦不由得陷入沉思。这些牙齿有些很是狭长，远后方则粗短。哈伦知道海洋爬行动物的牙齿和所有爬行动物的牙齿一样，都是一致的，而只有哺乳动物的嘴里有着不同样式的牙齿——臼齿、前臼齿、门牙。然而，尽管龙王鲸的牙齿种类繁多，但它的下颌长而中空，就像海洋爬行动物的下颌那样，所以他仍坚持了他之前的说法，对其所做出的唯一改变是，推测这种爬行动物实际上有45.7米长。

当龙王鲸的消息传到欧洲时，它立马被卷入了另一组哺乳动物牙齿的争论之中。居维叶在1804年发现的负鼠来自新生代的最早期，即距今6 500万年的时候。所有人都认为，哺乳动物最早只能追溯到新生代。在之前的中生代，仅有的脊椎动物是爬行动物和鱼类。当拉马克派演化论者看到这一模式时，他们颇感欣慰：

在水一方：生命的演化

这表明哺乳动物只是脊椎动物最近经历的转变。但在 1812 年，一种原始哺乳动物的颌骨出现在英格兰斯通斯菲尔德的一块中生代石板之中。这种哺乳动物与恐龙并存，没有亲缘关系，并且独立出现的观点，正是彼时拉马克派演化论者所不愿听到的。那些岩石无疑是中生代的，并且演化论者也无法否认斯通斯菲尔德的那下颚是来自哺乳动物的，因为它们的牙齿毕竟有些不一样。当哈伦向世界展示这个满口各式各样牙齿的爬行动物龙王鲸时，演化论者突然发现，斯通斯菲尔德的这个动物一定是龙王鲸的近亲，因此也是爬行动物。中生代又回归到了没有哺乳动物的原有样子。

1839 年，拉马克派邀请哈伦到伦敦的一个地质学会议上发言。哈伦本人并非演化论者，他很有可能对自己所被划入的阵营并不知情，也不知道为什么在抵达英格兰时，欧文在见到他后会如此高兴。欧文刚从肺鱼、黑猩猩和鸭嘴兽的研究工作中抽身出来，近年来一直在试图扫灭拉马克的气焰。当他看到斯通斯菲尔德的颌骨时，他看到了哺乳动物，并决心消除先前将其与爬行动物联系起来的观点。哈伦到达伦敦后，欧文让他在龙王鲸牙齿上放宽心。

几周后的会议上，欧文登上了讲台。那些哈伦认为是海洋爬行动物的特征被欧文直接无视了。在抹香鲸身上也可以很容易地找到一个长而中空的下颚。椎骨末端略有凹陷，更像哺乳动物而非爬行动物，并且它们中心的宽孔——由脊髓贯穿始终——与鲸的形状相同。但对欧文来说，最重要的是它的牙齿。他对其进行了细致的研究，甚至将其切开成一系列薄片，置于显微镜下观察。虽然有些前牙只不过是简单的尖牙，但每对后牙在中途融合并嵌进一对牙槽之中。没有任何已知的鱼类或爬行动物有类似的情况，真正的海洋爬行动物的牙齿都是独自与颌本身嵌到一起的。此外，在显微镜下，海洋爬行动物的牙齿有一个穿过规则间隔同心环的普通细裂管。但龙王鲸与海洋哺乳动物有着相同样式，即表面有一层薄薄的护蜡层，下面有着起伏的细管。依据他对牙齿和其他骨骼的研究来看，欧文有意将之视为一头怪兽，不过并非海怪，而是一条蛇形巨鲸——"是哺乳动物中最为不同寻常的一种，虽然伴随地球的演变已消失殆尽"。

哈伦顺势接受了欧文对龙王鲸的新看法。他回到费城的家，在1842年的时候，他得知克里格法官的种植园里又发现了一根长达20米的脊椎，连带着一大块头骨，看起来更像是一头鲸而不是爬行动物。但遗憾的是，他于第二年去世，年仅47岁，当时，他在美国之外鲜有人知，现今听说过他的美国人也是少之又少。不过通过和欧文过招，哈伦也并非全无所获。为了彻底抹去拉马克学派所持有的具有哺乳动物牙齿的爬行动物的看法，欧文想将哈伦化石的名称从龙王鲸改成较无趣的轭齿鲸——意为轭状的牙齿。"哈伦博士，"欧文在伦敦会议上宣布，"……已经同意废除先前认为这个巨无霸是蜥蜴类的说法。"但是分类学是一门先入为主的科学，因而这具骨架仍以当初哈伦所取的名字命名。终其一生，这一巨无霸的名字屹立不倒，在这个问题上欧文也只得臣服于哈伦。

就在1832年哈伦在费城为龙王鲸加冕的时候，一家小型博物馆在密苏里州的圣路易斯开张了。25年以来，人们可以进去观看魔术和鸟类学舌；他们可以看到石棺中的埃及木乃伊、肯塔基洞穴中的印第安木乃伊、吉姆·克劳 (Jim Crow) 和兹普·科恩 (Zip Coon) 的蜡像、著名的连体双胞胎、活熊、短吻鳄，以及关于法国大革命、泰晤士河底隧道、奥斯特里茨战役的画作。

博物馆的主人是一位名叫阿尔伯特·科赫 (Albert Koch) 的德国移民。他同欧文和哈伦一样，也是位古生物学家，但没有大学或医院给他发工资。没有经营那间博物馆的时候，他一个人在密西西比河河谷四处寻找化石，跋山涉水，与疾病做斗争，吃的不过是些咸猪肉和面包。1839年，科赫挖到了一副巨大的乳齿象骨架，并将其命名为密苏里兽，还把它带到美国参展，以此补贴其发掘工作。在费城，对骨骼进行检查的科学家指出，他对骨架做了手脚，将其人为改大了——把另一头密苏里兽的十块椎骨加到了它那脊椎上，并插入木块使其变得更长。1842年，科赫并未收缩巨兽，而是前往欧洲，在皮卡迪利大街上展示这块化石，并宣称它是"至高无上的杰作，也是所有生灵中最引以为傲的丰碑"。在被欧文参观后，大英博物馆以1 300英镑的价格从科赫手中将其买下，并"还原"成合适的尺寸。

科赫清楚地知道如何处理这笔钱。受亚拉巴马州海怪的故事所引诱，他立即乘船返回美国。截至1845年1月，他在克拉克斯维尔，也就是离克里格法官炸开他那骨头不远的地方，发现龙王鲸椎骨非常常见，且在当地会被做成家具来使用，当成壁炉的支撑木或蜂箱里面的楔子。然而几个月来，科赫一直未能找到一副完整的骨架，只发现了鲨鱼牙齿和其他海洋动物骨。

3月份的时候，往返于草原布拉夫和老华盛顿法院大楼的一位邮递员注意到他正在研究其化石。他告诉科赫，他在法院大楼曾听说有条近30米长的鲨鱼化石，人们试图将其挖出来，结果发现骨骼太重，无法挪动。显然，邮递员倒还挺清闲的，因为当科赫对此表现出很有兴趣之时，他骑了六七十公里到老华盛顿法院大楼，看骨骼是否依旧还在。科赫焦急地等待他的回音。邮递员走后，来自纽约的三名男子和一名女子驻足与其进行交谈，并告诉科赫，他们也在努力寻找海蛇化石。在美国和欧洲，海蛇一直都是公众关注的焦点[1]，因为水手们声称曾看到过活生生的怪物在他们的船边遨游。亚拉巴马州的荒野中存在其骨骼的可能性是极大的。两天后，邮递员回到克拉克斯维尔，告诉科赫化石未被移动。

科赫穿越被风暴破坏的森林和充满黄热病的山谷，独自骑行

---

[1] 自古不乏海蛇神话，如北欧神话中的巨大海蛇耶梦加得，本意是"巨大的怪兽"，是邪神洛基与女巨人安尔伯达所生的三名儿女中的次子。根据《埃达经》的记载，耶梦加得是一条身型极为庞大的巨蛇，它与巨狼芬里尔、死神海拉都充满着邪恶的力量。此外，《圣经》记载，上帝创世的第六天，用黏土创造了海蛇利维坦。

在水一方：生命的演化

来到老华盛顿法院大楼。到达小镇时，他发现邮递员所指的化石并非鲨鱼，而是许多来自海怪的椎骨。科赫将其锁在了一座废弃的监狱里。一个白人男孩和一个奴隶看他在折腾骨骼，便把仍埋于地下的化石信息告诉了他。他俩把科赫带到了辛塔博古尔河边的一块田地，在那儿他看到了他梦寐以求的东西：铺成巨大半圆形的大蛇骨。

科赫花了三个月的时间挖掘辛塔博古尔的化石。在老华盛顿法院大楼附近，这些骨头比在克拉克斯维尔更为常见：人们将其用作花园大门，将其烧成石灰，将其放在烟囱里当基石，还将其当作枕头枕在上面。科赫努力地工作着，他在烈日下挖掘着手边的骨骼，这些铁制的工具时而会烫伤他的皮肤，而一个醉酒的助手也因差点毁坏了巨颌化石而被他开除。他独自工作，事毕之时，他已装满五卡车化石，这是世界上迄今为止最大的一次鲸骨搬运。

很难判断科赫是否知道龙王鲸实际上是一头鲸而不是爬行动物。与密苏里兽一起巡展期间，他到达了伦敦——此时已经是哈伦公开现身的三年后。当他在辛塔博古尔发现一个头骨时，他曾在日记中指出它的牙齿像是哺乳动物的。但即使他真的知道，他也肯定为了生意而隐瞒了真相：8月份的时候，纽约的报纸上到处都充斥着关于在百老汇阿波罗沙龙展出的约35米长的海蛇的文章，其发现者即为现今被称作阿尔伯特·科赫博士的他本人。《剖析纽约》说道："无须插上想象的翅膀，便看到了被阿波罗·皮修斯（Apollo Pythius）杀死的丢卡利翁洪水之蛇。"《纽约福音传道者》更加虔诚："谁知道它有没有见过方舟？谁知道诺亚有没有从窗户中看到它？谁知道它有没有去过阿勒山？谁知道它曾吞下多少死掉的邪恶巨兽？也许当我们触摸其肋骨时，我们正在触摸该隐在洪水中丧生的一些后裔的残骸。"

科学家可没这么好说话了。和密苏里兽一样，他们发现巨蛇的脊椎并非来自某一个生物。一些椎骨变成化石时，还很年轻，仍呈海绵状，而另一些则古老易碎。有的脊髓管很细，而另一些则与脑壳一般宽。科学家们认定科赫那化石并非一只动物，而是五只动物的化石，它们都非海蛇，而是灭绝的鲸——龙王鲸。（在后来的几年里，古生物学家将会认识到科赫实际上是把几种不同种类的鲸拼凑到了一起。）老华盛顿法院大楼的一位绅士写信给波士顿自然历史学会，说那里的每个人其实都知道科赫所声称的来自于同一个动物的骨骼，实则是搜罗完亚拉巴马大草原后拼凑的结果。纽约的报纸对科赫博士此次重大发现的严正报道引起了化石发现地的人的群嘲。"科赫博士可以像制作出35米那般轻松地做出90米长的骨架，"他写道。

科赫再次带着骨头逃往欧洲，以此回应美国人的质疑。他在莱比锡展示了这些化石，普鲁士国王威廉四世对这些化石印象深刻，他为自己的解剖博物馆买下了这些化石，并给了科赫一笔生活津贴。1848年，科赫回到亚拉巴马州，发现了更多的骨头，他将这些骨头串成一条近30米长的巨蛇并带回了欧洲。新的骨架使

　　　　　　　　　在水一方：生命的演化

阿尔伯特·科赫的海蛇在纽约展出

得人们不禁询问欧文是否相信这些巨大的海蛇仍在海中遨游，欧文感到大为光火，以至于提笔给伦敦的一家报纸写了一封信，他用了一个类比，有一个水手拿着一头象鼻海豹的骨骼，却招摇撞骗说这来自和恐龙一起灭绝的同期的爬行动物，科赫所兜售的东西早已被我欧文展示过，它就是鲸。

　　这是科赫最后一次惊扰到欧文。他在圣路易斯安顿下来，称自己为哲学教授。有时他会在田纳西州寻找铁矿或煤矿，但从不寻找化石。1871 年，他收集的骨头在芝加哥的一场大火中尽毁。但科赫并不只是被人们视为一个骗子，他也有一定的贡献。比如在挖掘密苏里兽时，他在骨头周围发现了石斧，因而首次提出印第安人曾与乳齿象共存。很久以后，他的这一观点被证明是对的。几年后，他在郁郁寡欢中去世。后来，当工人不知什么原因挖出他的尸体时，惊讶地发现尸体已然石化了。这位古生物学家自己变成了化石。世上并不存在魔法，科赫至死都在骗人——这不过是他让工人在其死后将其尸体和其收藏化石调包的结果。

　　在达尔文之前，分类学家很难给鲸一个合适的归属。亚里士多德将其单独分为一类，就像鸟类和昆虫那样，但到了 1700 年，生物学家已经认识到它实际上是哺乳动物。当达尔文撰写《物种起源》时，最古老的鲸化石与龙王鲸这样完全水生的动物很是相似，都具有现今鲸豚类动物的许多奇怪特征，以至于看不出它们是怎样从陆地发展而来的。在科赫的发现之后，在 19 世纪，人们又发现了一些更古老的鲸，它们主要出现在美国南部，但同样还出现在了基辅、英格兰、新西兰和埃及。很明显，龙王鲸有 15 米长，而其他的物种则只有 4.5 米长。总的来说，它们比当今的鲸更为像蛇一些，鳍状肢纤细，鼻孔靠近鼻部的末端，嘴里混合有多种样式的牙齿，不像现存的齿鲸那般嘴里满是一排排钉子状的齿。和今天的所有鲸一样，它们显然没有后腿，也明显只能生活在水中。大家都想知道它们是如何回到水里的。

至少在理论上，达尔文并不认为这个谜是无法破解的。"在北美，"他写道，"赫恩曾看到黑熊张大嘴游了好几个小时，像鲸那般捕捉水里的昆虫。即使在如此极端的情况下，如果不断有昆虫，且周遭并无有力的竞争者，不难看到自然选择将使得熊的生理构造和生活习性愈发适于水生，嘴巴越来越大，终至产生一个如同鲸般的庞然大物。"当时的公众都倾心于自然选择理论，因而这一猜想并未得到广泛的接受。一家报纸不以为然地说道："达尔文先生在他最近出版的有关于此的科学著作中，用了这一荒谬的'理论'——好比一只熊长着大嘴游足够的时间便长成了鲸，或者大意如此。"达尔文选择不去驳斥这种混淆视听的拉马克式个案，在《物种起源》的后续版本中，他直接无视其诸多有关鲸的猜想。

有赖于下一代的生物学家去认真探究鲸的起源，在此之中最为突出的恐怕得数英国动物学家威廉·弗劳尔（William Flower）了。弗劳尔在读到《物种起源》时年方 28 岁，很快便卷入了该书出版后的激烈争论之中。不过他并未像欧文或赫胥黎那样为了学术争议而含恨离世：他的传记让人读来如一次令人愉快的漫步。小时候，他在纸板箱和橱柜里为自己建造了一个个小型博物馆，到了21岁的时候，他已是一名医学生，曾解剖过像婴猴这样的外来灵长类动物。他曾在克里米亚战争中服役，在塞瓦斯托波尔那个惨烈的秋天及巴拉克拉瓦战役中，他所在的团大部分阵亡了，然而此番恐怖遭遇并未给他的后续生活带来明显的负面影响。

哺乳动物是弗劳尔的专长，当欧文试图割裂人与猿的关系时，赫胥黎希望弗劳尔能对此进行探究。在观众席上，弗劳尔甘愿看着赫胥黎用其佐证发动连番狂轰，仅有一次他引起了广泛关注。在1862年的一次科学会议上，欧文如他先前一再提及的那般说道，人类的大脑中有一种叫作海马体的结构，这是包括大猩猩在内的其他动物所不具备的。赫胥黎说欧文讲得不对，并向观众介绍了弗劳尔在一些灵长类动物身上亦发现了海马体。两人僵持在那里，直到弗劳尔从座位上站起来。"我的兜里恰巧有一个猴脑，"他宣布。看一眼，问题就解决了。

那时弗劳尔已接过欧文在亨特博物馆所担任的旧职，正如他的前任那样，他在动物园里解剖了一批动物。他是第一个窥见熊猫内脏的科学家。他还剖析了海牛、黑猩猩、缅甸象、苏门答腊犀、树懒、犰狳、吼猴、红狼和麝。但弗劳尔从未在探险之旅中亲自发现过新的哺乳动物，甚至从未推动过某种动物学范式。"没有一项划时代的发现或泛论能跟他的名字联系到一起，"正如他的传记作者小心翼翼地说的那样。

弗劳尔在动物研究之外还做了许多的事——他反对屠宰鱼鹰

在水一方：生命的演化

以取其羽毛来装饰帽子，他反对杀死宽吻海豚以获取保持时钟平稳运行的润滑油。他认为人们应该停止将死者埋在密封棺材中的不健康做法，取而代之的是应将其给火化掉。他斥责烟草、紧身胸衣、缠足、高跟鞋，以及邮局寄一封重的信件比寄一本书还贵的现状。自然选择的行径可是吓坏了欧文，而对于家中遭受了一系列变故的达尔文来说，上帝和自然的残忍程度是一样的。然而，弗劳尔将演化有机地融入了他自满的维多利亚式的生活中。他得出的结论是，像他这样的高加索人在生物学上优于其他"适应性不佳"的民族，而后者终会灭绝。在他们灭绝之前，弗劳尔认为科学家们至少应该收集一些他们的骨头进行研究。作为一名基督教演化论者，他也未感困扰。欧文关于原型的概念，一个随意想出来的七鳃鳗状的生物，并未给造物主带来荣耀，不过生命所揭示的简洁、优雅的法则却能。有一次，弗劳尔对焦急的听众们说道："如果一连串本应约束自然行为的小奇迹，不再让当下的我们满意，我们难道不该用一种出奇的宏大来替代它们吗？"

弗劳尔的一些最重要的哺乳动物工作是关于鲸的。每当听说有鲸搁浅时，他都会赶到海边，在他的骨骼笔记本上描绘其尸体，有时还会把它的骨头运回伦敦。他发现生活在巴西、印度和中国河流中的海豚都是同一个科。他将鲸目动物的分类重新进行划分，将之分为齿鲸类和须鲸类。在职业生涯即将结束之时，他对其起源进行了很多思考。像龙王鲸这样的鲸化石，由于早已是水生的了，对他而言帮助不大，但如果方法得当，简单地将现存的鲸跟其他哺乳动物进行比较，或是可行的。"在动物王国中几乎没有任何地方能看到如此之多的案例表明着那些残存的、明显毫无用处的生物体征一直都在，这些奇妙而具有启发性的现象乍看似是无穷无尽的谜题，令试解其意的人灰心丧气甚至一度绝望，而如今它们则重回演化舞台的中心，如照亮前程的灯塔一般，使人类得以了解生物一路走来的满布荆棘的道路。"

弗劳尔所面临的挑战是该如何进行抉择，是选某些早期的拉马克主义者的观点，即鲸是所有哺乳动物的水生祖先，还是认同达尔文所说的，它们的祖先生活在陆地上？哺乳动物通常是毛茸茸的，但鲸那滑滑的皮肤上除了气孔或下颌周围有几根毛发外，通身光秃秃的。尽管鲸多半闻不到气味，但气孔仍像陆地上哺乳动物的鼻孔那般与主气道相连。虽然弗劳尔认为鲸肯定是聋的，因为听道实际上已经被堵住了——"就像是用大头针戳出的一个洞"——但它们仍有哺乳动物的耳骨。它们的鳍实际上是被束住的带手指的手臂，在身体后部的鲸脂深处，也有些骨头和软骨。在某些物种中，其中两块骨头像结合在一起的髋骨和股骨那般。在所谓的股骨的远端是一个液体囊，是膝盖演化不见后的残存。甚至这些废弃骨头周围的肌肉也允许和限制不同的运动，就像马后腿周围的肌肉那般。

弗劳尔总结道，某些有四肢、胎盘、毛发、牙齿和中用的鼻子的普通陆生哺乳动物演化成了鲸。像龙王鲸这样的古代鲸正是我们所期望的这些生物的早期水生后代：它们的头骨很小，鼻孔靠近鼻子的前部。虽然现今的须鲸嘴里有鲸须，而齿鲸有一排排整齐的牙齿，但早期的鲸混有大臼齿、前臼齿和门齿，就像我们在陆地上的哺乳动物嘴里所看到的那样。

弗劳尔四处寻找通向大海的谱系。他怀疑海豹或是鲸的近亲，尽管海豹是半水生的。海豹没有像鲸那样能上下甩动的一条巨尾，甚至都算不上有尾巴，而只是将其后腿从一边甩到另一边。已经以此方式游泳的动物谱系似乎不太可能产生由脚部退化成尾的后代。弗劳尔认为，鲸的祖先或是看起来像水獭和河狸那样有着大尾的一种半水生哺乳动物。在肝脏和肺部的一些细节上，解剖学家已经发现鲸和有蹄类哺乳动物（被称为有蹄类动物）之间的相似之处，因而人们给鲸起的名字是各式各样的海猪，也就算不上离谱了。

"我们可以得出结论，"弗劳尔写道，"通过想象一些原始的、普遍存在的、出没于沼泽且毛发很少的动物，就像现代河马那样，但它们有条大的、可游动的尾巴和短的四肢，它们是杂食性的，水生植物与贻贝、蠕虫和淡水甲壳类动物什么的都吃。它们逐渐变得越来越适应，占据着水中那与世隔绝的边缘地带，因此逐渐变成海豚般的生物，栖息在湖泊和河流之中，最终以某种方式步入海洋。得益于各种温度和气候条件，加上丰富的食物供应，对天敌几乎完全免疫，以及无限广阔的活动空间，它们经历了鲸类现今所经历的种种变化，并逐渐长成我们所看到的巨型模样，然而这并不总是这类动物的特征。"

弗劳尔以一个警告来作为结束语："但请记住,这只是猜测,可能会,也可能并不会被随后的古生物学发现所证实。"这一预见将在一百多年后被证实,而今日的古生物学家回望过往之时,会觉得弗劳尔仿若先知。

"鲸是海猪"的提法销声匿迹了。动物学家不再怀疑鲸是某种四足哺乳动物的后代——如需更多证据,可翻阅下温哥华岛的捕鲸者报告。该报告称,1919年,温哥华岛捕鲸者杀死了一只雌性座头鲸,发现其侧翼到尾部有着一条半米多长的残肢,从外面看,它像是一个被搁在小山上的棒球棒,剖开后发现是一堆骨头和软骨,在体内有1米多长。动物学家检查时,软骨已经萎缩了,但他们仍然能够辨认出这些骨头与哺乳动物腿骨,如股骨、胫骨,以及某部分踝与足之间的同源性。不,弗劳尔猜想的问题点在于,最早的鲸显然是个捕食者,有着巨大的尖齿,而所有现今的有蹄类动物的牙齿则更多地被用来嚼磨植物。随着20世纪的到来,更多的早期鲸化石被发现。弗劳尔将其命名为古鲸,其历史可以追溯到4 300万年前。最早的古鲸都非常像龙王鲸,而这三类鲸,也就是古鲸、齿鲸和须鲸,与陆地上的所有哺乳动物几无任何相同之处。

虽然在20世纪的大部分时间里,鲸是如何演化回海的仍不为人知,但古生物学家同时设法勾勒出整个哺乳动物的历史。当脊椎动物初次上岸时,它们只是陆地上的小角色,到了3.2亿年前,三大脊椎动物世系已然出现并持续至今,包括我们人类源自的下

在水一方:生命的演化

孔亚纲。最早的下孔亚纲与当时活着的其他脊椎动物并没有太大的区别，它们是有着鳞片、长着尖牙、听力不好、冷血、脑袋很小的爬行的动物。然而，它们已经有了成为我们血亲的特质。例如，下孔亚纲动物的每只眼睛后面的头骨上都有一个洞，其边缘与附着在颞部的颚肌相贴合。同样的孔在后来的下孔亚纲动物中仍然存在，位于颧骨里头。咬紧牙关，你会感到穿过这个孔的肌肉在你的头发下形成了一个凸起脊。你感觉到的是3.2亿年前便有的样子。

我们经常猜测哺乳动物是从之前的恐龙那里继承了世界，但这是一种狭隘的历史观。我们的下孔亚纲祖先实际上是最早成功生活在陆地上面的脊椎动物。到了2.8亿年前，它们占脊椎动物种类的近四分之三。当中的一些分支演化出了植食的能力，成为食草热潮下的众多跟风者之一，就像披甲牛在灌木和小树上觅食。其他的牙齿像铁耙一般，成为其他四足动物的负担，就像今天的科莫多巨蜥一样。数不清的下孔亚纲动物几经起落，现在就像它们的名字那般晦涩难懂，充满异国情调：卡色龙科、蛇齿龙科、丽齿兽亚目、文务科维亚兽下目。然而，在下孔亚纲的演化树分支图中，我们可以看出哺乳动物身体的雏形是在1亿年的时间里逐渐演化形成的。如同前文提到的肉鳍鱼头部的演化经历，这些哺乳动物先驱们的身体结构发展亦是如此，这些特征是相互关联，而不是独立发生的。

下孔亚纲开始以一种新的方式进食。它们没有吞下整个动物或咬下一口肉，而是改变其下颌、肌肉和牙齿，这样它们就可以在嘴的前端将肉切碎并在后端进行咀嚼。在有些分支中，它们用此咀嚼方式来吃植物。这样的好处是巨大的——进入它们胃部的食物被很好地磨碎，这样它们的内脏便可从中汲取更多的营养——但为了获取这些，下孔亚纲同时还必须改变其呼吸模式。最早的脊椎动物的鼻孔通向嘴的前部，因而它们在进食时不得不屏住呼吸。短暂地屏住呼吸对于它们来说不是什么问题，因为只是吞咽食物。然而，下孔亚纲咀嚼需要更长的时间。随着咀嚼器官的演化，下孔亚纲的鼻腔通道移到了嘴的后部，这样它们便可一边呼吸一边进食。

演化也让它们得以从限制之中解脱出来。最初的下孔亚纲像蝾螈或蜥蜴一样左摇右摆，先向前摆动腿再落脚，并利用两侧的肌肉弯曲成S形以行进。然而，下孔亚纲也需要同样的侧腹肌肉来让肺进行张闭。因此，它们不仅进食时要屏住呼吸，走路的时候也得屏住呼吸。但是数百万年来，下孔亚纲的肩膀和臀部发生了变化，它们的腿可以在下方稳定支撑身体，而无须再贴地匍匐。它们的肋骨变成了坚硬的宽栏笼子，脊椎骨也变得更加坚固，以防止身体弯曲。这些变化避免了左右摇摆，下孔亚纲开始能够小跑，自由用腿并解放背部。它们用于呼吸的肌肉也无须再参与运动过程，可以随意地在奔跑时使用肺，从而有了稳定的氧气供应，这使它们可以进行更远、更久、更快的旅行。

在骨骼发生变化的同时，下孔亚纲的生理机能也在发生变化，变得更加活跃。它们可以将更多的分子泵入和泵出细胞，燃烧更多的食物来获取能量并制造更多的蛋白质。而且由于增强其耐力的化学反应顺带着会产热，它们的身体变得暖了起来。长出毛发之后，可锁住逸出的热量，并且能够生活在寒冷的气候下，在那儿它们可以不用冬眠也能越冬。它们还变得能够夜行了。因此，这种朝早先哺乳动物的演化是应对不同选择压力的产物。没有增强新陈代谢的生物没有理由演化出跑步的步态。与此同时，任何对持续跑步的微小推动都会促进这些新陈代谢，因为它会让下孔亚纲运动更远并找到更多食物。

最早的下孔亚纲或只能听到微弱的嗡嗡声：强烈的振动可能会传入颅骨，但此时镫骨的主要作用依然是固定脑壳而无法对声音做出反应。随着时间的推移，下孔亚纲头骨自身融合了起来，或抵达其下颌后部的声音现在可使镫骨振动。随着下孔亚纲演化出通过下颌听声的能力，听力变得更为敏感起来。早期的下孔亚纲下颌是由一系列骨骼组成的：牙齿固定于被称为齿骨的大骨上，齿骨在后部与一组和头骨接触的较小骨骼进行融合。随着下孔亚纲演化出更为强劲的咬合力，齿骨变大，而其他骨头则变小且连接越发松散。当它们被重排时，这些对于打开下孔亚纲的嘴来说仍然是必不可少的额外颌部骨头，开始与镫骨发生联系。任何有可能产生的振动都会通过它的"转述"进入耳朵。

大多数下孔亚纲动物都是在白天更加活跃，但大约2.4亿年前，有一种像鼠那样的小家伙专门在夜间捕食。由于它们在伸手不见五指的夜间活动，就得从眼睛、鼻子和耳朵中获取到更多信息，为此，它们需要更大的大脑。当长成胚胎时，它们的脑袋比以前膨大得更快、更长，而且大部分额外的组织变成了新皮质，即脑袋的外壳，专门用于接收和整合来自感官的信息。膨大这种最为直截了当的发育变化由古尔德恰合时宜地提了出来，由此产生了一项根特·瓦格纳所钟爱的发育碰撞。膨大的脑袋被推到下颌松散的后骨位置，然后继续推进，压制此处的骨头直到不留一丝痕迹。下颌现在只有牙齿了，它与头骨一起形成了一个新的关节（颌关节），而被"排挤"的颌后骨现在只能"另谋高就"，它们缩小成了哺乳动物中耳里的精巧砧骨和锤骨，小到可以对高频声音做出反应并振动。这些新类型的信号给生物中枢神经系统的"算力"带来新的挑战，那些大脑较小的动物已不堪其扰。但早期的哺乳动物有足够的处理能力并将之重构成对客观世界的反映，它们不再仅依赖源自祖先的反射性反应。演化史上第一次有了目标和其对应的标签，即意识。

尽管所有这些演化看起来都令人印象深刻，但最早的哺乳动物目睹了创造它们的下孔亚纲王朝的覆灭，其中大多数支系都已灭绝了。到了2.2亿年前，另一类脊椎动物出现了，从爬行动物变成了直立的奔跑动物。它们一开始只是小型的两足食肉动物，但很快它们演变成一系列的，从四足长颈食草动物到十来米长的食肉动物。它们是恐龙，统治了地球长达1.5亿年之久。在海洋中，蜥蜴的近亲——长颈蛇颈龙、箭鱼形鱼龙等——长到二十来米长。被称为翼龙的恐龙近亲长到了小型飞机的大小，在沙漠上空滑翔或从海洋中抓鱼。

　　古生物学家仍在争论，为什么霸王龙、禽龙、三角龙以及其他大型恐龙的后代仍未将哺乳动物逼上绝路。从某些方面来看，许多恐龙谱系在6 500万年前结束的白垩纪末期逐渐凋敝。气候变冷，海水退却，也许恐龙无法适应这些变化。（相较之下，鳄鱼、蜥蜴、蛇、鸟类以及大多数鱼类和鲨鱼以很小的代价便安然度过。）不过，几乎可以肯定的是，白垩纪时期在宇宙的一声叹息之中宣告终结：一颗直径16千米的小行星或彗星掉落到尤卡坦半岛，将硫酸盐和二氧化碳排放到空气中，还可能使北美大部分地区都着了火。大约在同一时间，在地球的另一边，印度的火山喷发，其带来的火山灰总量足够把阿拉斯加和得克萨斯州覆盖上400米，并向大气中释放持续数百年的，对生物来讲是致命的毒气或毒雾，它们也终将进入海洋。虽然此刻的某些生物种群或已衰落了数百万年，但白垩纪的晚期确实给许多物种带来了宛若世界末日般的灭顶之灾，尤其是对于在海洋中的生命而言。

　　一些哺乳动物在这场灾难中幸存了下来，此时它们与其先祖大不相同。它们可以给幼崽喂奶，这意味着其后代有更大的概率存活下来。一些哺乳动物，如鸭嘴兽及其近亲，仍是卵生，但在更新的世系中，胚胎及其羊膜仍留在母亲的子宫中。在有袋动物中，幼崽爬进了育儿袋，而在胎盘哺乳动物中，幼崽一直待在子宫里面，直到出生前的那一刻。在无毛恐龙灭绝之后，胎盘哺乳动物才开始有了分化，最早的灵长类动物看起来与树鼩没有太大区别，大象与马的祖先区别不大。但是哺乳动物正以惊人的速度涌现出了诸多新的形式，正是在这个大爆发期的某个时候，在某地出现了鲸。

在20世纪的大部分时间里，许多古生物学家都猜测鲸是陆地上某种食肉哺乳动物的后裔。第一个暗示事实并非如此的证据，不是来自它们的骨骼，而是来自其细胞。正如基因突变可以重塑骨骼一样，它们也会改变氨基酸突变从而影响蛋白质的结构。突变是随机的，可能有害，也可能有益，如某个将产能蛋白弄得支离破碎的突变可能会让动物陷入濒死的境地，而另一个突变或会使得某个蛋白质变得更为高效，但大部分突变对蛋白质功能几乎没有影响。氨基酸变异可以在各个位置发生并偷偷"游荡"，但随着一群动物开始从其他物种中分出来，这些积累的突变便成了"显学"，使它们成为可以区别不同物种的专属蛋白质。

1950年，罗格斯大学的生物学家使用蛋白质来找寻鲸在哺乳动物中所处的位置。他们从长须鲸和小抹香鲸以及各种其他哺乳动物（如郊狼、奶牛、穿山甲、大象、捻角羚、刺猬和疣猪）中提取了一种血液蛋白，然后将一点鲸蛋白注入兔子体内，兔子的免疫系统会通过集结抗体来做出反应，这些抗体可以紧贴这些外来分子并通知杀伤细胞进行攻击。生物学家随后分离了兔子的血细胞，只保留含有特异性"兔抗鲸"蛋白抗体的透明血清。如果他们再将鲸蛋白添加到这种血清中，抗体就会包裹在它们周围，会使

　　　　　　　　　　　在水一方：生命的演化

血清变得混浊（在诊断技术中，称为免疫比浊法）。这种免疫反应是非常特异的，添加其他哺乳动物的蛋白也会引起反应，只是反应相对温和。故这个物种离鲸越近，它们的蛋白越相似，这个反应就越强烈，即因为较好的结合效果而更加浑浊。研究人员发现，兔血清对大多数哺乳动物蛋白的反应并不会像对鲸蛋白的那般强烈，但牛蛋白则会使血清变得混浊。这表明这些有蹄类动物的蛋白相较其他哺乳动物的蛋白，可能更接近于鲸。至少就上述兔子的例子而言，弗劳尔是对的。

然而，与任何现有的动物相比，无论做得多么精细，都无法讲述出鲸的完整历史，因为太多的中间环节已消失殆尽。只得有待于古生物学家像居维叶那般对鲸牙进行细致入微的研究。1966年，当时在美国自然历史博物馆工作的研究生利·范·瓦伦（Leigh Van Valen）正在对恐龙灭绝后的两个时期（即古新世和始新世）的食肉哺乳动物的分类进行梳理。古生物学家通常将许多这样的哺乳动物放到两个目里面，即肉齿目和踝节目。肉齿目是当时的有爪捕食者，并且古生物学家接受了真正的食肉动物——猫、狗和当今的其他捕食者——都是从这个目中的某个未知成员演化而来的。踝节目包括了当今有蹄类动物的有蹄祖先，包括偶蹄目，如猪和牛，以及奇蹄目，如犀牛和马。如它们后代那般，踝节目是大小模样各异的食草动物。虽然今天很容易区分大象和狮子的骨骼，但这些早期的哺乳动物远没有那么异化，令人难以分辨。事实是，肉齿目和踝节目好比是两个垃圾桶，但凡搞不清楚的化石，古生物学家就会将其投入这两目中。

范·瓦伦是最早在此番分类中进行细致钻研的古生物学家之一。他的一项最为非凡的成就是给一群已灭绝的哺乳动物（被称为中爪兽、中兽或者钝肉齿兽）找到了其在分类学的位置。古生物学家将中爪兽归入肉食的肉齿目中，因为它们有着巨大的尖牙。但即便在像肉齿目这样宽泛的类别中，中爪兽也显得不伦不类，因为它们的腿看起来更像有蹄类动物的蹄子，而不是抓东西的爪子。范·瓦伦认为，它们的真实身份藏在其牙齿之中，看起来就像是踝节目的牙齿。踝节目的牙齿很是复杂。例如，它们的第一颗上磨牙由一个由脊连接的三角形尖牙组成，沿着边缘处还分布有更多的尖牙，所有尖牙依次被凸起的外环所包围。这种牙齿非常适合像多个小夹子那样夹住树叶或草等难咬的食物，并随着下颌的活动慢慢地将其撕下来。许多现存的有蹄类动物——从具有这种牙齿的哺乳动物演化而来——在演化过程中已将这种结构做到了极致：它们所有的牙齿现在看上去都像是臼齿。

范·瓦伦认为，中爪兽也是食草踝节目的后代，但它们的演化路线与有蹄类动物截然相反。让我们来好好端详下牙齿：踝节目走的是简朴风，而现今的有蹄类动物则是一派洛可可风①，中爪兽可谓是两者的混搭。例如，在其第一颗上磨牙中，它们保留了一

① 洛可可风格是一种具有粉嫩柔软风格的装饰、室内设计和艺术风格，它结合了不对称性、曲线、雕刻和视觉陷阱手法，能在静态的物品中创造一种运动感。

　　　　　　　　　　在水一方：生命的演化

个三角形的牙尖，但去掉了脊、凹凸不平的环和额外的牙尖。简化后的牙齿可用以切肉，但它们再也不能用这些牙齿磨碎食物了。如果你想把一只山羊改成猎食动物，就得把它的牙齿改成这样。

与此同时，范·瓦伦一直在琢磨当时已知最早的鲸的牙齿，他发现它们尤其像中爪兽的牙齿。如果你抬起中爪兽臼齿的外齿尖并用砂纸打磨内齿尖，就可以将其置于古鲸的嘴里且毫不违和。范·瓦伦还指出中爪兽和鲸头骨后部的一些孔洞很是相似，但正是牙齿——那些牙纹——让人们认为他可能发现了其中的蹊跷。从远处看，中爪兽与鲸，恰如汽车与潜艇，要找出它们的共同点谈何容易。然而尽管如此，中爪兽仍然成为鲸在陆地上最为近缘的动物候选之一——后被证实是唯一。

范·瓦伦现在是芝加哥大学的教授，他离开美国自然历史博物馆已有30年了，但不时有年轻的古生物学家回来研究该博物馆收藏的来自蒙古和怀俄明州的中爪兽。其中一位名叫莫琳·奥利里（Maureen O'Leary），我拜访了她，并和她一起穿过哺乳动物化石馆。当范·瓦伦在博物馆工作时，大厅就像失忆般阴沉，但现在窗户已经打通了，中央公园上空的苍白天空照亮了它的墙壁。孩子们停下来敲打镀钢电脑，然后跃入恐龙馆。电视屏幕上播放着奔跑的瞪羚，从扬声器传出的座头鲸的尖叫声在耳边萦绕。我们停在了一个陈列在玻璃柜里的中爪兽前。当奥利里指着头骨和齿角时，她低沉的嗓音伴随着没完没了的咳嗽，她可是咳了6个月，她曾在纽约大学教医学生大体解剖学，这可能与其长期接触那保存人类尸体的福尔马林有关——在那学术不景气的时代，这是古生物学家的一项常见工作。"人体解剖非常有趣，但你同时要承受呼吸系统方面的损伤，"她自嘲了一句。

在中爪兽的展示中，有一幅查尔斯·奈特（Charles Knight）在世纪之交的精美画作。"那是钝肉齿兽，"奥利里说。钝肉齿兽在始新世期间生活在怀俄明州，奈特画的是它在正享用的尸体上咆哮。这张照片唯一奇怪的是，这只动物的后腿像巴吉度猎犬一样歪向一侧。"我不知道它为什么看起来会这么奇怪——看起来像是在拖着后腿，"奥利里说。也许奈特试图迎合其为食腐动物的提法，并故意给它搭了一个矮小的鬣狗（大家都认为它跟中爪兽很是相似）后半身。奥利里不是很确定。"我不知道，"她说，"对我来说，这似乎是有意而为之的。"

奥利里的怀疑在中爪兽研究中并不是什么新鲜事。他们不想将其归入现有动物的范畴。对中爪兽最早的一项描述是爱德华·科普（Edward Cope）做出的，他在1884年尽最大努力用英文对现称为厚中兽的动物进行了描述（此番描述后被证明是完全错误的）：

> 前肢比后肢短得多，以至于这种动物在陆地上通常采取坐姿。走路时，它的高臀和低肩使它有点像一只巨大的兔子。它的脖子和普通的狗一般长。它是跖行的（足底平放在地上），爪子与各种啮齿动物的类似，介于蹄和爪之间。从它的水獭般的肱骨来看，这种动物很擅长游泳，尽管从其四肢的其他骨骼

中看不出它有任何特别适合水生的迹象。另一方面，它的牙齿像哺乳动物那般构造简单，它主要以鱼类为食。我们不得不将这种动物视为始新世时期最奇特的哺乳动物之一。

奥利里带我离开公共大厅，来到博物馆那如迷宫般深藏的储藏间和办公室。她的办公桌藏于博物馆的哺乳动物化石柜中。她的电脑显示器上放着一颗新发现的中爪兽的臼齿，是樱桃色的。居维叶不会愿意研究中爪兽：尽管它们的牙齿类似，但很难搞清楚中爪兽这一大类究竟包括什么，因为它们彼此之间如此不同。为了说明这一点，奥利里拉开她办公桌旁边的橱柜抽屉，拿出糖勺大小的下颚。它们属于一种叫作软中兽的动物，尽管它或许很小，但它的牙齿结构与大它20多倍的中爪兽非常相似。

为了让我了解中爪兽能长到多大，奥利里走到一个敞开的架子前，把一个用纸板和铝箔制成的碗状物进行倾斜，里面是一个倒置的颅骨顶部，太大了，以至于如若我们俩想把它拿出并翻过来都属高难度动作。从上颌的角度来看，我可以看到将手肘深入这种动物的长嘴绝非难事，而它如果活着，此时趁机用其巨牙将我的手肘搞断也是轻而易举的。还没人找到这种可怕的名为安氏中兽骨骼的其他骨头，但一些古生物学家认为它可能有三四米，相当于两只狮子连起来那么长。如若这样的话，它将是有史以来最大的食肉哺乳动物。看看它的牙齿，你会觉得这就来自那只老鼠般大小的软中兽，只不过是加大版的。

如此迥异的物种，使得像奥利里这样的研究人员很难将中爪兽妥善地安放在分支图的叉上。他们同意中爪兽是有蹄类动物，但他们还不确定它们是更接近于偶蹄类还是奇蹄类。他们也未就中爪兽之间的关系达成一致，它们甚至可能无法形成一个自然群体，也并未都来自一个共同的祖先。最为迷惑不清的是哪种中爪兽与鲸的关系最近，鲸的远亲一数一大把，有老鼠大小的软中兽，有熊大小的厚中兽，还有巨大的安氏中兽。

当奥利里在约翰霍普金斯大学的肯·罗斯（Ken Rose）的指导下获得博士学位时，她对厚中兽进行了专门研究。利用骨骼的形状和比例，她试图构建出它作为生物的轮廓，虽然科普那蹒跚而行的兔子熊显然是一个幻想，但她在当下很难找到更好的类比物。"它们似乎是多个动物杂糅而成的，"奥利里说，"有时它们会令你陷入困境。"

中爪兽用蹄子进行站立，有着扁平且细长的脚趾，看起来很像猪或貘的蹄子，这为它们稳定地奔跑奠定了基础。它们那微弯的腿骨形状与善跑的狗和野猪等的相似。那些关节一看就知道是便于奔跑的，而不是挖掘、攀爬或哺乳动物用四肢做其他事情所需的。它们的脚踝和手腕只在跑步平面上摆动，肘部和膝盖也被固定住。它们的腿与肩膀和臀部严丝合缝，有脊部和凸缘，以防其在高速奔跑时脱臼。"它们跑得当然比不上现今的猎豹和瞪羚，然而它们像貘，速度应该也过得去。"奥利里说。

但它们的奔跑速度对奥利里来说毫无意义。"它们为什么跑？

是为了抓什么东西吗？如果是的话，看起来也抓不了什么东西啊。"中爪兽单是凭那蹄子就无法被归到蹄节目，它也没有许多掠食性哺乳动物那快速而致命的撕咬能力。真正的食肉动物都有一套完备的犹如剪刀般的牙，由其第四颗下前臼齿和第一颗上臼齿组成，并且持续使用多年，磨损起来也是与众不同。中爪兽不能以这种方式切肉，这在奥利里看来，表明它用牙充其量只能做个半成品。然而，它们的颅骨上方确实有一个巨大的顶，下颌肌肉可以附着在那里并产生强大的咬合力。中爪兽颈部的椎骨上有高耸的轴线，用以支撑沉重的头部，并赋予其在扭动和撕扯肉时可能用到的力。

这就是古生物学家常以鬣狗为样板的原因所在。鬣狗是真正的食肉动物，与猫的亲缘关系很近，有着宽而有力的头骨和坚硬的骨架（类似于中爪兽的骨架），适合长距离持续地奔跑。像鬣狗

身长约1.5米，化石时期：古新世晚期，59~56 Ma

中爪兽科动物厚中兽

一样，中爪兽或已在始新世平原上小跑了一阵子，以其他踝节目的尸体为食。如果它们的牙齿不够锋利，无法进行猎食，它们至少可以用其来席卷残羹。但奥利里对此结论感到并不满意："拿鬣狗做类比已经够多了，但我不认为将其视为食腐动物有多明智。鬣狗自己也残杀了很多动物，它究竟是仅靠食腐为生呢，还是也得吃点别的什么东西呢？"

虽然中爪兽的牙齿不像狮子的那样磨损频繁，但奥利里时常对它们的磨损程度感到震惊不已。"你可以直接看到牙本质，这表明它正在咀嚼一些非常坚硬的东西，"她解释道。中爪兽可能沿着河流或海岸游逛，吃鱼和海龟等动物，但从不拒绝腐肉。在热带河流中长大的中爪兽或不得不面对猛扑的鳄鱼，在这种情况下，奥利里和罗斯认为这些幼兽可能会用其灵活的腿脚来躲避攻击。也许沿着那些河流，某种中爪兽的嘴已经变长了，使捕鱼变得更加容易，因而它们在水中生活得愈发舒适起来。它们或已迈出了演化成鲸的第一步。

奥利里和我说完后，我沿着博物馆宽阔的台阶走到地铁站，在那里我想象着空无一人的站台上满是各种中爪兽，小软足兽们像一只只有蹄子的老鼠那般从我脚边飞掠而过，巨型的安氏中兽盯着一群厚中兽，愤怒地咆哮。这个场景让我很难将其与皮肤光滑、满是脂肪、鼻子长在眼睛上方的鲸联系在一起。不过旋即我就想到人类和肺鱼的关系比这个也好不了多少。这就是宏观演化，回顾性验证的时候看起来明确而注定，而如果想做点前瞻性判断，抱歉，它的未来是不可预知的。

第七章
溯源，我的祖先在此

纸上得来终觉浅，绝知此事要躬行。

——宋·陆游《冬夜读书示子聿》

像大多数古生物学家一样，菲利浦·金格里奇（Phillip Gingerich）的办公室看起来更像是一个巨大的贮藏室。密歇根大学古生物学博物馆的后廊被高高的木化石柜所围绕，金格里奇在他自己的办公室里还留有成百上千个化石，有些放在钢制抽屉里，有些放在黄色泡沫和满是安阿伯新闻的纸上。他用书墙和装满文件的文件柜填满了剩余的大部分空间。他的抽屉里或放有上万个文件或书本，多到连他自己都搞不清楚究竟有多少。他的办公室由两个房间组成，一个没有窗户，另一个关上了黑色百叶窗。两间屋子都充斥着墨菲皂的味道。一天早上，我早早地被安排着在他的办公室进行会面，令我惊讶的是，丝毫看不出这是在过去20年里在全球发现了诸多非凡鲸化石的古生物学家的办公室。但我逐渐注意到这寂静的房间所默默述说着的事情：墙上那寄自巴基斯坦的明信片，藏在架子一角的海豚头骨，一个挂在天花板附近的盒子，里面装着一只狗的无腿骨架，还配以法语写着古老的谚语："De Mortuis Nil Nisi Bonum"——不要说死者的坏话。金格里奇办公室内门上贴有一张纸，上面印着罗克韦尔·肯特关于鲸和船只的小影印插图，以及一位朋友曾经为他写的几段文字，作为送其远征时的礼物，开头的一句是："叫我金格里奇吧。"

接下来是一堆拼凑起来的文字，大部分都是忠于原文的，是《白鲸》①的开头。一个改动是将书中角色以实玛利的目的地由合恩角和太平洋改为开罗和地中海："那扇神奇世界的大闸门豁然洞开，在那个影响我立下决心的狂想里，无穷尽的大鲸列阵而来，成双捉对地游进我灵魂的深处，而在这一切中间，突然出现一个庞大的头角峥嵘的有蹄妖物，像是高耸云霄的一座雪山。我往自己的旧毛毡提包里塞了一两件衬衫，夹在腋下，然后动身去开罗和地中海。"

下面这段是《白鲸》后面的节选，简直就是为金格里奇量身定做的：

> 在进入化石鲸这一主题之前，我得呈上我作为地质学家的资质，说明我在杂七杂八的时期，做过石匠，也挖过沟渠、运河、水井、酒窖、地窖及各种水池子。同样，作为开场白，我想提醒读者，虽然在早期的地质地层中发现过现今几已灭

---

① 《白鲸》(*Moby Dick*) 是19世纪美国小说家赫尔曼·梅尔维尔 (Herman Melville) 于1851年发表的一篇海洋题材的长篇小说。

绝的怪物化石；随后在所谓的第三纪地质层中发现的遗物似乎是介于史前生物和那些据说其后代已进入方舟的遥远生物之间的联结物，或至少是截取物；迄今为止发现的所有化石鲸都属于第三纪，是表层形成之前的最后一批遗留。尽管它们之中没有一个与当前已知的任何物种完全吻合，但它们在大致方面仍与现代鲸够相似，足以证明它们有资格跻身于鲸类化石之列。但迄今为止，所有鲸豚类动物遗骸中最为奇妙的，莫过于1842年在亚拉巴马州的克里格法官种植园中发现的一具已灭绝怪物的几乎完整的巨大骨架。附近那些因敬畏而轻信的奴隶将其当成了一个堕落天使的骨架。亚拉巴马州的医生宣称它是一种巨大的爬行动物，并将其命名为龙王鲸。不过，它的一些骨头样本被带到英国解剖学家欧文那里，结果证明这种所谓的爬行动物原来是条鲸，尽管是一个已灭绝的物种。于是欧文重新将此怪物命名为械齿鲸，并宣称它是地球上因突变而灭绝的最为非同寻常的生物之一。

当我站在这些巨大的鲸骨架、颅骨、獠牙、颌骨、肋骨和椎骨当中时，所有这些都与现有的海怪品种有着部分相似之处，但同时又与已灭绝的史前大海兽、它们无以估量的先辈利维坦鲸，有着相似的亲缘关系。我仿若被洪水卷回了那个神奇的时代，那个可以说尚未有时间概念的时期，因为时间是自打有人才开始出现的。那时，整个世界都是鲸的，并且，这个造物中的王者，在现今的安第斯山脉和喜马拉雅山脉均留下了自己游动的印迹。

在见到金格里奇之前，我一度认为他自小便跟化石鲸打交道，但实际上他是后来才热衷于这些史前巨兽的。"我在中西部长大，"他来之后告诉我，"对我来说，鲸是来自外星球的生物。"金格里奇是个身材高大的男人，面色友善而平静，他以农夫那种从容不迫的步调谈论着错综复杂的统计抽样和演化理论。当他于1964年来到东部的普林斯顿学习的时候，他梦想着要成为一名经济学家。"和大多数人一样，我在第一个学期选修了地质学，因为这似乎轻易便能达到课程要求，"他说。到第二个学期，他又选修了高等地质学课程，那年夏天他在蒙大拿州开凿岩石，挖了两个暑期之后，他挖出了5 500万年前曾活跃在怀俄明州丛林里的灵长类动物的下颌骨。"若不沉溺其中，是很难把镶有亮白牙齿的下颌骨从地底下挖出来的。"

在马拉维教了两年课之后，金格里奇去了研究生院研习古脊椎动物学。那年夏天，他在怀俄明州挖出了更多的哺乳动物化石，主要还是灵长类动物，但也包括史前的偶蹄目、啮齿动物和中爪兽。在研究这些化石的过程中，他考虑得最多的一个问题便是这些现代生物是如何以及何时出现的（当古生物学家谈及"现代"一词时，他们多半指的是5 000万年前）。"我们很快便确定令我们颇感兴趣的现代动物是来自同一地质层，"金格里奇说，"我们可以把你带到怀俄明，你可以把手放到那个地质层上。在此地质层之下你压根就找不到，而在此之上却很是常见。如果全部都是一下子突然出现的，你就会开始认为它必定是在别处演化的了。"

　　未知则可能带来了更多的可能性。北美洲的哺乳动物或是在中美洲演化出来的，然后一路向北；或是在欧洲演化出来的，然后向西穿过格陵兰；也可能是在亚洲演化出来的，然后向东越过阿拉斯加。最后一种可能性颇对金格里奇的胃口，不过由于政治因素，苏联、中国和蒙古等地的亚洲化石像沼泽那般被好好地藏了起来不让开挖。然而，巴基斯坦倒是愿意接纳这个好奇的美国人，而金格里奇曾阅读过，关于20世纪30年代石油地质学家如何在卡拉奇塔山脉光秃秃山脚下的甘达克村附近发现几块始新世哺乳动物骨骼的报道。一位名叫盖伊·皮格里姆（Guy Pilgrim）的英国古生物学家研究了这些化石并得出结论，其中一些是中爪兽的牙齿。"皮格里姆认为其中一些是巴基斯坦的中爪兽的牙齿，我们在怀俄明州也发现了中爪兽，所以我觉得这很有价值，值得进一步跟进。寻找另一块化石的最佳地点，便是你曾找到同类化石的那个原始位置。"

　　1975年11月，金格里奇在参观欧洲博物馆灵长类动物下颌骨期间，离开了两个星期，以跟随皮格里姆的足迹穿越巴基斯坦。他前往拉瓦尔品第镇，每隔一天的一大早，他都会雇一辆出租车载他向西80千米，去到印度河。那里的库尔达纳和科哈特岩层，是距今约5 000万年的始新世岩床，通过灌木丛生的山丘不难窥知一二。这些岩石是在印度次大陆撞击亚洲形成喜马拉雅山脉时产生的。这便使得印度封闭了古地中海的东端，而该海域曾一度从西班牙延伸至印度尼西亚。后来中东和北非也向北移动了很多，以至于古地中海减缩成了现今的地中海。印度板块的碰撞使古地中海东海岸的海平面大幅上升和下降，金格里奇可以从构成印度次大陆主要的北部边缘部分的巴基斯坦岩石层中看出这一点。甘达克村周围低矮的露头上布满了巧克力色的泥岩和旧钞色的石灰岩——诉说着从旱地到河流再到海湾且往后退了数百米的隐秘过往。在那，金格里奇会步行好几里地，借由从露头上掉落下来的松动岩石，观察这些表层的变迁。当发现一些裸露的骨头时，他便停下来将其捡到背包里。到了下午，他会长途跋涉回到主路上，叫醒在一棵金合欢树下打盹的出租车司机，然后他们会一起返回拉瓦尔品第。

这些岩石并没什么令人惊叹之处，金格里奇给描述它们的论文取了一个合适但却不够性感的标题：《来自巴基斯坦旁遮普省中始新世库尔达纳和科哈特岩层的一小部分脊椎动物化石》。有一些鳄鱼骨头和粪化石、蟹爪和鲨鱼牙齿。哺乳动物只留下了一些牙齿，他将其鉴别为炭丘齿兽（大象和海牛的近亲）和双锥齿兽（早期的偶蹄目，大小与松鼠差不多）。很明显大多数的哺乳动物牙齿来自陆地岩石，但金格里奇还在一片石灰岩中发现了一颗名为甘达克中兽的中爪兽牙齿，该石灰岩中也有蛤蜊和其他海洋化石。金格里奇知道范·瓦伦提出的从中爪兽到鲸的演化关系，但他并不确定甘达克中兽是否真的是一头早期的鲸。不过他并未就此想太多。他致力于寻找陆生哺乳动物，因而他对任何有鲸的岩

　　　　　　　　　在水一方：生命的演化

石都不感兴趣。

其他一些化石让金格里奇想回到巴基斯坦，寻找更多与怀俄明州兽群相似的化石。但在他到访两个月后，一个由巴基斯坦和美国古生物学家组成的团队来到甘达克村周围进行挖掘，并且也发现了一些化石。当意识到大家竟在同一个地方发掘时，他们聚到一起进行协商，但金格里奇输了。"结果是他们将继续在核心区，即距城镇仅三个小时车程的梅花区作业，而我得去印度河的西边作业，"金格里奇解释道。回忆起这一决定，他听起来并未有怨恨，这一晃就是二十年。1977年，当他带着一支来自密歇根和巴黎的古生物学家团队回到巴基斯坦时，他们去到了新的地方：苏莱曼山脉底部的拉希纳拉山谷。在那儿，多曼达地层的绿色始新世页岩裸露在山谷壁上。

皮格里姆在这个比甘达克村还要偏远的地方也找到了几块骨头。一些农民在数百英里的空山种植小米，山间只有一条道，挤满了从俾路支斯坦运送水果的卡车。由于金格里奇团队的古生物学家在这里发现了几块哺乳动物骨骼，沉积学家研究了这些页岩，并对其地貌进行勘测。当他们将其发现告诉金格里奇时，金格里奇并不高兴。"都是海里头的，"金格里奇回忆道。他的言语中仍带着些许绝望。他们发现的哺乳动物骨骼不是放在陆地，而是被运往了海里。"一周后，我们夹着尾巴逃往了巴基斯坦南部的备选地，希望能在那里找到古新世化石。又过一两周后，我们发现了几块非常没意思的海龟壳化石，然后我们又跑回北部着手第三套方案。那里的事我已记得不太清了，我当时生病了，记得从下午开始发烧，正躺在一棵金合欢树下，一位巴基斯坦同事发现了一块哺乳动物的小下颌骨。"

那块下颌骨终于成了陆生哺乳动物化石的标志。金格里奇的小组在甘达克村以西30英里，一个叫乔拉基的村庄边上发现了它。他们在第二年及1979年均有再次返回，收获了大量化石。金格里奇说："乔拉基的化石都是从一层像水泥般坚硬的红砂岩床体中发掘出来的。""小偶蹄目的下颌骨和哺乳动物的牙齿遍布其中，所以我们只需敲开岩石便能取到想要之物。但凡有一丝可能，我们便会把基质带回做进一步处理，以将小型哺乳动物给暴露出来。"与此同时，密歇根大学的研究生尼尔·威尔斯（Neil Wells）试图弄清楚这些哺乳动物所赖以生存的地形地貌是什么样子。他向金格里奇解释了这些动物是如何在近5 000万年前的古地中海长期生活的。以前，海水溪流中的鱼儿在平坦的灌木丛中川流不息。溪流通常只有几英寸深，但当雨季到来，会突然淹到干燥的陆地上去，偶尔会淹死一些附近繁茂的树林中的哺乳动物，如吃草的偶蹄目、灵长类动物、中爪兽、蝙蝠以及类似鼩鼱的食虫动物。

一天，金格里奇的挖掘同行，一位名叫让-路易斯·哈滕伯格（Jean-Louis Hartenberger）的法国啮齿动物专家，用锤子砸开一块岩石，岩石裂开后露出了一个3英寸长的骨槽。哈滕伯格很是失望，因为它显然不是啮齿动物骨骼的一部分，但为了看得更清楚些，他又砸了次石头，这次露出了一块颅骨的顶部。"我们所能看到的只是它的一块头骨，没有脑子，"金格里奇说。一个巨大的冠冕像莫霍克骨头一样从头顶升起，几乎没有能让脑壳容纳其灰质的空间。

金格里奇把头骨和其他化石一起带回了家，他实验室的制备员在这块头骨上捣鼓了一年，用冲击工具敲掉了如水泥般坚硬的岩石碎片，暴露出了一只郊狼大小的动物头骨背面。颅骨顶部是哈滕伯格在巴基斯坦首次发现的巨大矢状嵴，但悬挂在头骨下方的是哈滕伯格从未见过的东西：一块大小和形状均与葡萄类似的骨头。

它看起来就像个壳，现在的鲸将耳骨隐匿其中，以便可以在水下听到声音。金格里奇检查了附着在头骨上的外壳边缘，看到了一块S形样式且起着固定作用的骨骼。每条鲸，无论是活着的还是业已灭绝的，都有此类具有明确特征的标志性骨头，而这是陆地上所有其他动物所不具备的。"我虽然已经和鲸打了很久的交道，但对这点竟全然无知。"

金格里奇与巴黎国家自然历史博物馆的同事唐纳德·拉塞尔（Donald Russell）合作，将碎片中的动物命名为巴基鲸，并开始自学鲸化石的相关知识。耳朵明显是鲸类的，但仍然很是奇特。鲸可以在水下定向听到声音，因为它们的耳朵长在了与头骨分开的骨质小室里，如同漂浮在由韧带和泡沫组成的松散篮子里，因此它们只能通过下颚接收声音。相比之下，那好似葡萄的巴基鲸骨头仍牢牢地粘在头骨底部的三个不同位置。它或能在水下听得相当清楚，但振动仍然可以通过骨骼结合处渗出，从而混淆了声音的方向。当鲸进行潜水时，它们会用血液填充耳朵周围的空间网络，以继续保持其耳朵得以在高压下隔绝，而巴基鲸的头骨在相应区域是实心的，这表明它不会游得很深。无论是已知的最原始的鲸，还是几百万年前古老的鲸类，它们可能都不太适合在水下生存，潜水游泳能力有限，水下的听力也不太好，因此推测它们应该生活在较浅河溪之中，而非深海里面。

曾经，金格里奇在找到一块鲸而不是哺乳动物化石的时候还会叹息，但显然巴基鲸化石就不是如此了，它太引人注目了！所以他重返巴基斯坦不再是为了追寻他那怀俄明的哺乳动物来自哪儿，而是为了寻找更多的巴基鲸化石。他再次来到乔拉基附近进行作业，但仅找到了几颗鲸牙。这当然也很重要——它们更像那些曾启发利·范·瓦伦，让他将之与鲸联系起来的中爪兽牙——不过自脖子以下的任何部分金格里奇都未能找到。与此同时，阿富汗内战爆发，数百万难民涌入巴基斯坦北部。政府认为外国人的到来会造成更大的混乱，因而当金格里奇在1982年年底申请回到巴基斯坦时，当局并未给予批准。

但是鲸化石已然成为金格里奇生活的一部分，他设法另辟蹊径以研究它们。一位灵长类动物学家打电话给他，说他刚在埃及的一个营地里度过了一个野外季，这个营地由金格里奇以前在耶鲁大学的老师埃尔温·西蒙斯 (Elwyn Simons) 主持。每年西蒙斯都会去尼罗河以西的沙漠挖掘渐新世的岩石，寻找与猴子和猿类共同祖先相近的灵长类动物。有时，西蒙斯的一些队员不辞辛苦，驱车驶入沙漠深处待上一段时间。1906年，曾有人在距其营地几小时车程的岩石中发现了化石鲸，于是西蒙斯队员中的一些人决定对其中的一份报道进行跟进。果然，他们在荒漠之中发现了一块仿若一条巨大沙蛇的化石，与上文中科赫的发现类似。

这块鲸化石是4 000万年前的龙王鲸标本，金格里奇认为有了它倒是不赖，可以把它和巴基鲸放在一起进行研究，以弄清鲸耳在前1 000万年是如何演化的。1983年秋天，金格里奇前往开罗，但并不是像《白鲸》中的以实玛利那样孤军奋战。他的妻子、人类学家荷莉·史密斯（Holly Smith）和密歇根古生物学家格雷格·冈内尔（Gregg Gunnell）与之同行。

一个世纪前，一位德国古生物学家发现了第一块埃及鲸化石。他记录下它是位于♀山上的（"该怎样称呼这些无名的山呢？"他自问道）。他会尽力记下它们距离最近的清真寺或废弃的寺庙骑骆驼的话所需花费的时间。其他的一些古生物学家每隔一两年

体长1~2米，化石时期：52~48 Ma

巴基鲸，已知最古老的鲸

就会回到尼罗河以西的始新世岩石那儿，他们费尽周折偶然发现了新的鲸化石，但后来的古生物学家却再也没能于此地找到。尽管在这些岩石中还是能够发现一些4 500万年前的鲸化石，但大多数都是龙王鲸那个年代的。1947年，一支穿越非洲的加州大学探险队乘坐四辆美国军用卡车来到了沙漠。科学家们停下他们的大篷车，在沙滩上走了数英里，寻找鲸化石。"通常情况下，一块大约1平方厘米或更小的骨头碎片预示着在那个看似荒凉的地方存在着化石。"参与考察的斯里兰卡科学家德拉尼亚加拉（P. E. P. Deraniyagala）写道："目前在附近搜索发现了不少其他碎片，而愈是靠近化石本身，就会看到愈发多的这样的碎片。循着碎片的轨迹，就像是沿血迹来追踪受伤的动物那般，只是暂不知道收获会是价值连城，还是一文不值。正是这种极大的偶然性让化石猎人置沙漠的刺眼和酷热于不顾，终日拼命地工作。"

在他们初访此地的时候，金格里奇和他的团队沿着渐新世岩石的山脊从西蒙斯的营地向南驱车四个小时，然后将其吉普车从沙丘斜坡驶入名为鲸之谷的始新世平原。这是西蒙斯的学生曾到过的地方。它最初是由英国科学家发现的，他们在此发现了如此之多的鲸化石，因而将其命名为鲸之谷。因为只有骆驼可以把骨头运回去，英国人不得不舍弃大部分化石。金格里奇花了两天时间挖出西蒙斯的学生们曾看到的龙王鲸，而史密斯则在山谷中转悠，寻找周遭的鲸骨架。鲸之谷或不是鲸的发源地，虽然它不够原始，但数量却很多。1985年，金格里奇回来了，这次他在山谷

在水一方：生命的演化

里搭建了一个只有三个帐篷的小营地，这样他的队员就可以在这个满是鲸化石的地儿逗留上一周，然后开车回到西蒙斯的营地进行补给并搓个澡。在那几个月里，唯一陪伴他们的便是巨大的沙丘和成片的骨头。有一次，几只骆驼悄悄地路过营地，沙子上留下了蹄子印。三天后，一个贝都因人①骑马追寻这些蹄子印，这哥们儿也就成了他们所看到的唯一一个人。

　　化石多得让他们不知所措，几乎每天他们都会发现一个新的鲸化石，最终总数达到了349个。"很快我们就发现，我们显然不可能带回来太多，"金格里奇说，"因而开始对其进行绘制。有些骨架是刚被发掘出来的，有些则是曾被爆破过的。更有成就感的是，有一些化石在被发现的时候尚保持在原位，这就意味着整个骨架不但结构完整，而且保存得非常好。"有的时候，风会冲走沙子并将化石给完全暴露出来。"它们看起来就像是条巨蛇。令我感到费解的是，为何古埃及的资料中并未提及于此。他们本该能看到的，我想知道……他们对鳄鱼的崇拜是否在一定程度上有受龙王鲸完整骨架的影响。"

　　金格里奇现在已经来到了古地中海的西端。巴基鲸4 900万年前的时候生活在海的东侧，在最咸的浅水端，但在大约1 000万年之后，生活在鲸之谷的鲸畅游于古地中海和大西洋交界的地方。在鲸之谷中，曾经是红树林的岩石上布满着蠕虫。它们生长在一

---

　　① 是以民族部落为基本单位在沙漠旷野过游牧生活的阿拉伯人。"贝都因人"在阿拉伯语中意指"居住在沙漠的人"。

个满是巨型动物(鲨鱼、海龟、海牛，以及同鲸共游的鳄鱼)的浅海湾边上。很难猜到为何如此之多的鲸会集中出现在这么小的一个地方。德拉尼亚加拉曾暗示它们是一群搁浅的鲸形成的化石，但事实上，这些动物在海湾中死去前后跨度达数千年之久，不可能前赴后继都是搁浅的。在此之中的许多鲸都是一种名为矛齿鲸的、身长约4.5米的物种，金格里奇的团队发现了大量幼年矛齿鲸的牙齿，剩下的大部分是成年的龙王鲸。也许鲸之谷是矛齿鲸的产崽地，也是龙王鲸的狩猎场，就像当今的虎鲸会猎杀座头鲸幼崽那般，幼崽们就算侥幸活下来，也留下了月牙形的咬痕。

当金格里奇于1989年回到鲸之谷时，他列了一份清单：他想带回鳍状肢，如果幸运的话，还想拿到鲸的髋骨。龙王鲸的盆骨由两块8英寸厚的骨片组成，上面有孔，两两相连形成一个V形。以前发现的大多数髋骨都裂开了，且分散在离骨架很远的地方。鉴于鲸之谷里有大量的龙王鲸化石，金格里奇希望能找到一块合适的髋骨。在此次挖掘季的大部分时候，他们都是一无所获。他们找到了些骨头，但却叫不出名字。在研究一个小的矛齿鲸时，金格里奇发现了一些无法辨认的骨头碎片，其中一个形状和大小都像知更鸟的蛋，他觉得看起来像是一个膝盖骨。"但当时不可能顾得上，"他说。毕竟，这些都是大型的外海鲸。如果所有鲸都应该有膝盖（以及有铰连在一起的腿），那就是像巴基鲸那样仍需要在陆地上行走的生物了。当鲸生活在鲸之谷时，保留腿或是个负担。

对髋骨的探寻，金格里奇开始是很随意的。"你不得不如此，

在水一方：生命的演化

因为面对一个50英尺的骨架，你怎么知道哪里才是髋骨呢?"在野外科考快要结束之时，金格里奇坐在山谷的地上，沿着被风侵蚀得乳白而平滑的龙王鲸脊椎继续摸索。在鲸背部下方13码[①]处的第48块椎骨附近，他发现还有一根骨头在地下。"我期盼着能找到一块盆骨，然后就找到了这个,"金格里奇说的时候，手里拿起一根骨头，"它乍一看似乎是根肋骨，但当我细看时，就全然不同了，它沿着脊柱向下。我想知道那是不是股骨，但并没有专门去找——我以为它们会像圆珠笔那般大且有意思。当我仔细研究它时，我能够清晰地看到一个膝盖骨，以及连接胫骨和腓骨的关节。我很兴奋，因为这些东西来自一具业已摊开的骨架，并且我知道在哪儿可以挖到更多。"

只剩最后一周的时间了，这时他们又把重心放到了那已有的诸多骨头上，回过头去研究第一块长度约30厘米的椎骨，然后才继续去寻找骨头。第二天，金格里奇的运气爆棚。"我拿铁锹挖出了这根骨头，它连带着散沙，一同飞了起来。"他一边说，一边用手摆弄着一个小化石，然后将其放到摊开的手掌里，同时告诉我这个故事：这是一块踝骨。当他们收拾东西准备打道回府，将易碎的骨头放在石膏夹套和显眼的帐篷中时，他们仍没放弃寻找化石。最后一天的时候，荷莉·史密斯从沙子中挖出了三块完好无损的趾化石。

---

① 1码约等于0.914米。

回到密歇根之后，金格里奇试图将这些骨头按其活着时的样子拼凑在一起，他发现它们与在现存鲸身上发现的残余骨骼并不相同，因为从现有痕迹不难看出它们都附着在结实的肌肉和肌腱上。但是当金格里奇试图按正常的哺乳动物对其进行组装时，他就得一块骨头一块骨头地磨。膝盖很是不匹配，与大多数哺乳动物一样，在人的腿上，股骨底端有一个光滑的槽，以让膝盖骨灵活摆动，但龙王鲸的股骨只有两个凹槽，容不下其他骨骼。腿只能以两种姿势舒适地坐着，一种是腿紧贴身体，另一种是叉腿，并无其他选择。"我想它们会弹开！"金格里奇微笑着说道。这便留下了一个难解的谜团：一辆校车大小的鲸怎会有一个孩童那样尺寸的腿，且还能弹开呢？

我们会思考自己是什么，我们的灵魂和语言变成了什么，但并没有过多地考虑我们在此过程中放弃了什么。与怀俄明州的灵长类动物不同，我们无法在夜雾笼罩之下，在森林的树冠之中穿梭；我们也不能像一条鱼那般光着身子潜入海洋峡谷，无碍地穿越于紫罗兰色的海扇丛。灭绝掉的并非只是物种，骨骼、器官和感官也会随着时间的推移而消失。我们没有了鳃、尾巴和皮毛；阑尾曾是一个装满植物消化细菌的袋子，现在会时不时发生炎症来折磨我们。鲸曾有某种形式的腿，龙王鲸在古地中海游过时，会巧妙地上下伸缩腿，而现在的鲸，除罕有的残痕之外，根本就没有后腿。

对达尔文来说，这种退化的痕迹是演化的最好证据。他惊讶

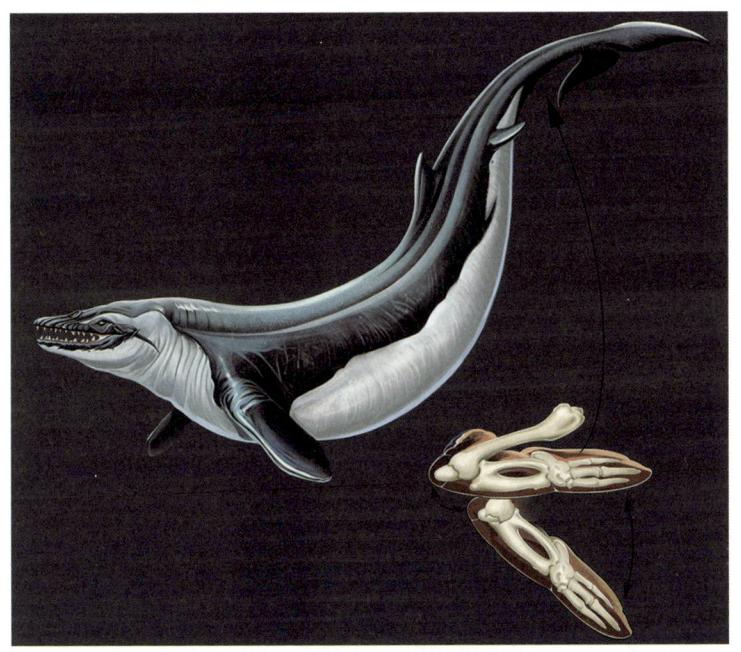

体长15~18米，化石时期：始新世晚期，41.3~33.9 Ma

龙王鲸，拥有完整的腿（如图中两处箭头所示）

于生活在洞穴中的鱼和其他动物，除皮肤惨白和眼睛啥都看不见外，与生活在阳光下的近亲非常相似。不会飞的鸟儿和甲虫怎会有原始的小翅膀？如果上帝一开始便创好了地球上所有物种现在的模样，他为何要留下这些马虎的错误呢？欧文可能会说，这些痕迹实际上是动物从原型转变而来的痕迹，但达尔文认为，鸵鸟是不会自打一开始翅膀就飞不起来的——它的翅膀是在传代的过程中退化掉了。然而，在对遗传学不够了解的情况下，达尔文无法确认诸如肢体是如何退化的之类的问题。他只得转而求助于拉马克模型，并声称如果动物停止使用某个构造，它就会因废弃而退化掉。达尔文想，如果你对一头奶牛挤奶挤得越多，它的乳房就会变得越大，它生下的小牛也会长出大的乳房；如果你停止挤奶了，它们的乳房会在传代过程中变得越来越小。

我们现在对演化过程中的退化是如何发生的有了相对清楚的理解。在某些情况刺激下，我们的DNA会发生随机突变，进而造成基因序列变化，而这样的变化经常是有害的。当然大多数时候，突变后的基因还可以继续制造先前那样的蛋白质（同义突变），但有时突变后的基因会完全失效（错义突变）。当胚胎发育时，一些突变可以阻止某些关键蛋白质在正确的时间出现在正确的位置，因为基因决定蛋白质的形状，而它们又会调控到其他基因或蛋白质，使得布满全身的相关细胞都发生了变化，进而影响了产生肌肉和软骨等组织的生长或消退。这些突变影响了正常的发育进程，胚胎也将出现畸形。

通常，这些突变基因没有机会在群体中传播开来，因为突变会使胚胎胎死腹中，即使有幸存活下来，也难以活到成年。假若一只蝾螈发生了某种突变，此突变破坏了其眼球晶状体中的一种蛋白质，令其视力变得模糊，如果它像亲代那般有赖于视力生存，那么它很可能活不到传递基因的那一天。但是，如果由于某种原因视力变得不再如此重要——例如，如果一群蝾螈发现自己能在山洞里捕捉昆虫——突变蝾螈就不会因视力不佳而受苦，并且还可能繁衍后代。随着世代的更替，突变可能会在群体中进行随机传播。其他影响视力的突变也没有被淘汰，蝾螈的眼睛会逐渐退化，直到几乎没有眼睛。

然而，这一筛选并不能解释动物出生时发生的所有奇怪事情。以1909年在加拿大鲸身上发现的软骨腿为例，一条鲸是如何能够历经上千代模糊不清且断断续续的突变，继而重现了一条原始肢体的呢？这一倒退被称为返祖现象，尽管它们曾经被生物学家认为是毫无意义的怪胎，但现在很明显它们实际上是演化过程中的自然实验。有些人生来就有粗短的尾巴，抑或大半个身体都被厚厚的毛发所覆盖，让人联想到怀俄明州丛林里的那些怪物。马只有三趾，外脚趾呈条状附着在巨大的中脚趾上，而中脚趾又被包进了蹄子里面。然而，马有时一生下来就有五个完整的趾。希腊人和罗马人将之视为罕见的神奇生物，亚历山大大帝和尤利乌斯·恺撒(Julius Caesar)都曾经骑过它们。在上述例子中，胚胎发育的旧有程序并未被删除，而是以某种方式被储藏了起来，等待再次开启。

在过去的四十年里，生物学家甚至试图在实验室中触发返祖现象。在7 000万年前，鸟类曾有牙齿，这是两种细胞结合的产物。下颌骨起初是由一块表面有胶质的软骨发展而来的。与此同时，沿着逐渐形成的脊柱骨，一群被称为神经嵴细胞的细胞出现并开始布满整个身体，有助于形成从神经细胞到声带再到心脏的所有东西。当神经嵴细胞到达下颌时，它们向一些胶状细胞发出指令，使其分泌牙釉质或产生牙齿的其他组织。与其他脊椎动物一样，鸟类也有神经嵴细胞，但它们的下颌无法长出牙齿。1980年，科学家们从小鸡胚胎中取出一些胶状组织，将其与小鼠的神经嵴细胞结合，然后将此组织移植到其他小鼠的背部。移植物长出了牙齿，并附有牙冠和牙根。生物学家总结道，虽然鸟类的神经嵴细胞无法再向胶状细胞发出必要的牙齿形成命令，但胶状细胞仍然保留了成牙的能力。

换个角度，在没有发生返祖现象的物种上造出一个"返祖现象"，或许能帮我们更好地理解这一情况。在最近的一项实验中，遗传学家从老鼠身上敲除了一个基因，并观察到缺失了该基因的母鼠会完全忽视其幼崽，当幼崽在身边死去时，它仍旧无动于衷。亲代的关爱是在老鼠和其他哺乳动物谱系中一种相对较新的行为：早期的四足动物和下孔亚纲动物可能会守护它们的卵或将其藏起来直到孵化，但幼崽一旦出生，就得自生自灭了。这是否意味着这些母鼠"返祖"了，又回到了2.5亿年前的旧行为？事实并非如此。基因产生蛋白质，而不同的蛋白质形成了一个长长的链条，贯穿从老鼠眼睛和鼻子到它的大脑部分，驱使着老鼠的哺育行为。当某一环节被移除时，整个链条就断掉了，但其他环节仍留在了老鼠的大脑之中。缺少并不意味着不缺就好——有可能只是缺少罢了。

即使一个古老的结构貌似重新出现，它也可能只不过是一种错觉。与首次报道时相比，现在的鸟牙齿已不那么奇怪了。一些研究人员报告说，当他们试图重新进行移植时未能成功，怀疑论者现在猜测当初实验中所形成牙齿的混合物中是否有混入一些小鼠上皮细胞。在20世纪90年代初期，遗传学家在篡改小鼠的同源异形基因，并声称他们已将小鼠的一些耳骨恢复到原来作为下孔亚纲下颌那一部分的样子时，引起了公众的注意。不过解剖学家对他们的结果提出了质疑。正如我们在鸟类胫骨中所看到的那样，软骨不会仅因基因的缘故而形成。当胚胎组织相互作用时——例如当发育中的肌腱受到压力时——软骨可以自发形成。另一方面，与正常小鼠相比，同源异形基因可能只是促使更多的细胞聚集在下颌附近，并且这些细胞可能会形成一个新的团块。这样一来，就很难说碰巧出现在原有骨头附近的新的一些软骨真的是返祖现象。

然而，许多返祖现象是真实存在的。它们既是演化的标志，有时甚至是演化的原动力，都很重要。考虑一个基因A，它开启了另一个基因B，如果一个突变令A不复存在了，B或会"忍辱负重"，静静地依旧续存个数百万年。在此期间，一个新的突变或会让A重新恢复功能，或者另一个基因可能会演化继而取代其位置。无论是哪种情况，B突然可以再次制造其负责的蛋白质，如果这种蛋白质仍可触发胚胎形成级联式生长，这样的重现会是激动人心的。

例如，某些种类的蝾螈终其一生都长不大。它们从水下的卵中孵出，以幼态示人，但永不变为成体形态，仅保留其幼鳃，并在水下生活直至死去。在墨西哥的某些蝾螈物种中，这种发育停滞的生物是单个沉默基因造成的，该基因通常会产生一种被称为甲状腺素的激素。用甲状腺素注射其中一个蝾螈，便会向它的细胞发出信号，以打开许多基因，最终将其转变为成年蝾螈。在其他蝾螈物种中，蝾螈可以有不同的方向，这取决于温度等外部因素。在 1 000 万年前，蝾螈侵入墨西哥高地的一个地区，演化出数十个物种。一个分支图显示，在那个时候，幼态物种造成了成体态物种的兴旺，成体态物种反过来也成就了幼态物种，并且两者都给了兼态物种以空间。换句话说，甲状腺素基因在 1 000 万年以来反复开启和关停。不仅是这些蝾螈经历了返祖现象，在其他不少新的物种中也发现有此现象。

来自这种沉默基因的返祖现象只能在几百万年内出现——如果时间再长一些，它们可能会荡然无存。一个 4 000 万年表型的重现，例如鲸那残存的腿，源自其很久之前的祖先，它揭示了事物消失的不同方式。鲸的四足祖先在它们的一些同源异形基因的帮助下构建出了它们的四肢，但这些基因也参与了诸多其他任务，例如，促成了倒数第三根脊椎骨以及生殖器的形成。要让后腿消失掉，不能简单地让这些基因沉默，因为此过程会影响到它们的前肢(后变成了鳍)，更甭提对它们倒数第三根脊柱骨和生殖系统的影响了。鲸胚胎的发育表明了演化是如何以一种更为温和的形式进行的。与其他哺乳动物一样，鲸拥有完整的同源异形基因，这些基因决定了它们的脊椎骨及其四肢（其中的一对前脚后长成了鳍）的发育。在基因中的细胞杀伤程序（我们自己的手指被切开）之前，后面的一对还未形成任何软骨，便将其直接给扼杀在了

　　　　　　　　　　　在水一方：生命的演化

摇篮里。如果鲸生来就带有某种突变，而这种突变以某种方式削弱或减缓了让腿消失不变的基因的作用，那么它就会长出类似的四条腿，且或会与4 000万年前的样式大致相同。

在基因和细胞的层面上，生物学家对演化如何丢掉某一构造有了大致的了解——肯定比他们对于生物一开始是如何出现的要了解得多。然而在其生命历程中，实际上并非简单地从生物化学一下子便跳到这些构造丢失的方式，自然选择和其他力量也发挥着作用。当动物进到黑暗之地时——无论它们是潜入洞穴的蝾螈，在深夜飞行的蝙蝠，还是跌入深渊的鱼——为尽量吸收微弱的光，它们的眼睛通常会隆起，而非塌陷。一个绝佳的例子便是生活在海底的盲虾，那里的地壳板块不断扩展的脊形成了开口，喷出滚烫且富含矿物质的水，不知何故，这些开口产生了一种人眼所看不见的光——可能是沸腾气泡的不断喷涌或岩石破裂所造成的。然而，曝光表可以记录暗淡的火光，显然，一些在开口两侧沸水中的虾也可以。它们把眼睛变成了巨大的光感受器板，嵌在其背上，除了探测光线之外别无用处。很明显，它们要眼睛就是干这事的：通过判断光线的亮度，可以沿着开口疾游，或许是为了择细菌而食，或许只是为了避免被烫伤。总之，生物还是会"计算成本"的，如光线太暗，眼睛变强的投资收益太小，以至于很快就缩成了针孔大小，上面覆盖着皮肤瘢痕的简单器官，而如果最终动物们遇到了无边无尽的黑暗，它们的视力就会完全丧失，这样的深度可以理解为放弃了感光功能的"弃点"。

同样，你可能会认为，四足动物失去四肢是一个并不复杂的过程：它发现没有腿生活起来会显得更轻松些，因而它的腿逐渐消失了，恢复到原有的那种对侧肌肉收缩的老样子，进而变为如今这般新模样。然而四肢也以不合常规的方式消失了。蛇只是数十个失去部分或全部腿的蜥蜴谱系中的一种，现在它们在地面游走，穿过沙子或森林地被。尽管爬虫学家还没有弄清楚有多少种蜥蜴是相互关联的，但他们可以提供一些关于脊椎动物的腿是如何退化的最佳见解。如果按照腿的多少将其进行排列，就会发现一些普通的规律。

例如，在研究澳大利亚石龙子时，得克萨斯大学的卡尔·甘斯(Carl Gans)发现，它们转变的开端并非简单的腿少了，而是首先拉长了身体，这显然是为了更容易地穿过裂缝。这本身就是一个不小的变化，因为蜥蜴必须伸展它们的器官，展开它们的肠子，并将曾经并排的部分重排成一条线。然而，在拉长成细长蜿蜒形的时候，它们还没有准备好放弃双腿并开始滑行。它们经过一个像动态六角手风琴那般挪步的阶段：前腿着地，后腿向前迈出几步，将躯干给缩起来，然后前腿向前再伸直身体。通过这种方式穿过隧道或洞穴，蜥蜴最终会将其身躯呈曲线压到墙上。如果它在接触时紧绷肋骨上的肌肉，它可以推压地面继而向前移动。现在动物开始在本能反应方面有所演化，这令它可以像蛇一样移动。不过，这并非回到了鱼的运动方式，而是变得更复杂了：当蜥蜴弯曲它的躯干时，它必须不断测试它压在地面或洞穴壁上的每个点，判断它需要收紧哪条肋骨才能推动自己向前。此时，蜥蜴终于可以不用腿了。事后看来，看似简单的退化实际上是全身的重组，所谓退化的结论不过是"事后诸葛"。

每种四足动物都可能是以自己的方式退化掉四肢的。无足目的蚓螈，看起来像是没有鳞片的盲蛇，是一种两栖动物，但根据甘斯的学生、北亚利桑那大学的詹姆斯·奥雷利（James O'Reilly）所做的研究来看，它们似乎是沿着完全不同的路径演化成如此相似的形状的。差异源于这样一个事实，即两栖动物从未将它们的肋骨变成脊椎动物用以呼吸的僵硬肌肉支架。无足目的四足祖先因此无法用其来使身体变僵硬继而获得地面的牵引力，相反，它们屏住呼吸，将肌肉向内挤入体腔，此番高压令它们的身体变得僵硬。

对其解剖结构稍做调整后，无足目那充满压力的身体会改变其形状。皮肤和肌肉等附着物不再紧贴脊柱（操作简便，因为它的肋骨很小）。与此同时，演化将其皮肤中的纤维变成一个交织的螺旋——与海豚游泳时使用的几何形状是一样的。然而，从无足目体内纤维形成的角度来看，它们有着完全不同的特性：当它们受到压力时，会伸展开来，从而拉长两栖动物的身体。因此，当无足目对其身体加压时，它的两侧会变硬，并且它的头部会被迫向前伸。它让压力下降并将其脊柱向前拖入体内，然后再次加压。这种蚯蚓般的运动让无足目产生的力量等同于同等大小蛇的两倍。也许最引人注目的是，看起来好像全是尾巴的无足目，实际上完全没有尾巴，因为尾巴对此运动毫无用处。相反，一个无足目动物从头到尾全是肠子。

关于残存器官的另一个常见误解是认为因为它们跟以前不一样，所以就一无是处了。盲鼹鼠终其一生都生活在地下隧道中，以树根和虫子为食。毛发和皮肤覆盖着它们的眼睛，完全没有瞳孔或眼部肌肉，只有823根视网膜神经（相比之下，像仓鼠这样生活在地上的亲缘动物却有10万根）。把一束光照到盲鼹鼠的眼睛里，视觉皮层根本就没有反应。要知道，这可是其他所有啮齿动物在大脑中收集光束的心像区域。但是盲鼹鼠需要它的眼睛，它为数不多的视网膜神经细胞可能无法连接到视觉皮层，但它们却能将密集的分支射入下丘脑，在那里，哺乳动物——显然包括鼹鼠——将明暗周期变成了自身的时钟和日历，以此来控制它们的激素，它们的清醒和睡眠，以及它们的交配周期。

考虑到构造退化的原因相同——例如黑暗或洞穴——并非所有动物都能退化掉。一个生物只有在已做好准备用某种感觉器官来代替眼睛时，眼睛才会退化掉。当一条鱼失明了，它可以借助其侧线来进行分辨，演化出的侧线对100英尺之外的其他动物电场敏感。介乎无脊椎动物与脊椎动物之间的深海鱿鱼，根本就不会演化出像侧线那样的东西，所以它们除了眼睛别无选择。因此，它们的眼睛只能从头部向外凸出越来越远，处在漆黑得让鱼都觉得远超"弃点"的深度静待捕猎时机。

像鲸或盲鼹鼠这样的动物不仅不会被演化过程的退化现象伤掉元气，反而可以变得更适应。在许多情况下，可能是自然选择，而非无规律的随机突变，有意地让动物的某部分身体有了些许的弱化。眼睛是一种奢侈的器官：视网膜组织消耗的能量是普通身体的100倍，视觉需要大脑中大量的空间来辅助进行信息处理。将其眼睛用作日晷的盲鼹鼠，比地上的老鼠需要更少的食物和氧气，它可以转变视觉皮层中的神经元以处理更为实用的事，比如用触须感知植物根部，用鼻子嗅其他鼹鼠在洞穴里留下的尿味，用耳朵聆听那蕴藏诸多信息的脚步撞击声。对演化而言，得与失都是一样的，唯一的不变就是变化。

"你知道吗，"金格里奇说的时候，手里拿着一根龙王鲸的大腿骨，"这些鲸有50英尺长。你可以轻易地将这些小腿当成已退化，将会消失殆尽而直接给忽略掉，但随后你会被这些肌肉附着物和形态良好的关节表面所震撼。"他的拇指在骨头上搓了搓。"这看起来不像是退化的。然后我就想：'那么，骨盆又有什么用呢？'"

一个多世纪以来，位于华盛顿特区的美国自然历史博物馆展示了一只来自亚拉巴马州的龙王鲸，它几乎囊括了臀部在内的全部骨骼，令人印象深刻。大多数哺乳动物的臀部就像两个半环拼接在了一起，它们在脊柱处进行结合(此区域被称为骶骨)，并且腿部的力量通过骶骨带动身体向前移动。臀部也在环的底部进行了结合，此处被称为耻骨联合处，是用以固定雄性的阴茎肌肉和雌性的子宫肌肉的。龙王鲸的臀骨是两块平直的骨头，这意味着环状骨显然已经被破坏掉了，并且失去了两个结合点中的一个。

博物馆馆长认为它们一定仍与骶骨处的脊柱相连，并且在耻骨联合处被拉开。

然而，这些来自亚拉巴马州的臀骨历经风雨，损坏严重，而金格里奇在埃及发现的骨骼保存完好。他可以看到作为两块骨头结合在一起的标记的细织带，从那里可以看出，两块骨头并非是沿脊椎上方，而是在耻骨联合处的环状底部结合到一起的。臀骨在鲸的身体深处呈悬空状态，与金格里奇在埃及发现的腿连在一起。显然，腿对运动起不到什么帮助，毕竟太小，且与脊椎是分开的。然而，它们仍与肌肉紧密贴附在一起，就像盲鼹鼠的眼睛一样，或有其他用处。耻骨联合处向金格里奇暗示了它们可能的用途：性交。

并非所有的蛇都是一条腿也没有的。某些种类的蟒蛇有少部分残余，用以引导身体做出正确的交配姿势。龙王鲸与蛇的亲缘关系跟蛇和鲸的有得一比，它们都很近，因而金格里奇认为这种引导或会使得性交过程变得更为顺畅些。如果真是这样，那么双腿退化就容易理解了：膝盖弯曲，双腿会搭在身体上，大腿会蜷缩到体内，让龙王鲸在游过古地中海时更为顺畅。如果腿位于其他位置的话，就会很好地与另一条鲸的侧翼相贴合。"所以，我认为这个退化是为了便于运动，而不是因为繁殖所需，"金格里奇说。

1990 年，金格里奇首次向世界展示了龙王鲸的腿骨化石，这对蛇类爱好者来说是一个福音。"但我不再认为蛇形部分很是关键，"他说。前文已经提到，在1989年野外季一开始，他便在较小的鲸（矛齿鲸）旁边发现了知更鸟蛋大小的化石。当时他无暇确认这是膝盖骨的可能性，但当他找到了龙王鲸的完整腿化石，他便立马想到了这一点。他的团队在矛齿鲸周围发现了其他碎片，后表明原来是它的部分股骨和踝骨。1994年，金格里奇的学生马克·乌亨（Mark Uhen）在南卡罗来纳州查尔斯顿博物馆的抽屉里发现了矛齿鲸的髋骨。"结果表明矛齿鲸后肢的碎片是一样的，"金格里奇说，"鲸小，其后肢骨随之也小。显然，长长的蛇形躯体无法在交配时给予引导，它们只是出现在鲸演化的这个阶段，然后就消失不见了。"

去埃及科考之前，为一探留存下来的陆地鲸，金格里奇只能研究巴基鲸这一种化石。随着后来发现了用趾游动的鲸，他已近乎弄清鲸从陆地到海洋的全过程。"突然间，我的脑海里闪现出：巴基鲸距今已有1 000万年了，这些家伙为何依然还有脚呢？我认为，'我们可以研究这一问题。'这是一个跨越1 000万年的过渡期，而且它处于浅海沉积物中有大量化石的环境中。"在巴基鲸和龙王鲸之间，古生物学家或能够找到许多从陆生到水生的鲸。为了找到陆生的鲸，金格里奇觉得还是得回到巴基斯坦。

第八章
重返，走兽渐善于水

念念不忘，必有回响。

——李叔同《晚晴集》

人生总会找到使命，法兰克·菲什(Frank Fish)在一瞬间忽然觉得自己必须得对得起他那姓名(Fish，英语中鱼的意思)。位于安娜堡西北约70英里处，是菲利浦·金格里奇发现鲸化石的玫瑰湖，那里芦苇丛生。当金格里奇挑拣巴基鲸的耳骨时，菲什正绕着湖边捕捉麝鼠，而在一次访问中，这位身材魁梧、目光如炬的科学家几乎就像他自己所说的那样"融入了生态系统"。他拉起齐胸的高筒防水胶靴，慢慢地扑进香蒲之中，随身带着一个借来的捕鼠器，且发誓说用后定会完好无损，物归原主。那天他计划去到一个新的麝鼠据点，但当他走近时，水位迅速上涨，溢过了高筒防水胶靴的边缘。就在菲什决定打道回府的时候，他发现自己站在的是一个4英尺高的动物背部，并非真的湖底。动物沉入水下，他也跟着落了下去。当时高筒防水胶靴灌满水并将他往下拉的情景，他在数天后仍记忆犹新，自己被粘在了湖底，但捕鼠器仍置于水上，看起来就像是野外科考的年度奖杯。接下来他所能记得的就是他已经在岸上了。

多数时候，菲什和我们其他人一样是陆生哺乳动物。他可以用优美的姿势慢慢地游，但他需要花费比同等大小的鱼多二十倍的能量才能游过玫瑰湖。诸如对哺乳动物在水中是怎样应对的这番事实的讨论，大大有助于将菲什定义为科学家。"如果你问我我自己是什么，我很难回答，"当我们在坐落于宾夕法尼亚州布兰迪万谷的西彻斯特大学地下实验室交谈时，他向我解释道。他也很难让实验室处于不繁杂的状态：充气的海豚和虎鲸悬挂在管道上，一条小鳄鱼在水箱里张着嘴一动不动，煤灰色的角挂在墙上，旧电视放在一个不时会存放座头鲸尾叶片的长冰柜旁边。"我说我是一名动物学家，但如果人们还想深究的话，我自称为生态生理学家及功能形态学家。这太长了，但我的确就是如此。"撇开称谓不谈，我们在很大程度上要感谢菲什，如今可以精确测量哺乳动物游泳所需的力、能量和运动均得益于他的研究。虽然菲什不挖掘化石，但他可以通过用活体动物来解释疾走的中爪兽是如何变成游动的鲸的，从而帮助揭示宏观演化是如何进行的。

菲什5岁的时候便决心成为一名古生物学家，但到了7岁时，他意识到所有的恐龙都死了，和它们玩起来没啥意思。在密歇根州立大学，他跨入了生态生理学家行列，今后有一半都与此相关——他是那种时刻都会测量动物在自然活动状态下进出的气体和热量情况的科学家。他曾有简单地做些鱼类研究的经历，无奈这个领域专家林立，诸多重要的问题都已经被解决掉了。但很少有人仔细研究过水生的哺乳动物，尽管人们对它们经历了数亿年演化才适应陆地的身体，为何转而又可在水中生活感到甚是不解。

在菲什的硕士论文中，他想研究一种像吸血鬼一样吸走热量的温血哺乳动物的新陈代谢是如何在水中适应下来的。他找遍密歇根以期锁定一个研究对象。河狸？太大，可以用尾巴把半水箱的水拍出来，爬过水箱的墙再在被淹的办公室里走来走去，实在是太令人担忧了。水鼩？通常一带到校园就死掉了。菲什抱最大希望的就是麝鼠，倒不是他对麝鼠有所偏爱，"恶毒的小怪物"是他对麝鼠的尊称。在他从玫瑰湖抓到它们并将之带回校园后，他用网和扫帚把它们从捕鼠器引到水槽中。菲什在水和空气中以及在温暖和寒冷的情况下分别测量其体温。他的实验表明，麝鼠使用的底层策略与海豚相同，都是通过控制血液循环来控制热量。麝鼠纤细、无毛的尾巴和腿的皮肉比是如此之高，以至于它们散热的速度远超身体其他部位。在26.7摄氏度时，麝鼠如果不在水里，它干燥的尾巴会变热，并释放出足够多的热量以免其被烫伤。在较冷时，它需要保持热量而不是释放热量，因而它会关闭尾部循环。当菲什把水箱温度降到17.8摄氏度时，麝鼠给身体保暖，但让它们的尾巴与周遭环境温度接近。另一方面，因为水比空气更容易散热，所以麝鼠在水中总是抑制尾温的增加，即便菲什把水温调到26.7摄氏度。

　　　　　　　　　　　　　　　在水一方：生命的演化

生理学家有时会下意识地将他们的动物视为能量和物质流入流出的黑盒子。但当菲什研究他那恶毒的小怪物时，他在想麝鼠是如何不仅适于在水中进行温血代谢，而且还设法利用哺乳动物的四肢在水中游动的。作为半个功能形态学家，菲什发现麝鼠的流体动力学是另一个令人困惑的问题。"在文学作品里，麝鼠游泳时要么只用尾巴，要么交替着用后腿，或两条后腿一起使劲，或只用前肢，或四腿并用——每个说这种话的人都是一边看着这些动物在河里游一边说。但实际上，他们基本上看不到腿。"

为了仔细研究它们的游动情况，菲什将其麝鼠放入装有流水的密封水箱之中，并拍摄其逆水行进的过程。他将胶片逐帧投影到屏幕上，画出细棍般的腿，由此他可以计算出麝鼠每次划动所产生的力；通过测量麝鼠消耗的氧气量，他可以看到它们将能量转化为运动的效率。原来麝鼠游动时是只用后肢划水的，前爪则靠近身体一动不动。当它们把每个后肢向后推时，会张开毛茸茸的、有蹼的脚趾，以尽可能地加大拨水的表面积。一旦一条腿向后踢到极限，麝鼠就会合上脚趾并再次将其向前拉以便再次后踢。以这种方式游动，若以相同的体重计算，麝鼠消耗的能量与人类相同，一次次，一步步，仿若水上的篝火。

菲什参观了动物园。他拍摄了水獭、海豚、海豹、北极熊，以及任何拥有自己游泳池的哺乳动物。几乎所有的哺乳动物都会游泳——传说只有猿和长颈鹿不会——但很少有人对其进行过仔细的研究。几年来，菲什满足于为一个又一个物种画出其棍状的小腿，即使他不清楚这项工作会把他带向何方。"有段时间我漫无目的，"他说，"我也不知道还能如何对麝鼠进行研究，所以就在持续地走老路子，如同集邮。"

一旦积累了足够多的影片，菲什竟不知不觉地开始对其观察的游泳动物进行分类，将其一字排开。一端主要是经典的哺乳动物，即我们常见的陆生哺乳动物，必要的时候它们可以缓慢而低效地穿过河溪。在中间的，是可以潜入水中寻找蛤蜊或植物根茎的物种。另一端则是上岸只是为了交配或者交配也在水中完成的哺乳动物，它们在水中畅游，如同其他哺乳动物在陆地行动那般畅快。尽管它们在哺乳动物家谱上相距甚远，然而每一种哺乳动物在游泳方式、解剖结构、游动效率以及水对其重要性方面都有很多共同点。菲什突然想到，他不仅可以用他的影片来记录现存哺乳动物是怎样游泳的，还可用其来研究一开始产生各式泳姿的宏观演化情况。"我开始思考一个根本问题：如何从陆生四足动物变成海豚的？为何要这样做？为何会有其他形态，比如海豹和海狮？"

化石的稀缺及古生物学家漫不经心的把弄方式，让菲什觉得化石的作用或许有限。1983年，著名的《科学》杂志发表了一篇关于巴基鲸头骨背面的报告，其封面出现的是一幅成体肖像：钩形鼻，爪子粗短，长得像熊，深潜并追逐鲱鱼。菲什不太高兴。"我一直觉得古生物学界——委婉说来是不那么严谨。他们现在好多了，但当时我们竟在扯闲篇。有了骨头，就进行重装，然后想怎

　　　　　　　　　　　在水一方：生命的演化

么说就怎么说。当看到巴基鲸时，我就有些抵触。它可能是真的，但却没有任何证据能证明这一点。这就好比拥有了霸王龙的完整骨架继而重建，你便可以断定它的尾巴是否着地，这着实有些过头了。充其量我们也只是知晓它有尾巴。"

菲什无法像研究四足动物呼吸的演化那样研究鲸类在游动方面的演化。从水中到陆地的转变在前面分支图的节点之间的路径中得到了体现。现有的鳍鱼、肺鱼、蝾螈和蜥蜴都是从这些节点分支出来的谱系成员，尽管它们有向不同的方向进行演化，然而呼吸方式似乎并未有太大的变化。但是当菲什看到鲸及其近亲的分支图时，他有望研究的陆生动物中，与之联系紧密的是像驼鹿这样的偶蹄目——这是一种在过去6 000万年中与中爪兽渐行渐远的动物。"你可以把这些动物扔进水里，但你不会看到它们能像中爪兽那样善游。它们都适应了奔跑、攀爬岩石，或诸如此类的行为。"菲什说。

至少菲什知道，一只早期的中爪兽不会从悬崖上跳下并像海豚一样在水中游。通过对其所观察的水生动物进行分类，他可以提出一个关于陆生哺乳动物过渡到水生，并伴随着行为和身体构造渐变的假设。当古生物学家终于找到鲸的一些过渡期化石时，他可以对其设想进行检验。但是当菲什正打算着手这一计划时，他意识到诸多亟待观察的动物类别他还没有。他需要将北美和南美的负鼠、鸭嘴兽和河狸、稻鼠和澳大利亚水鼠都放入他的水箱。他蹲在狭窄的通道上拍摄虎鲸掠过，他站在玻璃墙水箱旁记录各种海豚冲过，他拍摄各种水獭：海獭、水獭和亚马孙巨獭。

直到20世纪90年代初，菲什才攒够了镜头以总结理论阐述鲸是如何游泳的。第一步是狗刨。狗和其他陆生哺乳动物（或包括中爪兽在内）在水中都使用相同的划水姿势：当右后腿向前时，左前腿向后推，当左后腿向前时，右前腿向后推。狗刨只不过是在水中小跑，与在陆地上行走的运动模式所用的脑力并无二致。对于只想游过小溪的动物而言，已足够了。

然而，与其他游泳方式相比，狗刨是不够好的。若要在水中滑行，得像鱼雷一样移动，身体的横截面要尽可能小。但是，一个胸腔充满空气的中爪兽会在游泳时不住地向上倾斜。另一个不可避免的问题是狗刨时腿会相互干扰。"我们让负鼠游，"菲什说，"当它的一条腿向后，另一条腿向前时，你实际上会看到它们之间是会碰到一起的，看起来就像马跌倒前的跌跌撞撞。从流体力学的角度来看，如果你让它在流动的水中而不是静止的水中游动，这种额外施加的动力，使得它的另一只脚需要配合出对应的姿态。"

只需稍做调整就可使这种游泳姿势更为完美。随着中爪兽在水中和周边待了更久的时间，它们或会经历菲什在比较北美和南美负鼠时所发现的变化。北美负鼠更可能在树上而非在河里，呆呆地盯着迎面开来的汽车，所以它们是标准的狗刨选手。它那南方的水生近亲蹼足负鼠看起来与它外貌相似，但游泳时蹼足负鼠把前腿伸到身体前方，同时用后腿踢，这样它的腿就不会再搅到一起了。蹼足负鼠的后足有蹼，以增加推力，而它的眼睛则高耸在头上，它的皮毛可吸收气泡以让整个身体浮起来。当北美负鼠上下震荡身体费力游动时，蹼足负鼠则可保持身体水平从而轻松游动。

不过，这就是演化对狗刨所做的所有了。从本质上讲，这是一个两阶的循环：每条腿在向后推水时经历一个动力期，然后在再次向前拉时经历一个恢复期。每次恢复都会减慢动物的速度，即使它可以通过合拢爪子来减少水阻。更糟糕的是，在水面上用狗刨式游动的哺乳动物得与小波浪那湍流作斗争。它像船一样产生自己的"头激波"，从而会消耗能量，当船或泳者移动得更快时，即达到所谓的船体速度，此时它会被困于两个波峰之间，无法再快了。

根据菲什的说法，鲸不可能在转换新的游动方式之前便超越了这种低效的蹼足负鼠演化阶段，而曾有一段时间它们肯定会变得像水獭那般模样。水獭的身体与陆生哺乳动物有着很大的不同：它有一条长而肌肉发达的尾巴，有着雪茄形的躯干和粗短的腿；它的前足很小，后足很大。在水面上游动时，它仍可以狗刨，但为了潜水觅食，它需要一种新的方式。如果它试图像蹼足负鼠那般潜泳，它那皮毛的浮力会盖过其后腿的适度推力。

水獭在潜泳时不是后肢交替，而是一同向后推。它仍然靠狗刨式的推水逻辑，但现在它也可以从尾巴上获得推力。它那灵活的长背在踢水时会弯曲，所以当它的后腿完成推水并开始向前拉伸时——此时动物常失去前进动力——它那粗壮的尾巴进而也可通过持续摆动来继续推水。当波浪触及水獭尾尖时，它的后脚蜷缩起来准备再次踢水。这种强有力的划水动作，结合不受表面波的制约，联合效应是巨大的：海獭在水下的游泳速度可以提高75%，且能量消耗降低近一半。然而，以这种方式游泳，水獭无须转换脑路：并非在陆地上的小跑，而是在水中疾游，其背后的运动操控方式是一样的。

水獭距离鲸还有很长的路要走。"像软木塞一样在表面浮动不难，要想下沉到水中可是得颇费一番功夫的。"菲什说。鲸此时需要蜕去它们那善蓄空气的毛皮并演化出鲸脂。"通过把空气变为鲸脂之类的，便可获得很好的中性浮力。你只能在浅水中看到海獭。它们不在开阔海域，无需鲸脂——水獭会花很多时间梳理它们的皮毛。鲸脂是一个可供储存和调用的能量站。"有鲸脂护身的鲸可以持续像水獭那样游，因为它的尾巴变得更大，肌肉更发达，且由于尾巴从臀部脱离开来，它的背部也变得更加灵活了。它会较少依赖它的腿，因为它可以通过弯曲背部产生足够的推力，而无须后脚在一开始助推。鲸游动的最后一步就是其尾巴上的尾叶了。现在，尾巴上有了这些如飞机机翼的加持，它们就能产生升力，这是在任何流体（无论是空气还是水）中进行移动的最有效方式。通过调整尾叶的角度，它们得以在上下游动之时尽可能地推动自己前进。

菲什模型的强大之处在于，它不仅解释了鲸是如何演化的，还解释了其他海洋哺乳动物是如何拥有自身生理构造的。海豹也可能是狗刨式动物的后代，它们不再使用前腿并像蹼足负鼠一样游泳，从而减少了麻烦。但随后它们做出了不同的选择：它们没有用后脚向后推，而是像桨一样将之倾斜到两侧——正如菲什在澳大利亚旅途中所发现的鸭嘴兽那般，做了很好的诠释。它们的脚开始左右划动，渐渐地整个盆骨也开始摆动。

　　海豹和鲸的不同命运并非随意的，然而，它们实际上将菲什

体长约80厘米

水獭用其后腿踢水，并借由弯曲其背部和尾巴来产生额外的推力

带回到了他原初的工作上——研究尾巴的动物学家。尾巴可以迅速释放哺乳动物体内多余的热量，这是其在热带地区的优势，但到了较冷的气候中，无论多出点什么都是一种负担。"如果你看了北方和南方的负鼠，"菲什说，"你会认为它们是两种截然不同的动物。北方的负鼠总是毛茸茸的，耳朵看起来像是被咬掉了，尾巴也少了一半——被冻伤了。南方的负鼠则没有这样的麻烦，因为它们不会被冻伤，所以它们的耳朵很大，尾巴很长，脚趾也很长——它们看起来比较养眼。"化石记录显示，海豹是至少2 500万年前北太平洋某个寒冷海岸上的一种熊类动物的后裔，这种动物根本就没有尾巴。相比之下，最古老的鲸来自5 000万年前靠近赤道的巴基斯坦，而长长的中爪兽尾巴或有助于降温。因此，它们在陆地上的家园决定了它们在海上的前景。威廉·弗劳尔早在一个多世纪前就提出，长尾巴的动物才会长尾叶，而菲什凭借对生理学的深入了解，将这一想法引入了现代演化理论。正如菲什所说："一切演化都基于历史。"

1979年，金格里奇发现了最古老的鲸——巴基鲸；十年后，他发现了距今最近的有腿鲸；1992年，汉斯·史文森（Hans Thewissen）第一次在这两者之间又展现了新的景象。这里有个彩蛋，就是史文森是金格里奇的学生，尽管情节老套，但事实就是如此。当我在东北俄亥俄大学医学院拜访史文森时，他已在一张桌子上站了一整个下午，用35毫米相机对准他双脚之间的黄铜色岩枕。一个助手拿着一个夹灯，史文森让我拿着另一个以抹去后来的阴影。

我们看起来像是为时尚杂志进行拍摄。这块岩石本身是最近才从巴基斯坦被发掘出来的，里面全是骨头。我原以为史文森会徒手把它撕开：岩石顶部的正是巴基鲸的头骨，前半部分完好无损，让我们得以首次看到它整个头部的真实样貌。它那小小的眼窝是露出在外的，高高地挤到突出的吻部并向前伸。岩石中混杂着龟壳和被称为炭丘兽的小象近亲，还有肩部和前腿的碎骨也混入其中。它们可能属于巴基鲸，这意味着史文森第一个发现了这头原始鲸头骨之外的一块骨头。当然也可能并非如此。

然而史文森并不着急。他从桌子上跳下来，把研究化石的同伴拉过来。在他工作的时候，他的表情是如此之紧张，以至于看起来像是很忧郁一样。他的头发平搭在额头上，苍白的脸颊中是抿起的嘴唇。看着他，我不禁想起了霍尔拜因画作中那严肃的面孔。在他从各个角度拍摄完之前，是不会让助手开始从岩石中取出骨头的。化石中固然有信息，但镶嵌有化石的岩石中仍蕴含有其他信息。当动物在沙尘暴中一起死亡时，当熊骨在其常出没的洞穴中堆积成山时，当它们的尸体顺主河道一路漂，并在曲流湾处堆积时，那些化石也就步入了最终的坟墓。史文森用大锤从巴基斯坦的山坡上敲出这些岩石，他想用他所拍摄的照片绘制一张或会表明这些动物是如何死亡的骨骼地图。这些骨骼或能道出那些不知归属的肩骨和腿骨是否真是同一条鲸的。至少，这是他的美好愿望。现在他正试图翻动其中的一块岩石，以期记住它们最初是如何在地球另一端的一座小山上组合在一起的。"有时我在想，若我学过石匠课就好了。"他抱怨道。

"我曾试图让汉斯对鲸产生兴趣，但无功而返。"金格里奇说。和金格里奇一样，史文森长期以来一直都痴迷于化石，但直到最近才被鲸的起源所吸引。"我的母亲告诉我，我从小便对化石十分感兴趣。"史文森说。周末，他的父亲带他到离他们荷兰的家30英里开外的一处露地岩石处，在那里他可以挖掘出7 000万年前的海洋生物的踪迹。"他感兴趣是因为我很有兴致，他主要是想帮我解决问题。我是独生子，所以我得选择我们要去哪里度假。我们总是去有化石的地方，德国的大泥盆纪地区有三叶虫和珊瑚，有几次去的是诺曼底北海岸，那里有侏罗纪-白垩纪层序，还有很多假期我们去的是西班牙，那里有石炭纪软体动物。"

当史文森来到密歇根跟随金格里奇学习时，他开始意识到自己是一名古代生物学家而非古生物学家。"我对这些动物更感兴趣，而不是它们死后会发生什么，或者如何使用它们来确定岩石的年代。"很少会有学古生物学的学生会花上一个月的时间解剖一只经过防腐处理的狗，以搞清楚每个肌腱、腺体和肌肉的样子。在乌得勒支大学期间，他研究偶蹄目并开始对其脚踝赞赏有加。在我们人类和大多数其他哺乳动物之中，脚在一个枢轴处随着脚踝来回摆动。但是水牛、驼鹿和所有其他偶蹄目都长了细长的踝骨，都可以在两端摆动以迈出大而稳的步伐。为了了解这种双滑轮的演变过程，他切开一只死在阿姆斯特丹动物园的土豚以研究它们的原始踝骨，并且还为巴黎的国家自然历史博物馆工作，帮

在水一方：生命的演化

忙研究从巴基斯坦挖掘出来的化石。

在密歇根，史文森研究了踝节目动物（这些原始的食草动物会演化成当今的有蹄哺乳动物），并在夏天与金格里奇一起前往怀俄明州寻找化石。当时金格里奇在埃及过了好几个冬天，并带回了成堆的鲸骨，他需要有人对此进行研究，但史文森没有主动请缨，他对仍在陆地上且有腿的哺乳动物更感兴趣。研究生毕业后，史文森在杜克大学向医学生教授解剖学，在那里他花时间研究蝙蝠的飞行肌肉，以寻找它们与其他哺乳动物关系的线索。他仔细考虑了怎样推进自己的事业发展，并认为需要找到一些属于自己的化石。巴基斯坦是个不错的选择，将金格里奇吸引到那的许多问题仍悬而未决。地质学家知道印度次大陆已经并入亚洲，闭合了古地中海并形成了喜马拉雅山脉，但令人吃惊的是，他们不确定它首次下沉是什么时候以及完全闭合需要多长时间。他们曾推测是 2 500 万年前，然后又推测是 4 000 万年前左右，还有些人竟将其回溯到 6 500 万年前。断代的意义是巨大的。

纽约州立大学石溪分校的古生物学家大卫·克劳斯（David Krause）研究了自 20 世纪 70 年代以来所收集的哺乳动物化石，并认为印度是许多现存哺乳动物的摇篮。在 7 000 万年前，印度便已与非洲南部海岸连接到了一起。也许原始哺乳动物在其穿越印度洋之前便已登上了这块大陆，在接下来的 1 500 万年里，这些哺乳动物在印度独立演化，与世界其他地方的动物有了物理隔绝。一种类似狐猴的灵长类动物演化成了另一种形式，最终会演化出眼镜猴、猴、猿及我们人类。踝节目演化出了一批最早的有蹄哺乳动物。当印度将亚洲作为新的家园时，这些哺乳动物从跳板上跑下来，在数百万年的时间里到处游走，出现在了怀俄明州等化石丰富的地区。然而，与克劳斯的想法同样有趣的是，这完全依赖于大陆碰撞的时间，可对此科学家仍不确定。在史文森看来，古生物学家可以帮上忙。在大陆碰撞之前，印度次大陆本就是一个光怪陆离的岛屿，如果他站在次大陆北部边缘的巴基斯坦，他可以看到印度的哺乳动物涌入亚洲，而亚洲的生物则全都朝着另一方向奔赴。如果他能确定其化石的年代，他就有可能给这次大陆碰撞进行断代。

在巴基斯坦留学期间，史文森与旧时的古生物学家重新取得了联系，该团队由霍华德大学和巴基斯坦地质调查局的研究人员所领导，这支队伍便是1977年曾与金格里奇在甘达克村工作的那个团队，20世纪70年代后期，他们在那里发现了许多哺乳动物的化石，包括后来被金格里奇更名为巴基鲸的一块鲸颚骨。这支霍华德–巴基斯坦联合团队建议史文森再去到一个名为62区的地方，那里哺乳动物特别丰富，因而史文森询问国家地理学会是否有兴趣资助该项目。"我觉得如果我要的资金很少，成功申请到的机会就会大大增加，因而总的来说我把要求压缩成了三张去巴基斯坦的机票钱。"他回忆道。协会给予了资助，因而在1991年的首次出行，他带上了一位曾与他一起在怀俄明州工作的名叫安德烈斯·阿斯兰（Andres Aslan）的沉积学家。在伊斯兰堡，他们与巴基斯坦地质调查局的助理主任穆罕默德·阿里夫（Mohammed Arif）会合，前往库尔达纳地层，回到金格里奇让出租车在一旁等候，而自己则溜达过来的那个甘达克村附近地区。

阿里夫、阿斯兰和史文森每天早上都会开着一辆破旧的蓝色卡车，从附近的阿塔克镇前往卡拉奇塔山脉的一个山谷。他们从公路步行一英里到达62区，那里的始新世粉砂岩、泥岩、石灰岩和砂岩都暴露于灌木丛中10英尺长的岩石露头处。在此史文森特别需要阿斯兰的沉积学知识。他们穿越时光隧道回到过去，看着古地中海迅速地涨落，稍有挪动就将被带入一个全新的境地。"库尔达纳环境变化的速度之快令人惊叹，"史文森说，"原本是淡水岩石，接着受海水浸灌，成了一片海湾，继而演变为另一条湖泊，然后就变成一整个海洋。"而且他需要把焦点放在陆地岩石上，因为只有从这些岩石中，才有希望找到穿越印度边境的哺乳动物化石。

当沉积学家仔细研究62区的岩壁时，史文森用大锤将其砸碎。几天后，他发现了很多骨头化石，不过都是鲸耳骨——史文森后来意识到这是巴基鲸的耳朵。他知道这块化石很是重要，不过并非因为他先前说过一定要拿到去了西藏的哺乳动物。"当你观察陆生哺乳动物的迁徙时，跟鲸就沾不上什么边了。"他说。史文森曾承诺会在那接一位飞来研究中新世岩石的荷兰古生物学家，因而不得不返回伊斯兰堡，在此之前，他们在那连续工作了6天。在他已做好准备重返野外的时候，历史再次重演。美国大使馆让他留在首都，因为美国和伊拉克之间的对峙正让整个伊斯兰世界变得紧张起来。几天以来，史文森在伊斯兰堡等待时机。"后来我们意识到谈判毫无进展，所以我们就离开了。至少我还科考了6天。此外，我们还发现了那些鲸耳骨化石。"

他在杜克大学待了几个月，全身心研究耳骨化石。在葡萄状的耳壳里面，他破天荒地首次发现了巴基鲸砧骨，即耳骨链中间的那块骨头。当鲸胚胎开始形成耳朵时，这条链看起来大体和其他哺乳动物没什么不同。但就鲸耳而言，海克尔是对的，窥一斑而知全豹，个体发育确实能够概括系统发育。砧骨扭曲了大约90°，将周围的结缔组织带拉了过来。这一转变可能与让空气中的耳朵适应水下声音传播有关，不过目前还没有人能准确地说出究竟是怎么回事。无论如何，史文森发现，通过砧骨研究，巴基鲸再次成为一个耀眼的过渡动物：与现今的鲸耳相比，它的砧骨扭曲度大概只有一半。

史文森被驱逐出巴基斯坦的时间比金格里奇可是要短得多。到下一个科考季，海湾战争结束了，当他打算回到巴基斯坦时，国务院并未干预。不过，他的钱几乎花光了，因而当他独自前往伊斯兰堡时，他想到这是他寻找迁徙的哺乳动物踪迹的最后机会。阿里夫在伊斯兰堡与他会合，他们将车开回甘达克村，沿着同一条山谷返回62区，但并未径直朝向那个地儿。古生物学家有绕弯的习惯，除非是被一整天的挖掘工作及所扛的大锤、镐、凿子和铁锹搞得疲惫不堪。当阿里夫沿着山谷的一侧溜达时，他发现了一块骨头。他砍开其周围的岩石，把它给弄了出来，史文森一下子

　　　　　　　　　　在水一方：生命的演化

便认出它是古海牛（这类哺乳动物还包括海牛和儒艮）的肋骨，它们在恐龙死后不久也像鲸一样返回大海。古生物学家猜测它们起源于 5 000 万年前与大象相似的炭丘齿兽科动物，只是将其在陆地安静吃草的习惯改成了在水中以海草为食。

就像巴基鲸的耳朵一样，这块化石也十分有意思——它是巴基斯坦始新世的首个海牛化石——但史文森又碰到硬茬了。当他和阿里夫回到 62 区时，他们仍找不到任何好的陆生哺乳动物化石，史文森决定是时候去勘查新的岩石了。"漫无目的地瞎找，"史文森说，"在航拍照片上看到一个年代合适、看起来不错的裸露岩石，然后便去勘探这些区域，这意味着大家分头行动，直到午餐才见面，然后你慢慢地从一个岩床走到另一个岩床，东碰西撞，看看那儿有没有化石。那天早上我们就是这样，只是看看这个地方有没有什么宝贝，然后便聚在一起吃午餐。"

他们斜靠着一堵绿粉色的石墙吃东西。它就是阿里夫发现的海牛肋骨岩层的一部分。它比发现巴基鲸的岩石要晚上数百万年，可正当史文森碰巧抬头看向它时，他注意到岩石的纹理凹凸不平。它是曾一度在古地中海附近繁盛生长的层层牡蛎所铸就的。史文森坐在那儿吃东西的空隙，便已发现了三颗鱼齿，就好像是岩石试图告诉他不该把心思放在印度大陆碰撞断代上面，而该考虑下大海能透露些什么天机。他决定从中找寻答案。

在挖掘了几天海洋岩石后，他知道自己并没看走眼，因为他和阿里夫发现了海牛的头骨碎片。几天后，阿里夫从低矮的粉砂岩峭壁上发现了一块动物的膝盖骨。"基于股骨和胫骨的形状，我意识到这是哺乳动物的膝盖骨，"史文森说，"然而那时我不知它是什么动物的膝盖骨。"

当他们发现更多这种哺乳动物的骨头散落在峭壁表面这块膝盖骨附近时，他们决定把岩石给挖出来，看看化石向后和向下分别延伸了多远。"出现了越来越多的骨头。这个峭壁是垂直向的，我们曾在其顶上待过，膝盖骨我们就是在那儿找到的。然后，一旦我们确定了它的岩层，便滑下去，我们首先找到的是一根肋骨，旁边有一根小脚骨，然后右边有一根股骨和更多的肋骨，接着便一发不可收拾了。"这只动物超过6英尺长，头朝下埋于岩石之中，在他们花了三天时间才将其挖出来的过程中，史文森一直在猜测这究竟是什么动物。他认为这可能是一种炭丘齿兽——这样猜并非没有道理，因为先前并未有人从炭丘齿兽身上发现过除下颌骨之外的任何化石。也许他发现了炭丘齿兽和海牛之间的过渡物种。尽管如此，对于任何哺乳动物来说，它的身形都显得太过怪异——前腿较短，却有着扁平的手掌，而后腿的末端是像小丑鞋一样的脚。"我在想，这副骨架棒极了，但倘若我不知道它是什么动物，我下一步该如何是好呢？"

他们深入峭壁深处，最后发现了一块头骨。它呈长鼻状，被灌木的根茎给弄断了。他们从动物的一颗牙齿上剔掉岩石，看后史文森很是笃定，这就是炭丘齿兽。"在看到这些牙齿的第一眼，我就说：'它们看起来不像海牛。'"事实上，它们看起来很像是形如中爪

　　　　　　　　　　　在水一方：生命的演化

兽的原始鲸。他和阿里夫从耳骨上刮下岩石部分，看到它像葡萄一样从下颌后端垂下来，然后认出了鲸豚类动物的标志，即刻在上面的S形。史文森终于明白，他们发现了一头会行走的鲸。

史文森并未凯旋，至少没有立马凯旋，因为他现在弹尽粮绝了。"我无法带回整只骨架，因为我没钱支付超重的费用。"他说。在伊斯兰堡的地质调查局，他把那年冬季所发现的化石都给拢了起来。他的发现很多，其中还包括海牛肋骨和头骨，以及巴基鲸的下颌骨。事实证明，这个下颌骨也很重要。就像他在1991年发现的砧骨一样，这个下颌骨也起了很好的承上启下的作用。陆生哺乳动物——包括人类和中爪兽——在它们下颌骨每个侧翼内侧的中间位置都有一个火柴头大小的洞，血管和神经均从中经过以保持下颌的灵活。在鲸体内，这个洞是一条宽的槽，贯穿大部分下颌，它里面有让耳朵听到声音的脂肪垫。史文森发现，在巴基鲸体内，这个洞仍很小，而在大约300万年之后的走鲸身上，它变得更大了。但是史文森不会再刮掉下颌骨上的沉积物，再花一年时间来琢磨这个洞。在伊斯兰堡，他不得不把几乎所有的化石都放在铺着稻草的板条箱里，然后用锤子将其封紧。他只能把他能带上飞机的东西带回家，因而他选择带上他那新发现的鲸头骨，以期弄清其分类位置。他把湿卫生纸塞进其缝隙，用铝箔纸盖住，然后用石膏绷带包起来，放进背包，启程回家。

回到美国后，史文森不得不一遍又一遍地讲述着同样的遭遇，每讲一次，个中尴尬可谓不尽相同：我发现了一条有腿的鲸，这是古生物学史上最重要的化石之一，但此刻腿不在我这儿。"他发现了那化石后便打电话给我，"金格里奇说，"他打电话给我，告诉我此次出野外的进展情况，并希望我能给他推荐一个工作。我记得我说道：'汉斯，如果你把最好的化石留在巴基斯坦，又怎能指望会找到个好工作呢？'和我一样，他对牙齿和头骨很感兴趣，当他告诉我时，他把这个又大又沉的头骨给随身带上了飞机，然后把那装满四肢的箱子留在巴基斯坦了，我简直不敢相信。'不要把你最吸引眼球的东西留在那儿！赶紧想些法子吧！'"史文森参加了科学会议，并试图用头骨给人们留下深刻印象，他信誓旦旦地说，一万英里之外还有这条鲸的其他腿骨化石。"我本该等等的，但我太兴奋了——天哪，我竟发现了这个令人啧啧称奇的化石，它正是缺失的一环——但我觉得大多数人都在说：'是的，没错。当我们亲眼看到腿和脚时，我们就会相信的。'如果换成是我，我估计也会这样说。"

是金格里奇把骨头带回给了史文森。自1991年前往鲸之谷之后，他一直都在想着如若到了埃及定能有更多新的发现。他已经找到了五种鲸，并且在一条鲸身上找到了腿和脚趾，他的学生马克·乌亨一直都在对其进行分类。他甚至使用全球卫星定位系统来标记他在山谷中发现的349具鲸骨架中每一具的位置，这么一来，后续的古生物学家就不必费力重找了。如果其他人想继续这方面的工作，他们随时欢迎。随着阿富汗内战的结束，他的思绪又回到了巴基斯坦。他想起了那糟糕的首个科考季，当时他带领

　　　　　　　　在水一方：生命的演化

一支国际团队前往拉基纳拉谷去挖掘大约 4 300 万年前的哺乳动物化石，结果却发现他们站的地方曾是一片汪洋。"在我们落荒而逃之前，我们见到了这个东西，"他在办公室一边跟我讲，一边用手滑过一排抽屉，然后停了下来，拉开了其中一个，里面是一堆连在一起的苹果汁色的骨头，"那显然是盆骨的髋臼。我们有一个骶骨，盆骨相连处又跟脊柱接在了一起。我们开玩笑说这是走鲸，但那只是个玩笑。"他们反倒是猜测它一定是大象的近亲，漂到了海里并腐烂成一片一片的了。既然现在他已经在龙王鲸身上发现了腿，他对此猜测更深信不疑。

1992 年，当金格里奇准备返回拉基纳拉谷时，史文森向他讲述了他在板条箱中留下的鲸腿的事。金格里奇时隔九年后重回巴基斯坦，那里变化不大，只不过人们在乡下携带的老式英国步枪全都变成了卡拉什尼科夫冲锋枪。到达拉基纳拉谷后，他与穆罕默德·阿里夫以及密歇根学生周小元一起在北边进行了数天的勘探，这里的岩石可能比史文森一直在研究的岩石晚上好几百万年。一天早上，他们站在山顶，商定如何分头行动，然后在远处一座尖尖的小山上集合并一起吃午饭。与金格里奇才分开一小会儿，阿里夫便发现了骨头，于是他俩凑到一起又研究了一上午。这是雷明顿鲸，是一种窄脸的早期鲸，曾有人在印度见到过它的头骨。大家在山上碰头，不过下午又分头行动了。这次是周小元叫的金格里奇。"沿着一座小山，他发现了几块白骨。很明显，它就在地下。我很兴奋。我想：'这跟在埃及的遭遇很像。即将尘埃落定——那是鲸的下颌。这可是个好兆头。'"

"接下来的几天我坐下来开始进行挖掘。一挖就立马挖到了股骨——几乎是绕着头部而卷曲的，所以当你挖下颌骨时，也就找到了股骨。"金格里奇从未见过像这条鲸大腿这样的东西，只有7英寸长。他想起史文森曾告诉他自己有个标本，大小和海狮差不多，有着11英寸长的大腿。这只拉基纳拉谷鲸——比史文森的那只要晚一些——不过相对而言腿却粗短得多，尽管与他在埃及发现的更为晚期的龙王鲸的腿相比，它们的腿可是粗壮得多。金格里奇现正在随意挖掘的那股骨，两端都有光滑的斑，用于连接健壮的肌肉，膝盖的凹槽看起来倒是正常，并没有龙王鲸那种奇怪的双扣。当龙王鲸的腿骨和臀骨单拎着悬于其体壁上时，这条新鲸的腿骨和臀骨却靠近其脊椎。

金格里奇在挖掘的过程中又发现了另外四种鲸化石，但全都无法与那量极大的卷曲标本相比。1992年2月，他带着史文森以及他自己的化石回到安娜堡。两年来，他们都在不停地将那坚硬的岩石从鲸化石身上一点点刮下。1994年，他俩在数个月内相继发表了研究成果。这一年标志着鲸与其他哺乳动物不再被截然分隔开来，拨云见日的时候到了。

史文森将这种生物称为走鲸("行走的鲸")，它是两种鲸当中离鲸的起源更近的一种。它身体重达400磅[①]——巨大的鳄鱼般的

---

① 1磅约为0.45公斤。

头，胸很宽，尾很长——蹲坐。它的颈椎骨上仍然有高耸的突起物，中爪兽曾经用其支撑它们沉重的头部。胸很宽，以至于像海豹的鳍状肢一样将双手向两旁展开，蜷缩的后腿上的巨脚笨拙地拍打着地面。必要的时候，走鲸可以在陆地上蹒跚而行，但通过其脊椎形状，史文森便不难看出它擅长的点。它没有令中爪兽脊柱保持刚性的插销，比起任何其他动物，它的大体样子都更为接近水獭。虽然史文森没有发现走鲸的臀骨，但脊柱显著表明走鲸在用其巨大的后脚掌推水的时候，必定是拱起背部，并将推水的力量传到了尾巴的末端。

金格里奇将他的发现命名为罗德侯鲸，尽管它的头部仍然很大，且由固定于同样高的、类似中爪兽颈椎骨上的肌肉所支撑着，但它还是比较像现代鲸。虽然他不知道罗德侯鲸的脚长什么样，但它的腿太短了，以至于金格里奇对其在水中能否产生明显的推力持怀疑态度。它的脊椎不再与臀骨结合在一起，因而可以毫不费力地一直弯曲到胸腔，这使得鲸从此开始就只有半条尾巴。虽然罗德侯鲸仍可拖着身子上到古地中海海岸上，但它现在在水中游动已完全依靠尾巴驱动了。除盆骨外，金格里奇只找到了少数几根其他的骨头，这让他无法知道罗德侯鲸的尾部是否长有尾叶。但考虑到他发现它的页岩离海岸很远，因而可以推测它从岸边游入海的时候力道定是不小，且很少回到陆地。

总的来说，这两种鲸化石就像一支从陆地指向海洋的箭。最令人震惊的是，它们几乎完全符合弗兰克·菲什几年前根据他对

走鲸

罗德侯鲸

现存哺乳动物的研究做出的推断——就像水獭和水獭后代一样在水中行进，即使没有，至少也获得了骨化石。

第九章
巴适，在大洋中畅游

> 你要造一艘船，先不要雇人去收集木头，而是要先去激发起人们对海洋的渴望。

—— 圣·埃克苏佩里《小王子》

单靠走鲸是无法解释清楚鲸是如何学会游泳的，即使加上罗德侯鲸也不能。就像宏观演化的诸多作品那般，鲸的起源需要一组化石来进行诉说。不过，幸运的是，这两种化石够多。在过去的几年里，已经有许多早期的古生物被发现，现在它们合在一起讲述了一个令人惊讶的连贯故事，尽管听起来很奇怪。故事的某些部分还不够清晰，有些部分是基于零碎的证据，甚至还存在着自相矛盾的地方。科学家们尚未宣告整个故事的完结，不过它或可暂告一个段落。至少现在我们有一个初步定论。

和大多数关于宏观演化的故事一样，这个故事始于死亡。大约6 500万年前，在世界上存续了1.5亿年之久的动物走到了生命的终点。陆地上的恐龙、空中的翼龙、海洋中的海洋爬行动物都是靠着尾骨支撑的。而近1 000万年来地球上的生命相对安谧而渺小。许多存续至今的古老脊椎动物几无任何变化：鲨鱼仍在海中漫游，海龟在陆地上爬行并在海洋中游，鳄鱼待着一动不动。但是已灭绝生物的庞大体形，它们在陆地和海上的疾驰，它们的社群形态，均无法再现了。在白垩纪末期，海平面一直在下降，降雨减少，气温下降，但在灭绝后的时期（古新世），地球再次变暖。那时北极并没有被冰雪所覆盖，棕榈树在离北极不远的斯匹次卑尔根岛摇曳，哺乳动物在树冠下行走着，沙沙作响。而在恐龙那年代，哺乳动物还一直都是爬行的，到了古新世，现存于世的一些主要分支刚处于萌芽阶段。然而，即使恐龙灭绝，哺乳动物似乎也难得过上几天好日子。看起来像是暴眼鼠的那些不太聪明的小型灵长类动物，以昆虫和现今常见的开花植物的果实为食。体形最大不过奶牛的原始食草动物，咀嚼着叶子和嫩枝——这些草再过300万年就将不存。当恐龙活着的时候，树上的摘食线足有40英尺高，然而现在只有6英尺高。

当时地质学界的一个研究重点是印度板块与亚洲大陆的碰撞。喜马拉雅山脉隆起，西藏被推升成了高原，古地中海开始卷缩消失，变成如今波斯湾那般浅而咸，充满生机，在其边缘聚集了一群新的哺乳动物，也许它们是在海失踪的几年中在印度演化而来的，又或来自亚洲其他地方。无论怎么讲，它们都极其繁盛：丛林中有着众多的啮齿动物，树上挂着蝙蝠和灵长类动物，森林和灌木丛中点缀着一些早期的有蹄哺乳动物——貘、犀牛和大象的祖亲。

对于捕食动物而言，有类似山猫、被称为鬣齿兽的哺乳动物，还有格格不入的中爪兽。中爪兽来源于性情温和的草食性有蹄动物，其近亲或是偶蹄动物。他们像肉食动物那般好食肉，但其背部僵硬得像马一样，这又令它们无法追捕猎物。即使如此，它们还是有足够的食物可以吃，用它们那碎骨型下颌清理腐肉，或时不时偷袭乌龟，或在浅水处抓鱼——不同于熊那样用爪子，而是用其长吻部来抓。在大多数情况下，中爪兽就是这样生活的，繁育了成千上万代，直到3 400万年前，它们这种特别的解剖学窘境令其难以为继。

然而，在古地中海周围，一群中爪兽或某些近亲挪到了水里生活。海里盛产鲱鱼等鱼类，咸海水涌向富含盐分的内河口。像大多数哺乳动物一样，这些中爪兽可以用它们在陆地上行走的腿交替着划过溪流。它们从来不用带蹄的腿来攻击猎物，取而代之的是变得越来越长的长吻部，这样它们就可以抓到更远处的鱼。它们的门牙变成了细长的钳子，可以钩住游动的猎物；锋利的后牙可以切开食物，或者干脆将其整个吞下去。大部分时间它们都在只没过膝部的浅水区捕鱼，不过游动时所消耗的能量要比跑步时多得多。尽管它们生活在热带地区并且覆有皮毛，水还是会消耗掉它们的热量。它们已然变成了巴基鲸及其同类，换句话，很难说它们已变成了鲸。

金格里奇认为，巴基鲸与尚未被发现的第一只真正意义上的鲸之间只有200万年的时间差。大概又过了300万年，走鲸才出现——汉斯·史文森还不确定它的确切年代。在这段时间里，演化进行得很快。新出现的其他种类的鲸游入更深、更宽的水域，游动方式也从狗刨式演进到蹼足负鼠那般。它们的腿变短了，后脚很长，可能有蹼。按菲什的模型，皮毛令其很容易浮起来，这或有助于它们在游动时身体保持直挺状态。新的物种出现了，它们可以像水獭一样游，在水面划或猛地一踢，弯曲松动的脊柱潜入深水之中。为什么鲸要费心做出这番转变？巴基鲸和它同时代的动物只在水里待着就挺安逸的——在巴基斯坦的一些始新世遗址，巴基鲸的牙齿化石是现今最为常见的。这样的巧合或是一个线索：在古生物学家发现早期鲸的地方，还发现有炭丘齿兽，即大象和海牛的祖先，在此之前是古海牛。也许海牛才是水生的先驱，整天懒洋洋的。它们像河马一样在河底及沿海盐沼上吃草，而作为捕食者的鲸，也步其后尘，在水中畅游。

然而，根据史文森的说法，走鲸还没有演化到它们那一步。在他看来，走鲸不过是被毛皮所覆盖着的鳄鱼。它们大部分时间都躺在岸边，笨重的头靠在沙子或一些高高的岩石上，可能就是在这个地方——而不是在水下——鲸开始有了听觉。低频声可以快速穿过地面，被一些脊椎动物监测到。例如，一只趴在地上的缩头龟，可以感触到大地的振动，因为它的骨骼和地面上的声学是相吻合的。振动经由其骨骼传到头骨，在镫骨振动耳蜗。当走鲸将巨大的头颅搁在地面上沐浴着巴基斯坦的阳光时，这些声波可能会沿着它的颌骨进行传递，并通过脂肪垫传到它耳朵里面。

　　　　　　　　在水一方：生命的演化

如果史文森能够证实他的推测，鲸耳可能会变得像四足动物的腿那般：如此精妙的扩展适应，非常适合于某种特定环境，以至于很难相信它最初竟是为了适应另一种环境才演化而来的。

　　像鳄鱼一样，走鲸潜入水中捕食时完全又是另一番景象。它可以缓缓挪动以伏击动物，它的眼睛高高地置于头顶，而身体藏在水下，直到离猎物很近并可以像水獭那么迅速来一下。它把猎物含在长长的吻部，拖到安全地方才会对其进行致命一击。鳄鱼和鲸一样，可以在血液和肌肉中储存大量的氧气，但不是用以潜行于开阔的海洋之中，而是在深水中淹死猎物时用来屏住呼吸。出于同样的原因，走鲸的祖先或已演化出携氧能力。一旦猎物死亡，走鲸就可以利用它那中爪兽祖先所演化出的强大下颌和颈部肌肉来抓捕和撕咬猎物。

　　将这个故事构建成图腾柱是很有诱惑力的，疾游的巴基鲸位于底部，带有下颌的走鲸位于其上，而最早像鲸一样游的罗德侯鲸则处于两者之上。单就当今的鲸豚类动物来看，这似乎是一个自然而然的结果，肯定是靠谱的，但这只道出了故事的垂直发展过程。生命不会像分支图所表现出的那样从一个点到另一个点，它会有交叉和分支。史文森和其他古生物学家在巴基斯坦和印度的始新世岩石中发现了许多其他鲸骨。大多是牙齿——也有些头骨——但即便是牙齿，也清楚地表明了这并非巴基鲸或其他众所周知的鲸。走鲸一直生活在咸水三角洲和沿海水域，不过史文森在当时的开阔海域发现了大约相同年代的鲸牙。金格里奇发现了至少三个比走鲸晚上数百万年但与罗德侯鲸身处同时代的动物：甘达克鲸，头部宽而扁平；加伏特鲸，头骨细长，臀部松弛；还有大连特鲸，它那长长的脖子上有像苍鹭一样长而窄小的头，臀骨与脊椎紧紧相连，可在陆地上行走。

如果说这是一幅令人感到困惑的场景，所言非虚。随着时间的推移，某些鲸类出现了，它们变得越来越适应水中的生活，但其他物种则朝着多个方向同时演化。陆地鲸和水生鲸共存，抑或当碰撞形成的喜马拉雅山侵扰其栖息地时不得不远走他乡。有些仅与现代鲸有着细小的差别，然而有些，比如有着鹭头的大连特鲸，就十分奇怪，与当今所有的鲸都大相径庭了。

可以借由观察嵌有鲸化石的岩石来追踪鲸栖息地的变化，从最早冲积平原的槽状粉砂岩，到更高级物种的海滩波纹砂岩，以及最后离海洋更远的空白石灰岩。古生物学家想出了如何查看已灭绝鲸肾的办法。古鲸的陆地祖先花费了3亿年来使肾适于陆地生存，并用其来浓缩废物以阻止水分流失。它们还未做好在海水中生活的准备。海牛和海牛目其他动物已在沿海生活了5 000万年，但在某些方面它们依然未准备好，为了维系生存，它们时不时还得喝点淡水。因此如若在佛罗里达海岸附近向船外喷出一管淡水，海牛便会不请自来。另一方面，鲸从它们所呼吸的空气和捕捉到的猎物中能获取到足够的淡水，但偶尔也会饮下些海水。

河流中的氧比海洋中的氧要轻。由于雨水和蒸发的物理特性，海水中构成水分子的原子常会比淡水中多上一个中子（每种原子都被称为同位素）。当一个正在长身体的动物喝水时，水中的氧气会进入发育中的骨骼和牙齿，因而史文森和一群地球化学家和古生物学家能够通过分析鲸化石中的氧来观察鲸是怎样步入大海的。他们首先测量了现存鲸牙齿中的氧同位素，发现生活在淡水中的河豚的氧同位素比虎鲸和宽吻海豚等海洋物种的要轻得多。史文森和其他古生物学家随后将包括巴基鲸和走鲸在内的10颗早期鲸的牙齿送交给了地球化学家。巴基鲸和走鲸一样被归入淡水鲸，但后续物种牙齿的同位素重量与抹香鲸是一样的。这里最有趣的是走鲸，岩石表明它在近海或半咸水三角洲的海中游，但海水并未在鲸的骨头上留下痕迹。或许它像海牛，只喝淡水，又或许它更像海豹，在陆地上哺乳数月，长得足够成熟后才进入海洋。

  大约在 4 300 万年到 4 000 万年前，或首次出现了脱离陆地可

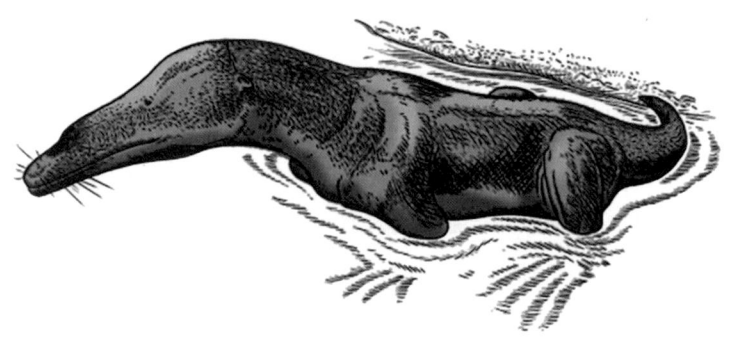

大连特鲸

以水生的鲸。虽然它们的身长仍不及一匹马，后腿还有着完整的脚趾，但它们的肾脏开始耐受古地中海的海水，头也在变长，因而它们的鼻孔不在鼻尖，而是中途伸向了眼睛。与早期的海牛一样，这可能是首批在水中诞下会呼吸幼崽的哺乳动物。它们游到了古地中海的边缘，造访了埃及和南卡罗来纳州。在这片热带海洋中，它们没有伏击鱼和海牛，而是开始追捕猎物，它们游得飞快，部分原因在于那光滑的身体和强健的肌肉。曾为四肢提供动力的肌肉萎缩了，而仅支撑背部和腹部的肌肉却在变得发达。取代毛发的鲸脂，可以使它们在水中漂浮。随着时间的推移，像巴基鲸和走鲸这些更古老的物种都消失殆尽，而地球上也只剩下完全水生的鲸。

到4 000万年前，这些鲸当中的一个谱系已经开始真正四海为家了。这是鲸豚类动物第一次走出古地中海，向北游到寒冷的北大西洋，向南游到了合恩角附近的科特迪瓦，最后到新西兰。这些鲸被统称为龙王鲸（科），第一次长到长达50英尺的巨大的体形，最终取代了死于2 500万年前的巨型爬行动物。在这些新的鲸中，有在1832年曾愚弄到大家以至于理查德·欧文试图对其进行重新命名的龙王鲸。在它被人们承认是鲸之后很久，弯曲得像波纹铁皮屋顶一样的龙王鲸出现在了画作之中。除了行动迅速、身形苗条且身体的长宽比相似，看起来像是个大号北露脊鲸之外，倒也没啥奇怪之处。然而，龙王鲸的骨骼表明它仍是一头奇怪的鲸。例如，今天所有现存的鲸都有尾椎骨，但龙王鲸的脊椎是一

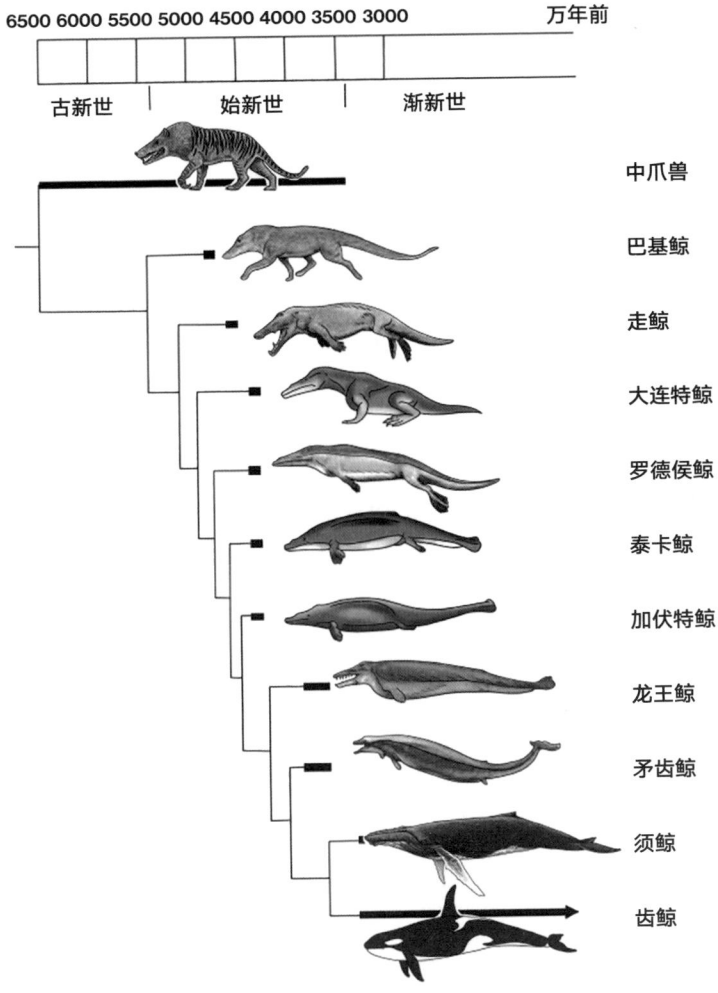

6500 6000 5500 5000 4500 4000 3500 3000 　　　万年前

古新世　｜　始新世　｜　渐新世

中爪兽

巴基鲸

走鲸

大连特鲸

罗德侯鲸

泰卡鲸

加伏特鲸

龙王鲸

矛齿鲸

须鲸

齿鲸

暂定的鲸系统发育树。虽然诸多物种留空，但该系统发育树囊括了鲸演化的主要分支。几点告诫：一些重建（如巴基鲸）是基于非常有限的化石所做出的。此外，由于中爪兽的关系尚不清楚，未来的研究或会表明，鲸实际上与某种中爪兽有着更为近缘的共同祖先。最后，该系统发育树仅基于形态学，分子生物学上的结论与某些分支的划分意见相左串长长的桶形骨头。当古生物学家将诸如此类的线索纳入他们的分支图时，他们发现龙王鲸最终独成一支，因此或与形成现今地球上鲸的这支关系较远。

一个更值得被好好研究的候选者，是一种名为矛齿鲸的龙王鲸科动物。这是一种长达15英尺、重达3吨的鲸，生活在鲸之谷的龙王鲸旁边。经过近一个世纪的发掘工作，金格里奇在埃及的研究达到巅峰——对矛齿鲸身上的几乎每块骨头都做了阐释，而金格里奇先前的研究生马克·乌亨已经进行了长时间的研究，并做了或是对当前所有古鲸最为完整的记录。那长长的头颅被固定在一个足够灵活的脖子上，甚至可以往后看，这是当今的鲸永远无法做到的。它的脊椎比陆地祖先的要长得多，不但因为组成的椎骨更大，而且因为下背部的椎骨数量也更多（大概是由于它的同源异形基因改变了其脊椎排列方式）。它的上肢已经长成了短鳍，肘部和手腕仍可稍作弯曲。它的小腿可能在其尚年轻时以正常速度生长，然后突然停止，或者可能以缓慢的速度生长，直至成熟。

在矛齿鲸骨骼的末端，椎骨突然变形，而在身体的其他部分，它们是呈圆盘状的，在此处，鲸有一个几乎是球形的椎骨——别称为棒球椎骨——除此之外，尾骨变得狭小。在现存的鲸身上，解剖学家发现这块椎骨的球形有着重要的功能：它让鲸得以迅速弯曲其尾尖，改变尾鳍的角度，并且通过摆尾来产生尽可能大的推力。龙王鲸是第一批演化出棒球椎骨的鲸，尽管至今没人发现

在水一方：生命的演化

过尾叶样的化石，但矛齿鲸尾部的这种椎骨意味着龙王鲸已然演化出了尾叶。

　　这种球骨表明，尽管还有脚，矛齿鲸已经可以像如今的鲸那般靠浮潜来游动了。矛齿鲸的椎骨并没有海豚的铲叉，以固定其精致皮下鞘。帕布斯特推测这个皮下鞘先是变成海豚的尾鳍，进而成为尾叶。这个鞘紧紧地包住尾部，使之更符合流体动力学，因为当海豚在水中上下摆动它的尾巴时，尾叶是唯一的动力源，而其他部位随之前进，这样尾部摆幅越大，其作为一个整体游速就越快。现存的鲸尾部变窄，这一特征表明其更善于游泳了。矛齿鲸也没有这个鞘状结构，它的尾部或许像海牛那般宽。所以可以推测鞘状组织一定是在一些后来的鲸豚中演化而来的，是从许多哺乳动物都具备的背部的一小段结缔组织演变而成的。

　　但矛齿鲸或已成为一个矫健的泳者，估计游速可达每小时25英里。不过因为没有鞘状结构，它的游速还是远低于海豚。它那宽大的尾部产生了拖拽而导致减速，此外它也无法回收弹性鞘每次击水所产生的能量。它不得不费劲地游，而它的鲸脂也存在着过热的风险。矛齿鲸或其某个直系祖先很可能通过陆生祖先的血管分布模式解决了这一问题。在热带地区，中爪兽或许通过将热量分散到它们长长的尾巴和四肢的皮肤上来保持凉爽。鲸重构了它们的血管，以限制热量仅流向尾叶和鳍。而且随着血管改道使得血液流向其睾丸和子宫，让它们置于相对较低温的血液之中，矛齿鲸解决了因过热而导致不育的危机。

矛齿鲸吃什么呢？从它那表亲龙王鲸处可窥见端倪。有一个标本是从密西西比州的亚祖黏土中挖出的，一块甜瓜状的化石样本，这就是它曾经的胃。里面有鲱鱼、两英尺长的鲨鱼、圆尾颌针鱼及角鱼的牙齿和骨头，全都被胃酸给腐蚀掉了。显然，几百万年前鲸就已断了咬碎骨头和龟壳的念想。没有了这方面的压力后，下颌变得更轻，它被掏空并填满了脂肪，可将水下声音像漏斗般传到耳朵。在没有回声定位的情况下，矛齿鲸的耳朵被调成了只能听到低频声，只能被动地接收到其他鱼的声音。它一个个地追赶，用细长的门牙钩住它们，再用锯齿状的臼齿将其切开。

矛齿鲸是一种大而强壮的鲸，它在离岸数英里的地方游弋，但一旦长时间搁浅就会死去，这并不符合我们对鲸的定义。它有腿和脚趾，头很小，脖子相对长且过于灵活，鳍肢可以像手臂一样弯曲。它无法像齿鲸那样进行回声定位，也不能像须鲸那样一口吞下一大堆的磷虾。它的脑袋很小，从流体动力学的角度来说，不利于游动。尽管矛齿鲸和其他种类的龙王鲸在海洋中过了数百万年的好日子，但它们还未达到现存鲸所具有的现代形态。我们认为鲸要顺利适应水生生活还得做出诸多改变，从步入水中到演化成型还有很长的路要走。

到了3 400万年前的始新世末期，地球又开始变冷，稀树草原蜕变成了森林，洋流发生了变化。就像早已消失的走鲸那般，龙王鲸也全都没了。作为人类发现的第一个古鲸，龙王鲸是最后一批走向穷途末路的。原因还不清楚，也许这些早期的鲸本质上只适应热带生活，当水温变低时，它们就消失了。另一方面，古生物学家认为，当它们濒临灭绝时，已经新出现了其他种类的鲸。

须鲸和齿鲸的起源几乎与鲸的起源一样难以追寻。即便在十年前，仍然只有少数人能凭手头证据便合理地提出古鲸、须鲸和齿鲸源自三种不同的陆生哺乳动物。虽然古鲸与须鲸及齿鲸有些共同的特征，但它们身体构造各异，让人很难找到令人信服的关联。古鲸和齿鲸都有牙齿，但古鲸的牙齿有些不同，它有臼齿、前臼齿等，而大多数齿鲸的下颌上布满的都是相同的牙齿。最令齿鲸与众不同的，是它们适应回声定位的多种方式。其额隆或猴唇当然不会变成化石，但相伴随行的气室和能够回声定位的颅骨可以，而古鲸头骨则缺少这些东西。这些早期的鲸在水下的听音能力很强，却无法将声波像手电投射那般在海洋中传递开来。

须鲸似乎更加与众不同。单看蓝鲸[①]的舌头，和大象一样重，它那褶皱下颌张开一下子便可吞下70吨水，那鲸须如森林般茂密，和齿鲸完全不同，你会发现很容易便意识到古生物学家所头疼的问题。1966年，一个可能的合理解释出现了，其源于一个鲸头骨化石，而这块化石从断代看是"不合时宜"的。在俄勒冈州发现的这个头骨，隶属于生活在渐新世晚期(3 400万年至2 400万年前)的鲸。尽管这头名为起始鲸的鲸，生活于科学家所认为的最后一个古鲸死亡之后的数百万年间，但它并非齿鲸(其头骨并未因

_____

① 蓝鲸，是须鲸科须鲸属的一种海洋哺乳动物。不仅是地球上现存体形最大的动物，也是地球史上最大的动物。

回声定位而有所改变），也不是须鲸（它有着半英寸长的牙齿而非鲸须）。有一段时间，起始鲸被视为怪异的近代古鲸。但不久之后，利·范·瓦伦认为这个标签是错误的。他指出，除了没有鲸须外，古鲸几乎在所有方面都与须鲸的鉴定标准完全一致，下巴处的下颌骨较为松散，上颌在眼睛下方形成了支撑，与现在的须鲸相一致。"须鲸的祖先一定有牙齿，"范·瓦伦观察完后说道，"而古鲸在其他方面与须鲸相似。"他坚称，这就是一条长着牙齿而没鲸须的须鲸，处于一个过渡阶段。

由于证据不足，范·瓦伦只能做出初步的猜测，但到了20世纪60年代后期，古生物学家们开始认可他的看法。他们识别出了其他一些长有牙齿的须鲸，其中一些已经有3 400万年的历史，出现在最后一批古鲸死后不久。现今的无齿须鲸可分为五大科，但古生物学家在过去几年中已识别出了三个已灭绝的有齿须鲸科。最近发现的这些化石中，有一个特别清楚地表明了这种转变可能是如何发生的。它的发现者，洛杉矶自然历史博物馆的拉里·巴恩斯（Larry Barnes），在其职业生涯的大部分时间里都在证明范·瓦伦对须鲸的看法是正确的。他去过日本、墨西哥、南卡罗来纳州和俄勒冈州，在所有这些地方都发现了有齿的须鲸。实际上，他只从地里挖出了少数几个化石。"真正有趣的是，我发现其他机构早已收集了这些化石，然而这些东西被归为古鲸，或者说压根就没人进行鉴别。我说：'哇，你们知道你们拿到的化石是什么吗？'他们说：'呃，完全不知道。'"

在水一方：生命的演化

1996年，巴恩斯在南卡罗来纳州自然历史博物馆也有过类似的经历。他意识到三种不同的鲸属于一个全新的须鲸科。作为有着2 500万年历史的生物，它们并非最古老的须鲸，但却是巴恩斯见过的最古老的鲸。他猜测它们在那个时代是活化石，保留了第一代须鲸的绝大部分生理构造。他给了它们一个恰如其分的原始名称：古须鲸——也就是原始的须鲸。

　　以今天鲸须的标准来看，古须鲸很小，它5.5英尺的头骨，意味着配有一个30英尺长的身子。它的下颌松弛，上颌开始掠到眼后，带有气孔。然而，头骨缺少齿鲸用于进行回声定位的空气囊。"它有着须鲸的所有结构，但它的牙齿像是从龙王鲸的头骨中拿出来的，"巴恩斯说。它们与龙王鲸的下颌分隔开，它们有着相同的锯齿，最重要的是，大小相同。巴恩斯在早先的须鲸中所看到的，大多都是小到和人的牙齿差不多大小的牙齿，但古须鲸则有着4英寸长和3英寸宽的牙齿。你无法将其平置于手掌中，得用手指头一起才能将其抓住。

　　虽是须鲸，但古须鲸与当今这些鲸可是大不相同。它仍然像其远亲那般捕猎，追逐南卡罗来纳鲨鱼并将其整个吞下。事实上，你可以很容易地将一只龙王鲸变成古须鲸，只需将其上颌拉伸到眼睛下方并松开下颚两侧之间的连接即可。"这很容易做到，"巴恩斯说，"这并没有太大的演化意义。海豚和鼠海豚——它们之间有着更大的差异。如果鲸演化到古须鲸就停了下来，我们就不会说它们是须鲸，因为我们不会看到任何鲸须板。不难看到每个过渡期差异都很小。只有经历了3 000万年的演化，看到它们成为什么模样，我们才能觉察到差异在哪儿。基于我们的观点，把分界往回收一收，这就是我们要进行区别的地方。"

其他化石表明了向真正的须鲸的进一步演化。鼻子一直向头顶移动，牙齿变得更小且更齐整，下颌也变得愈发充盈。现今的须鲸胚胎仍保留这一齿芽模式，但它们很快就被一帘帘鲸须所取代。鲸须本身是如何形成的仍不得而知。它很少成为化石——最古老的鲸须板有1 500万年的历史——但从更为古老的鲸颌骨结构来看，演化出鲸须的时间可能更早。现存的鲸可能是向须鲸过渡的最后一步的模型：白腰鼠海豚是一种生活在北太平洋的6英尺长的白腹鲸，是带齿的，但它微小的牙齿完全被一组角质牙龈所包裹着，用以捕捉管鱿和其他鱼类。在微观尺度上理解，这种硬组织的作用几乎与鲸须相当。或许3 000万年前的一些早期带齿的须鲸也沿循了类似的演化历程，长出像指甲一样坚硬的牙龈来捕捉某些特定的猎物。

第一批真正的须鲸或是地球生境骤变之下的产物。彼时的大陆板块逐渐向当今所处的位置靠拢，而南极洲也慢慢与其他大陆分开。到渐新世，南极洲大陆接近了南极，四周都是海洋，它与世界其他大陆隔绝，逐步变成冰天雪地的样子。如此会有大量厚重的冰落入海底并流向赤道方向，途中会沿着大陆架浮出海面。上浮的过程会从深海处携带大量养分，而浮游生物则靠近这些位置繁衍生息，逐步形成一组高密度的食物群。故如果生理结构允许，大型捕食者是有可能将其一网打尽的。这样一些肥大的须鲸就不必再用嘴去抓捕大鱼，而转变为张开大嘴，一股脑儿地把这些食物全都吞下，然后筛出水来，只留下食物。

演化能够调整它们过去的许多特征，使其更便于通过过滤进食。它们的上下颌没有合到一起，因而嘴巴能够张得更大以获取更多食物。它们宽阔的上颌则变得足够坚硬，以防下颌在张嘴时脱臼。演化第一次创造出如此有效的方式来保证它们在海洋中能够大快朵颐。而且鲸长得越大，它们可收集到的食物就越多，直到其中的某些支系长到如今这般大小。巨无霸自然无须担心捕食者，也没有固定的领土需要守护，于是，须鲸有了如今这般松散、随意的社群结构。同样的，因为没有捕猎的需求，须鲸的回声定位水平也没有进步，因为它们从不需要它，而头骨的结构被如此改变后，它们甚至也无法尝试改变。

生物学家给鲸起的名字变得极具误导性。须鲸显然是在鲸须出现之前便有的（译者：这个梗类似"没有眼镜之前眼镜蛇叫什么"）。虽然齿鲸都有牙齿，但古鲸也有。要找到齿鲸真正独一无二的辨识特征，就必须查看其额隆、猴唇和其他回声定位器官。总而言之，这些特征源于齿鲸，但它们的化石并未像须鲸化石那样让人受益匪浅。在华盛顿州发现的最古老的齿鲸化石可以追溯到 3 400 万年前。"它具备成为齿鲸所需的一切，"巴恩斯解释道，"它有可供空气通过的气囊，也有可用于挤压额隆的上颌骨。"回声定位系统的出现，至少就目前化石所显示的而言，是突然发生的。

　　然而，通过将现存齿鲸与古鲸化石进行比较，一些研究人员至少能够为演化或采取的路径设定一些界限。回声定位的起源可能取决于宏观演化的两个最常见的特征——扩展适应和协同演化，即齿鲸的祖先早已在结构上有了准备，同时也根据功能需要而使得诸多部分共同实现了进一步的完善。齿鲸的耳朵与头骨部分在1 000万年前便有了分隔，其耳朵已受到保护，不会受到自己咔嗒声的影响，因此为回声定位做好了准备。为了发出切切实实的喊叫声，齿鲸必须演化出通过鼻子而不是通过语喉部叫喊的能力。它们与偶蹄目的共性或在此有益：哺乳动物学家注意到，山羊、羚羊和瞪羚都通过它们的鼻子发出警报。或许中爪兽也是这样的。

　　它们或早就有了人类潜水鼻塞那样的额隆了。在对须鲸的解剖过程中，洛杉矶自然历史博物馆的约翰·海宁（John Heyning）和史密森学会的詹姆斯·米德（James Mead）在气孔附近发现了看起来像微型额隆的小块脂肪和结缔组织。他们认为，在第一批古鲸潜入深水之时，额隆或一开始就起到了鼻塞的作用。这些早期的鲸需要牢牢地夹住它们的气孔，以防止海水进入鼻道。像现存的鲸那般，龙王鲸的头顶上也有骨架子，它们的用途相同——用于固定肌肉，使气孔关闭。为了让这些肌肉平稳滑行，鲸或已演化出一种围绕气孔的脂肪结构来润滑通道。有观点认为，在须鲸中，我们仍然可以看到这个祖传的肉垫，但在齿鲸身上，它进一

　　　　　　　　　　　　　　　　　　在水一方：生命的演化

步膨大并出现了新的功能。

　　演化的发生，当然要基于"原料"，回声定位功能的产生亦不例外。演化同样不可能"挂一漏万"，它不可能只是孤立地开发出某一部分系统而忽视掉其他部分——所以问题来了，如果鲸一开始就无法产生这些高频音，那它最后又是怎么听到的呢？而且，如果所有的齿鲸都发生了类似的变化，相互便会形成干扰，因一条鲸的发声而影响所有其他同伴。或许当某些鲸不小心在鼻子里发出声音时，它们能隐隐约约地听到附近鱼的回声，从而在捕猎中占据了优势。它们的鼻塞或无意之中通过发声帮助了捕猎，因此出生时带有超大鼻塞的鲸就会更加具备竞争优势。与此同时，鼻子向头顶移动，解剖学家怀疑这是出于一个完全不相关的原因：让呼吸更有效率。但是为了让鼻子能够移动到那里，上颌的骨头必须向后扩展到眼部。上颌越靠后，鲸的头骨就越稳固，这有助于它们捕猎。然而，同样的转变在上颌形成了一个反射盘，用以接收来自鼻子的声波，以及提供一个可供额隆安放的平台。随着耳朵与头骨的距离越来越远，耳朵所能听到的频率就越来越高。这种可能的一系列变化持续了数千代，回声定位就成了追踪鱼群下落的超能力，海洋原有的食物链条也随之改变。

　　分子生物学家在1953年破解了DNA的结构，但直到过去几十年人们才得以轻易地读取每个碱基的实际序列。他们从头到尾阅读了细菌和真菌菌株的基因组，互联网上充斥着用其四字代码（ATCG）所构建的数据库，读起来的感觉仿若是一只猴子在四键打字机上胡乱敲打了一年。当新发现基因的消息见诸报端时，通常涉及一些强关联的预测（这个基因或那个基因会增加你患这种或那种癌的概率）或弱关联的提示(具有某种基因的人得尽量避免攀岩)。然而与此同时，一些科学家在利用测序出来的新基因悄悄地在演化生物学中掀起一场革命。他们一直在比较不同生物的基因并构建分支图。就像若弗鲁瓦和欧文寻找骨骼、腺体和牙齿的形状及质地的同源性那样，分子生物学家可以查看基因序列代码的同源性。就像你可以将接触到的同源生物纳入分支图那样，你也可以使用基因测序仪读取它们的基因序列来达成此目的。假设在祖先DNA的一个四位序列中，代码是ACGT，随着它的后代物种的分化，一些位置可能会发生突变，而某些位置会保持不变。然后，基因树便看起来如后图所示。

构建基因树（也被称作分子系统发育）的技术已然彻底改变了宏观演化的研究。在解剖学搞不清所以然的时候，在找不到化石的地方，分子带来了曙光。目前，这门学科初建不久，先驱者仍在试图搞清楚他们能从数据中得到什么，其局限又在哪儿。鲸的分子系统发育是一个重要的例子，因为鲸骨所阐明的演化历程在某些关键点上与它们的某些基因所展现出的并不相符。自1991年以来，几个遗传学家团队便一直在将鲸的基因与其他哺乳动物的基因进行比对，它们的模式竟有着惊人的趋同。由亚利桑那大学的生物学家约翰·盖茨 (John Gatesy) 所创建的最新一版基因树如下所示。

此基因树所能展现的内容与之前的兔血研究可是截然不同。

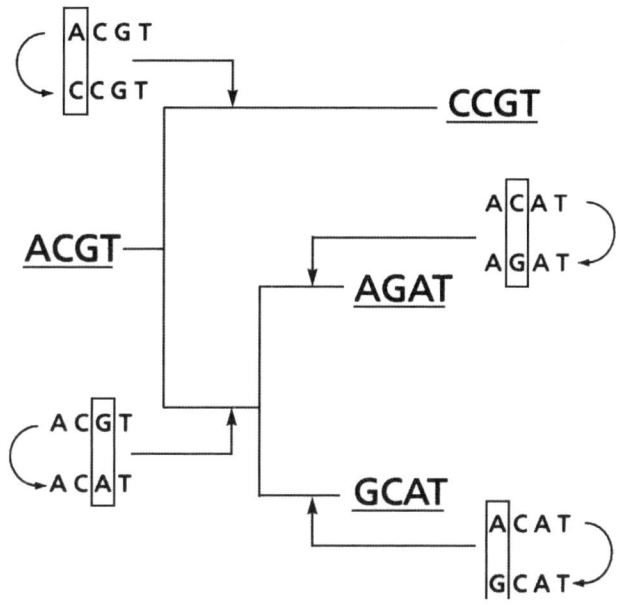

因为祖先基因序列在后代物种中发生了突变，可用其来构建分支图

它表明鲸不但是偶蹄目的近亲，而且它本身实际上就是偶蹄目，并且与河马的亲缘关系是最近的。若无此基因树，许多古生物学家的困扰会少很多。许多人不接受鲸是由中爪兽演化而来的，因为与现有的证据不大吻合。所有偶蹄目的脚踝都有独特的双滑踝，但中爪兽没有。这一现象以及许多其他事实使古生物学家得出结论，中爪兽并非偶蹄目。如果鲸与中爪兽的关系比任何其他动物都更为密切，那么鲸也不会是偶蹄动物。

如果盖茨构建的基因树是对的，那么古生物学家将面临两个同样痛苦的抉择。其一，中爪兽实际上是与河马近缘的偶蹄目，只是没有了双滑踝——但这是其他偶蹄目不可能舍弃的。其二，中爪兽是有蹄类而非偶蹄目，它们其实和鲸关系很远，而其许多类似鲸的特征都是一种汇聚性的错觉。曾经有一段时间，巴基斯坦的古生物学家捡起松动的中爪兽牙，想知道该怎么称呼这个新物种。多年后，他们在骨架上发现了相同的牙齿，这才意识到它

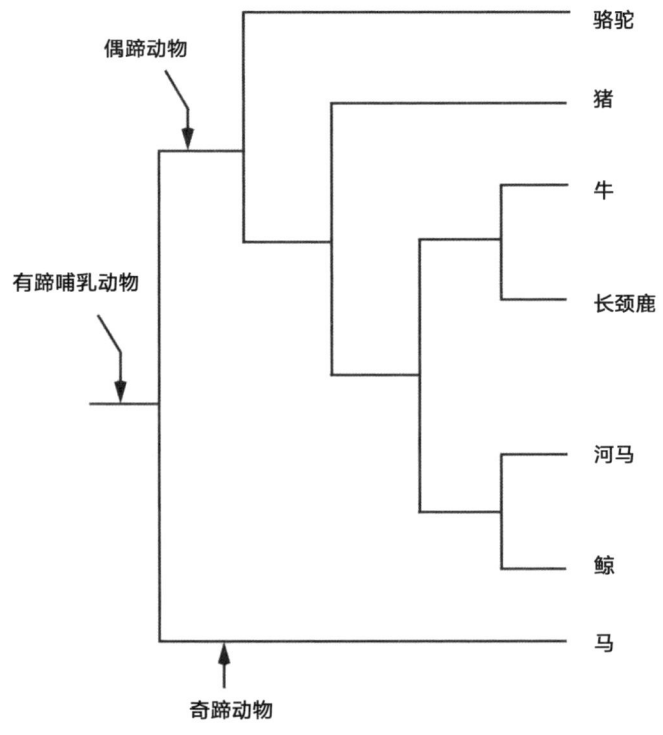

一些基因研究表明，鲸是与河马密切相关的偶蹄目

们实际上是鲸。鉴于牙齿的独特性，许多古生物学家不愿接受鲸和中爪兽可以独立演化出如此相似的牙齿。

至于河马，盖茨指出，与鲸一样，它们是无毛、喜水的动物，可在水下哺育幼崽。根据化石，可以追溯到2 000万年到1 500万年前的河马，可能是从一只梗犬大小的偶蹄目动物种群中演化出来的，而这些偶蹄目的化石又可以追溯到4 000万年前。古生物学家还得出结论，河马和这些祖先们都处于偶蹄动物基因树中猪的那个分支上。新的基因研究将河马及其祖先从此种群中给剔除出去。它还在化石记录中留下了一段空白：如果河马和鲸有一个近缘的共同祖先，那么它一定比有着4 900万年历史的巴基鲸还要古老。

不管鲸最初是以什么面貌示人，这些化石现在至少讲述了一个相当合乎情理的故事，以说明它们是如何演化成当今的主要类群的。这里有位遗传学家，是他让生命变得有趣。20世纪90年代初期，现就职于布鲁塞尔大学的米歇尔·米林科维奇（Michel Milinkovitch）决定使用一些新方法对DNA进行测序，以了解鲸之间的亲缘关系。海洋哺乳动物领域的朋友给他寄来了DNA，他设法拿到了偶蹄目的序列以便与之进行比对。根据他所发现的基因树，以及后续诸多基因方面支持性的研究，呈现如下。

米林科维奇确信此基因树是有问题的。"在我以及所有人的脑海中，我猜大家都会一致认为齿鲸是个单系群①。"换句话说，他

———————————

① 单系群指的是在一个分类单元，其中的所有物种只有一个共同的祖先，且它们就是该祖先的所有后代。

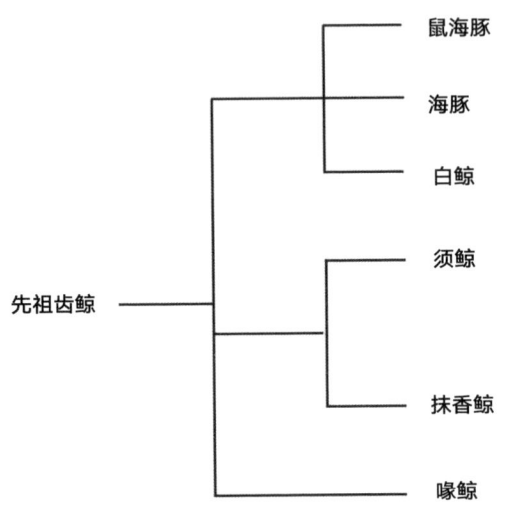

基因还表明，须鲸实际上是齿鲸的后代，两者的近亲是抹香鲸

猜想威廉·弗劳尔所命名的齿鲸实际上有着同一个共同祖先，且该祖先没有任何其他后代。或许也曾有过其他后代，但全都成了历史的过客。这里有一种更为具体的方式来思考为何此基因树给古生物学家带来了启示：他们设想须鲸是在 3 500 万年前或更早之前，从一种具有大牙齿且没有回声定位的原始龙王鲸演化而来的。齿鲸起源于一个独立的谱系，它们的牙齿被削成一连串的楔子或一个巨大的喙，并造就了它们的回声定位系统。但根据米林科维奇的分支图，当古鲸灭绝时，只有齿鲸继承了它的基因。数百万年后，与抹香鲸近缘的齿鲸谱系舍弃了靠声呐来狩猎，并拆除了发出信号所需的所有精密装置。解剖学家在须鲸身上所识别

在水一方：生命的演化

为鼻塞的东西，实际上是个退化的额隆（另一种说法是抹香鲸和非抹香鲸各自独立演化出了声呐，不过米林科维奇认为这似乎可能性不大）。须鲸迅速演化出了鲸须以捞起成群的虾和其他小鱼小虾。

在他那初探性研究中，米林科维奇使用了其他基因和新的分析方法，但结果始终大差不差。不过，米林科维奇仍想知道他的结果是否有纰漏。基因序列不一定会以与物种分化完全匹配的方式发生变化和分支。例如，一个基因有可能在一个物种内演化成两个或多个形式，然后再分支成两个谱系。米林科维奇的探究之路注定充满荆棘，不过他在鲸上的研究结果令人不安。他们认为从齿鲸到须鲸的转变发生得很快，米林科维奇根据他的数据，将须鲸的起源时间暂推到了大约 2 500 万年前——正好就在首个真正的现代须鲸化石出现之前。

"形态学家问我：'如果你是对的，你能告诉我为什么须鲸抛弃掉了回声定位能力吗？'"米林科维奇说，"它们之所以这样做是因为保留的话会面临强大的选择压力吗？毕竟，生物声呐系统非常有用。现在我设想它是这样工作的：你有两个互斥的选择压力，一个是保持回声定位，另一个是调整头骨，从而为所有这些巨大的过滤板留出空间以供过滤进食。在我看来，鱼和熊掌不可兼得，因为拥有大而扁平的上颌和大而弯的下颌将令回声定位无法正常工作。现在，如有一群生物开始滤食，便是哺乳动物在海中觅食的全新方式。有可能占据一个有利的新生态位，尤其是当回声定位在寻找大型鱼群并不那么奏效的时候。这也可以解释须鲸为何如此迅速地改变其形态。须鲸突然大爆发，因为它们找到了一种全新的觅食方式。我就是这么看的。"

米林科维奇是一个开朗而直率的人。他猛烈抨击那些随随便便搞搞科学的人，称他们的论文愚蠢或低劣，但似乎又对他们中的一些人事后不想与他进行交谈而感到受挫。他所受到的强烈抵制不过是前几页所讲的那般，称齿须鲸是逐渐从古鲸过渡到须鲸的。他不为所动。"尽管我向多位形态学家求助，但仍拿不到我想要的东西。请给我一个包含所有不同特征的模块，好让我们对你们的数据进行分支分析。无人搭理。不，他们情愿轮番展示头骨，然后说：'看，通过这些不同的头骨可看到一个渐变的趋势。'这很奇怪。其中许多或是与须鲸、抹香鲸或任何活鲸起源毫无关联的旁支，全都灭绝了。另一个问题是这些标本中的很多都尤为零散。他们给你看一幅猜想的画像，但你应该看的是真正的化石！"一些最早被标记为齿须鲸的化石近来被发现并非来自于鲸，它们仅仅是带齿而已。"当然，这些化石或存在一些颇有意思的特征，但这与诸如史文森和金格里奇所发现的非常完整的化石相比，其参考价值就差太多了。"

诚然，目前还没有人发表古生物学家认为从古鲸到现今须鲸的所有化石生物的分支图。部分原因在于，许多近来被发现的化石是出现得如此之突然，以至于它们的发现者不得不跟跟跄跄地带着一块块标本穿梭于各个会议，这些标本太新了，连与会者都

　　　　　　　　　　　　在水一方：生命的演化

未曾见过。获取原始数据以制作基因树主要是启动基因测序仪和计算机的问题；古生物学家必须凭肉眼观察化石——不仅得观察他们自己所挖掘的化石，还得看世界各地博物馆中的化石——并判断碎头骨在生前究竟是个什么样子，某根肋骨是有缺失，还是仍处于某个地方的另一块岩石中有待被发现。但是，如果演变过程真能拼凑成基因树，米林科维奇会怎么做呢？

"然后它变得非常令人兴奋，"米林科维奇说，"我不得不说他们做得确实很不错，没有混进可疑的性状，两个基因树也不相一致，那么当然其中之一肯定是错的。我并不是说基因数据一定是最好的，但我有相信基因数据会提供更多信息的理由。至少我们知道性状是什么。如果在第32位是细胞色素b基因，这就是一个性状，这是事实。如果你在鲸那看到的是一个A，那就相当明确了。现在对形态学采取同样的做法：性状是什么？也许是那块骨头，或骨头的某部分，抑或骨头某部分的一部分。这是一种解释——它是主观的。

"另一个问题从概念上而言显得更为重要。事实上，你不会从父母那里继承形态特征，你会重新构建属于自己的形态特征。显然，这会产生巨大的后果，因为在从受精卵到成年个体的发育过程中，会发生许多事情。"鸟胫骨上的尖尖不是由基因编码的，而是鸟儿在蛋里面胡乱折腾时出现的。两个物种共有的结构，如颌骨，对于形态学家来说或看起来是相似的，但在某些情况下，不同的动物用不同的细胞群来对其进行构建。关于鲸演化的争论，其核心涉及诸多方面，这是供生物学家就居维叶、若弗鲁瓦和欧文在《物种起源》一书问世之前所争议多年的深层问题进行辩论的舞台——什么是同源，以及我们如何才能分辨出是否同源？

解剖学家和古生物学家乐于加入分子系统发育学家的行列，不再只是个看客。在与米林科维奇交谈后，我再次乘坐第六大道地铁前往美国自然历史博物馆，在那里我与帕特里克·拉克特（Patrick Luckett）共度了一个上午。拉克特是波多黎各大学的解剖学家和哺乳动物学家。他擅长比较哺乳动物的生殖和发育结构，每年至少花费一个月的时间去参观博物馆藏品。他还是一本试图整合分子和形态学的新季刊——《哺乳动物演化杂志》——的编辑。"我非常赞成用分子的方法，我正试图将两者相结合。"他说。

但拉克特也认为，分子生物学家需要更多地像解剖学家一样思考，才能找到共同点。拉克特既不冒进也不教条——他就像一个刚当上爷爷的人，温和，有点不清楚如何利用他的智慧，手上只有些许老年斑。他把一只手伸到桌子对面，那手看起来好像刚被头骨和牙齿轮番摧残过一般。他拿出一根骨头放到我们跟前，那是一只幼年倭河马的头骨。倭河马与它们更大、更为人所熟知的近亲河马，有着相同的茄状体形，只不过它们仅有5英尺长。河马这个名字——"河里的马"——对倭河马是不适用的，它不会花太多时间在水里，而是会在晚上徘徊于西非的森林和沼泽中，吃掉落下的果实和嫩芽。正常的河马在水下待的时间要多得多，而且它们的身体也会表现出来这一点——例如，眼睛就像鳄鱼或走

在水一方：生命的演化

鲸那样置于头顶。同样，倭河马的陆地生活不难从其头骨上看到端倪：它看起来跟一只小熊的很像，眼睛在两侧。尽管这两个物种是当今仅存的河马，但依然存在许多其他形式。有些是两栖的，有些甚至比倭河马更为陆生。要知道，河马曾攀过阿尔卑斯山。

河马——作为鲸的近亲——仍保留这两种动物共同祖先的两栖习性的看法可能建立在一些简单的假设之上。我们可以肯定地知道所有河马的共同祖先所具有的唯一特征，是我们在所有活的和化石河马身上所发现的特征，而非河马的某种或另一种谱系自行演化的特征。当拉克特建立任一哺乳动物家族的分支图时，这一事实指引着他，他只使用每个家族的始祖必须具备的特征。当我们坐在他那满是骨头的桌旁时，他把我的注意力引向了某一个这样的特点。倭河马下颌的一颗乳磨牙看起来像三颗焊接在一起的牙。河马与奶牛、骆驼以及所有其他偶蹄目都具有这一特征，但鲸以及任何其他哺乳动物却都没有。

拉克特很乐意用其专业术语与分子生物学家交谈，而倭河马在这方面对他来说也很重要。正如很容易假设所有河马在形态上都相似一样，我们也有可能会认为它们具有无法分辨的基因。然而，分子系统发育学家经常发现，如果他们在分析中包括来自一个科的两个物种的基因，他们会得出与只有一个物种的基因全然不同的生物树。这是因为当计算机使用单个物种作为整个科的代表时，它无法判断基因的哪一部分存在于该科的祖先中，而哪一部分是在该特定物种中后演化的。当分子系统发育学家使用广泛多样的动物基因时，问题只会变得更糟。就像没有一只老鼠可以代表2 000多种啮齿动物。

盖茨和米林科维奇的研究最近启发了拉克特用解剖学家的眼光来研究鲸的分子系统发育。他没有将原始基因序列转储到计算机中并让其挑选出最好的(尽管不牢靠的)生物树，而是挑选出他将用于研究的碱基，就像挑选牙齿和骨头一样。通常，当他查看来自同一科的多个物种的基因时，他会发现明显一样的长序列，可以大胆猜测，这些序列也存在于它们的共同祖先之中。"计算机无法思考，"拉克特说，"我试图重建先祖脉络，将一个科简化为一个代码。一种河马或与一两只鲸有着共同的特征，然而与鲸的祖先却没有。"只有在拉克特选择了这些科一级的序列之后，他才构建了一个分支图。然而这样做时，河马与鲸的关联消失了，米林科维奇所认为再清楚不过的抹香鲸是须鲸近亲的构想也消失了。"它们与须鲸有些共同的特征，但它们与其他齿鲸也有诸多共同点，"他说。他们甚至与海牛目的动物，如海牛和儒艮，共享一些特征。

对于此番关联，拉克特饱受形态学的抨击，尤其是那组动物独有的双滑踝和婴儿臼齿等特征。对于拉克特来说，形态学目前仍认为鲸不是偶蹄目，而弗劳尔将鲸分为须鲸和齿鲸的传统做法是正确的。拉克特并不认同米林科维奇对基因同源性的看法，因为这会造成自身的混淆。"我们或知道这个位置是某个字符，但是当它发生变化时，意味着什么呢?"他问。分子生物学家被遗传重组折磨着。基因中的一个位置可能以G开始，然后转换为C、T，接着又回到G。当解剖结构发生变化时，它的古老形态可能会留下微弱的痕迹，无论是鱼状主动脉，还是最初在仍与颌骨相连的胚胎中形成的耳骨。当基因中的一个碱基在某个位置发生变化时，它那原本或过渡期的样子就不会留下任何痕迹。一旦两个谱系从一个共同的祖先分化并建立了越来越多的突变，就会发生更多的这种重写。当分子生物学家试图追溯这些分支时，这种重写将它们引向彼此，因而错误的分支或会连接在一起，产生错误的生物树。正如拉克特所指出的，相应分支并不是分子系统发育的唯一问题。"在某些基因中，你会发现间隔、缺失、添加、插入。问题变成了，你如何给基因排序。"基因中或存在同源性，但在它们以某种方式发生变化后，可能就无法再行恢复了。

客观地说，分子生物学家比其他任何人都更清楚这些缺点，他们的大部分工作都在对其进行弥补和完善。他们测量给定基因的不同片段突变的速度，以了解预期会有多少隐迹和变异的出现，然后选择适用于当前问题的最佳基因。当计算机输出一个生物树时，他们可以通过一系列测试驳倒它——在序列的这儿或那儿胡乱整一个假碱基，或抛弃掉其中某只动物，然后重新计算这个生物树。如果生物树足够立得住脚，分支就会保持不变；如果生物树是许多欺骗性收敛的产物，分支或会散得到处都是。

随着生物学家对基因如何变异以及胚胎如何发育有了更为清

晰的认识，基因和形态之间的这种冲突将逐渐消失。但即使在其起步阶段，分子系统发育也为达尔文的想法提供了坚实的佐证。理论上，十几个物种可以排列成数百万种不同的演化树，但基因通常会提供一些相似的选择。鲸的基因告诉我们，它们并非步入大海的虎，也不是食蚁兽、小袋鼠或袋狸。它们现存的最为近缘的物种是偶蹄目，或某种特定的偶蹄目。这个演化的事实并未动摇，但对其经历的到底是哪一条途径的看法却是大相径庭。

4 000万年前，古地中海的鲸拥有猪的所有智力特征——并不是说猪像有蹄类动物那样智力匮乏。但在古鲸灭绝后的某个时期，鲸的大脑开始步入爆发期，迅速演化到现今某些方面可与人类大脑媲美的地步。任何动物或人类智力都难以衡量甚至完全定义，而理解宏观演化是如何产生智力的则更加困难。不过，在很大程度上还是要归功于加州大学洛杉矶分校的哈里·杰里森（Harry Jerison）的工作，让那些试图研究其演化的人至少有了一个起点：大脑的相对大小。

杰里森首先得从其可疑的科学历史中厘清有关大脑的印象。自19世纪以来，许多科学家一直认为大脑大意味着聪明，但他们被偏见和错误理论给误导了。有些人确信欧洲人的大脑是所有人类中最大的，而女性的大脑比男性的小，也许是因为提出这一点的欧洲男性认为他们是所有人中最聪明的。然而，在单一物种之中，大脑的大小实际上对智力几乎没有影响，因为个体之间的差异太小了。在物种中，只有测量大脑相对于动物身体的重量才有

　　　　　　　　　　　　　　在水一方：生命的演化

意义。正如杰里森所说，任何大脑的相当大一部分都得专注于维持身体的日常细节，比如收缩肌肉，使肠子蠕动，感觉到皮肤上的疼痛。动物长得越大，就需要管控更为广阔的领土，调动更多的肌肉、更多的皮肤被实时监控，因此你需要更多的灰质。驼鹿大脑比老鼠大脑大这一事实没有任何意义，要知道它的身体可是老鼠的 5 000 倍。

减去大脑的内部代谢消耗，剩下唯一重要的东西是神经元，因为它们可以整合来自外部世界的信息，使其抽象化——这种能力可大致视作一种智能。杰里森对脊椎动物的相对脑重进行了深入研究，发现鱼类、两栖动物和大多数爬行动物都落到了一条线上，但鸟类、哺乳动物和一些恐龙都落到了另一条更高的线上。换句话说，哺乳动物的体重或与爬行动物相同，但大脑却大上 10 倍。在从下孔亚纲到哺乳动物的转变中，我们祖先的这一比例也从爬行动物的水平上升到了哺乳动物的水平。

根据杰里森的说法，大脑的相对大小就像剖析大脑的统计切入口，但要想剖析哺乳动物之间的差异，他需要一个更称手的工具。他从他的数据中计算出哺乳动物的大脑"应该"有多大——既定体重哺乳动物的平均大脑重量——然后考虑到特定哺乳动物的大脑实际上是高于还是低于这个平均值水平。他根据这些数字计算出它们的脑化指数[①]（EQ）。在脑化指数为 1 时，哺乳动物（例如

[①] 一个用以描述动物大脑和身体比例关系的值，即真实脑容量和预期脑容量之间的比值，可大致表示该动物的智力水平。

马）拥有维持哺乳动物正常生活所需的所有脑力。如果它的脑化指数更高，则有着更多的神经细胞，并且通常可以发现它们供感官传输数据的新皮层会更加发达，便于大脑消化。

杰里森在20世纪70年代将脑化指数作为一个理论结构抛了出来，自然成了众矢之的，不过，尽管饱受抨击，但它仍安若磐石。当动物行为学家测试近缘动物解决问题的能力时，发现它们的表现与其脑化指数十分吻合。然而一些研究人员指出，仅仅拥有大量额外的大脑神经元并不会自动产生智能。正如哈佛人类学家泰伦斯·迪肯（Terrence Deacon）所指出的，吉娃娃在狗中的脑化指数排名很靠前，但它绝不是犬类天才。智力或不是由大脑的相对大小本身所决定的，而是取决于大脑在胚胎中的生长速度。在子宫内，灵长类动物的生长节奏不同寻常，它们的大脑发育得早且迅速，但相对于同样体形大小的哺乳动物而言，它们的身体发育就很慢了。

发育中的大脑在很大程度上是根据它所处的身体需要来构建其结构的。神经连接从躯干和四肢延伸到它们将控制其运动的区域，而眼睛则延伸到视觉将被创造的地方。当一个过大大脑完成了对一个发育较小的体形要求之后，仍然会剩下很多未被利用的大脑空间，包括那些无须从身体其他部分接收数据的大脑区域——包括赋予智力的新皮质区域——就可以占据这些空间。当在子宫里时，吉娃娃的大脑以狗的正常速度生长，此时一个关键的分化发生——它的身体发育速度减缓，使得它有了极具欺骗性

　　　　　　　　　　　　　　在水一方：生命的演化

的高脑化指数。

很少有哺乳动物的大脑和身体的生长轨迹与灵长类动物相同，但鲸目动物似乎是其中之一，而这两类哺乳动物也是脑化指数最高的哺乳动物。考虑到洛瑞·马里诺最近一项研究中的排序选择，其中囊括了一些古人类，这使事情变得有趣多了。因露西化石而闻名的阿法南方古猿，生活在320万年前，与所有后来的原始人谱系的祖先很近。能人生活在大约200万年前，直立人生活在180万年至5万年前；我们自身的世系或由这两个物种传承至今。

到目前为止，人类是地球上脑化程度最高的现存动物，其大脑比与我们人类一般大小的哺乳动物大7倍。但是在找到排名下一位的现存猿类之前，你需要沿着这个名单一路向下掠过许多的鲸。事实上，直到180万年前，海豚的脑化指数都还高于原始人。所以在此之前，地球上脑力最发达的生物生活在海洋中。

唯独我们猿和鲸是处于脑化指数量表的最顶端，且我们的大脑也以同样的方式进行发育，因而了解鲸的演化思维的唯一方法，就是将它们与我们自身进行比较。杰里森率先发明脑化指数是为了找到一种方法来衡量已灭绝动物的智力，并通过测量6 000万年前灵长类动物的空脑壳，来表明这些遥远的祖先有着鼠科那样的脑化指数。骨骼显示，它们是像狐猴一样的动物，可以从一棵树跳到另一棵树，大约5 000万年前，它们后代当中的一支演变为小型昼行攀爬者。它们的眼睛变得更加敏感，前移到了头部的

脑化指数	
智人	7.06
直立人	5.5
土库河豚（巴西河豚）	4.56
太平洋斑纹海豚	4.55
真海豚	4.26
宽吻海豚	4.14
里氏海豚	4.01
能人	4.00
白腰鼠海豚	3.54
阿法南方古猿	3.00
虎鲸	2.57
黑猩猩	2.34

前方，便于辨认出昆虫。以此为起点，第一批猿出现于3 000万年前，并舒适地生活在树上和森林地面上，2 000万年来主要以果实为食。但在1 000万年前，随着气温的进一步下降以及植被的变化，它们才转去森林的边缘处生活。

几种不同的演化压力证据的存在，或推动了我们类人猿祖先的脑化指数增加。例如，如果将蜘蛛猴的大脑与狐猴的大脑进行比较，便会知道这不仅仅是个放大版，不少部位已然做了增改，专用于嗅觉的区域缩小了，而视觉皮层却扩大了不少。新的图像

在水一方：生命的演化

已添加到视觉皮层中，一些为猴子提供了新的颜色，另一些则帮助它专注于移动物体的重要特征，如边缘和阴影。在原始大脑中，感知触觉、视觉和声音的区域以及控制身体运动的区域占据了整个皮层——大脑的外壳。在灵长类动物的演化过程中，大脑看起来就像一个正在膨胀的气球，上面绘有彼此相隔的区域。

灵长类动物学家比较了猴子在饮食方面的脑化指数，发现那种吃难以获得的食物，如白蚁、蜗牛、种子、坚果，或可吃到多种不同食物的猴子，相较于净挑易觅寻的东西吃，以及可食的种类有限的猴子，有着更高的脑化指数。追踪不同果树的生长地、果实年成熟的时间以及处理每种果树的特殊方式，或会带来丰厚的演化奖赏。这或许可解释视觉皮层的逐步完善过程。当你考虑到，如果猴子生活在更大的社会中，它的新皮质的相对大小会更大，就会出现另一种可能性。生活在6只猴子的群体中的狨猴不需要考虑面孔，因为每个猴群成员都非常清楚自己的角色。但在像狒狒这样的大型社会性群体中，结盟一再形成，又一再瓦解，它们有时会得到些小恩小惠，有时则遭遇求欢不顺，每只狒狒都必须在脑海中不断更新那复杂的社交地图。能够在灵长类动物中形成大的社群，原因是多种多样的。食物或会分散开来，以至于猴子之间就避免不了得打交道。像蛇和鹰这样的捕食者或会聚成一大群以增大收益，而在这种必要的联合之中，每只猴子必然会尝试通过某种动物政治来最大限度地提高其繁殖成功率。

脑化指数的每一次增加都会给新皮层带来更大的神经空间，

用以构建新的系统来整合信息，创造更为丰富的世界呈现。500万年前，当人类和黑猩猩的最后一个共同祖先还活着时，我们祖先的大脑表现出了些许智力迹象：一个人初步的自我意识，制造复杂工具的能力（无论白蚁串还是木叶鞋），在抽象范畴思考世界并通过一些简单的手势和发声进行交流的能力。400万年前，原始人已经直立行走，260万年前，他们使用石器狩猎和切肉。大约在这个时候，大脑开始以前所未有的方式爆炸性地增大，直到成为如今这般模样。

许多研究人员怀疑语言的起源与这两个事件相吻合——象征性的声音或手势的表达，也许略带些简单的语法。原始人可能已经形成了一种新的社会，成员众多，其中男性有时用工具狩猎，为女性和儿童提供肉食，而语言是唯一可以防止这些复杂群体分崩离析的手段。不管出于什么原因，语言的其他用途，如允许人们以动物无法做到的方式进行合作，或者将知识传授给他们的孩子，均促使我们的大脑进一步发育。在几十万年的时间里，人类的大脑已经达到了现在的脑化指数水平，在这个发育过程中，我们找到了与他人分享内心世界的方法。

矛齿鲸——始新世最为常见的鲸——脑化指数很低，大概只有0.42。从矛齿鲸变为现代鲸目动物，如脑化指数超过4的海豚，并不容易。一路上化石和基因之争就没停过，造就了某些无法逾越的鸿沟。我们还不能说须鲸是单独从古鲸演化而来的，或者它们其实就是齿鲸，只不过是加了些伪装。更为糟糕的是，几乎完全没有人研究过现存须鲸的脑化指数，目前只能说些对齿鲸有意义的事情。也很少有研究人员测量过鲸化石的头盖骨，不过，仅有的少量证据表明，齿鲸在大约2 500万年至1 500万年前脑化指数攀升到了很高。到1 500万年前，海豚的脑化程度未发生显著变化。

并非回声定位本身使齿鲸的大脑演化成了这个样子。蝙蝠有一个声呐系统，在某种程度上而言，它和海豚的一样复杂，不过它们仅用一颗葡萄干重量的大脑来运行它。事实上，蝙蝠的大脑相对于同样体形的哺乳动物而言确实很小，且有回声定位功能物种的大脑只占没此功能物种大脑的一半。从潜艇可以管理几千个电路的事实来看，即使这样，仍可能未达下限。回声定位并没有推动齿鲸大脑的演化，而只是奠定了基础。大量证据表明，抹香鲸和喙鲸是首个独立分支出来的现存齿鲸世系。它们现在生活中使用的或仍带有最早期齿鲸那样的回声系统。早先的齿鲸是第一批可以在没有阳光的水中捕猎的鲸豚类动物，它们在海平面以下1 000英尺处扫描其声呐波束以找寻管鱿和鱼类。过这种生活最简单的方法就是独居、独行，只在需要呼吸时才跃出水面。然而，早期的齿鲸无法像浮游的鲨鱼那样生活，因为作为有胎盘的哺乳动物，它们必须照料幼崽多年，让其有机会学习为鲸之道。别无选择，它们只能组成小的群体。

抹香鲸的家庭单元主要由成年雌性及其幼崽构成，它们成群结队地在海里潜游(或共享彼此的回声定位)，但为了保证总有成年鲸在上面看护幼鲸，它们需要错位游。经过长时间的潜游，它们有时会聚集在水面，抚摸彼此的下颌并发出咔嗒声，就像猴子之间的梳理毛发或人类的闲聊那般，这或有助于鲸群紧密团结在一起（年轻的雄性在长大后会被赶出家庭，并流连于其他雌性群体，寻找交配机会时，它们以另一套咔嗒声求爱）。这种生活方式之所以奏效，是因为抹香鲸设法活得比较久——或有 60 年，因而鲸祖母可以抚养家庭中的幼鲸，并将抹香鲸所占广阔领土的智识代代相传。

像这样复杂的社会编排，或促使齿鲸很早便有如类人猿般的高脑化指数。支持这一观点的证据是，在现存的齿鲸中，群体越大，脑化指数越高。但随着鲸豚类的大脑剧增，它并没有走上灵长类动物的那条路子。在猴或猿中，从感官接收信息的大脑区域分布于大脑表面，由没有外部输入的皮层所隔开，组织中密集分布着各种神经元。对齿鲸而言，来自感官的信息全都流向被堆到一起的皮层部分，而大脑表面的大片区域仍是留空的。皮层共有五层，其中有三层神经学家仍知之甚少。组成它们的神经元很是稀疏，与其说是为了紧密互连，倒不如说是为了巧妙的时间安排。

虽然潜水捕捞管鱿给鲸带来了巨大的回报，但这或也给大脑的进一步发展增添了阻碍。由于专食某种量很大的动物，早期的鲸就像嚼树叶的叶猴那般，饮食简单而大脑很小。早期的鲸豚为了捕捉食物而必须进行的深潜，或是另一个限制大脑发育的因

在水一方：生命的演化

素。当鲸跳入数千英尺深的冷水中时，它需要尽可能小心地保存氧气和热量。大脑必须保温且需要大量的氧气，因此对于这样的鲸来说，让脑袋变大或非明智之举。不过在大约2 500万年前，一批齿鲸显然重新回到了浅水区，因而就产生了海豚。瞬息之间（就像我们人类那样），当今海豚的祖先将其脑化指数增长到了今天的水平——在大约500万年到1 000万年间提升了5倍。

从深潜的束缚中解脱出来，这些鲸豚类动物可能不得不开发它们的大脑，因为它们是相对较小且很难藏身的哺乳动物。它们不得不待在更大且更为紧密的群体之中，相互之间不断地通过发声和声呐来交换信息。在这种庞大的社群之中，密切关注个体的社交生活，形成比早期鲸更为复杂的联合是值得的。另一个因素可能是这些齿鲸将它们的饮食从深海管鱿改为了生活在浅海中的各式各样的鱼，而且它们合作捕鱼。随着社交生活的日益复杂，回声定位系统的改进，以及可将信息整合到地图中的完美大脑，海豚就像原始人一样，无意中为抽象思维奠定了基础。事物之间的关系具体化为一种对世界的语法思维方式，一些齿鲸可能已能通过发声来分享内心世界。就像我们自己的心智力量一样，鲸的智力是一系列进程的结晶，其中起作用的不仅有起初的生理构造，还有社会和思想。所有这些都互相作用，共同缔造出我们这个星球上从未见过的景象。

谁都不应该因人类智慧的脑化指数为7而洋洋自得。鲸或会成为杰里森法则的一个例外，因为它们无须太在意自己的身体。

它们体重的相当一部分——高达30%——是鲸脂，与同样重量的肌肉相比，鲸脂所需的神经要少得多。陆地哺乳动物一直都需要通过仔细测量平衡和肌肉收缩来对抗重力，但鲸却可浮起来，除必要的呼吸外，无须上浮下潜。这两个因素可能意味着，鲸的大脑空间实际上比传统的脑化指数所表明的要多得多。如果它们应在等级中不断攀升，我们还应该记住训练游戏：我们仍对鲸豚类动物可用大脑做什么知之甚少。曾有一段时期，一些科学家确信，为了收获智慧果实，脊椎动物必须登上陆地。如今我们则意识到，水下哺乳动物的大脑似乎也找到了它们的果园。

在水一方：生命的演化

第十章
演化，自然的《变形记》

> 若无演化之光，则生物学毫无意义。

——杜布赞斯基

早在1841年，当理查德·欧文掌管英格兰所有生物和石化生物时，他站在英国科学促进会讲台上向听众介绍了那些业已灭绝的大型爬行动物。"爬行动物那有着最为广泛变异、数量最多及作为最高级别的有机体的繁盛时期已经一去不复返了。"他以近乎悲哀的语气告诉大家。他提出了之后被其命名为恐龙的动物，此名的直接意思是"恐怖的大蜥蜴"，此处的大，不仅仅是指其体形巨大，还意味着其生理构造的伟大——从锯齿状的牙齿到紧密贴合的骶骨，一切都无比精细而复杂。他从海洋中带来了海牛化石，虽不是阿尔伯特·科赫那假冒的鲸化石，也不是骇人的海市蜃楼。它们是巨型海洋爬行动物的古代化石，有些看起来就像是游艇大小的剑旗鱼，有些则长着桅杆般的长脖子。

不过，欧文想要的不仅是对英国的爬行动物化石进行分类。在研究从鸭嘴兽到肺鱼和黑猩猩等动物的过程中，他与拉马克及杰弗里的演化观点斗争了近10年。现在,他又有一个消弭渐变之机:一种可将海怪演变成现今鳄鱼的变异。

16年前,若弗鲁瓦研究了一种名为真蜥鳄的非同寻常的中生代海洋爬行动物。它看起来不像当时的海怪,更像生活在海洋中的15英尺长的狭吻鳄。现存的鳄鱼当中没有与之生理构造相同的,然而当若弗鲁瓦看完它们的骨头时,他在寻思远古恐龙和鳄鱼是否可能构成了一个漫长演化链的一部分。第一个环节是剑鱼形的海洋爬行动物(称为鱼龙),它衍生出了被称为蛇颈龙的长颈形式,后又从蛇颈龙衍生出了真蜥鳄,继而演化出了现存的鳄鱼。

欧文将这一想法付诸实践。他寄希望于真蜥鳄、鱼龙和蛇颈龙化石的岩石层。如果它们是按照演化的顺序在岩石中一个接一个地出现,他将承认"有迹象表明这一假设或会成立"。但是这三种已灭绝爬行动物中最古老的化石都同时出现在中生代,且鱼龙和蛇颈龙实际上比它们所谓的后代真蜥鳄活得还要久。

欧文的悲剧在于他的猜想中只有某一点是正确的。化石确实驳斥了若弗鲁瓦的转变之说,但是他那个时代所挖掘出的海洋爬行动物的骨骼却强烈支持其他转变的存在。真蜥鳄毕竟是古老的海洋鳄,是当今鳄鱼的后代,两者在2.2亿年前有着共同的祖先。它是一种细长的小型鳄,可以用像幼鹿一样的腿在陆地上小跑。鱼龙和蛇颈龙都非当今鳄鱼的祖先,而是拥有着独立的血统,是其他已灭绝的陆生爬行动物的后代。事实上,爬行动物已有16次

在水一方:生命的演化

返回海洋的经历，而且在大多数情况下，它们过着像鱼一样的生活——一直生活在海里面，由于有了长锥状的身形和鳍状肢，才得以名正言顺地畅游。

是达尔文认识到了这种可解释海洋爬行动物和其他生命历史的自然模式，而非欧文。现在，在达尔文最初想法的基础之上，经过140年的发展和重要化石的发掘，我们可以看到海洋爬行动物从陆地到海洋的转变，以及许多其他世系的转变，并看到宏观演化的轮廓乍现。例如，在鲸和首个四足动物之间，有一些非凡的巧合。将它们的起源以非常简化的形式想象为一个 X，左上角是中爪兽那样的鲸的祖先，沿其轴线步入开阔的海洋；左下角的底部是肉鳍鱼，它们沿着另一条轴向上抵达了陆地；棘石螈和走鲸这两种在关键点交叉的动物，惊人地相似，它们都是在浅水区靠突袭来进行猎食，长着扁平的头、能撕咬猎物的下颌、短小的四肢和有力的尾巴。随着鲸深潜到海洋中生活，它们演化出了鳍，靠尾巴来移动，它们的前腿仍与肩部相连，但后腿退化掉了，臀部也随之消失。如此一来，矛齿鲸便与有着肉鳍的真掌鳍鱼高度相似。

但许多这些反向推理都不过是幻想。鲸豚的尾叶是由结缔组织而非鳍条所组成的，也不像鱼那样左右摆动，而是将哺乳动物的步态带到了水中，（与海牛一道）成为海洋中唯一通过靠尾巴的上下摇摆来游动的脊椎动物。经过2亿年的分化后，它们的耳朵与下颌彼此适应了，但它们并没有融合成原有的下孔亚纲或鱼的形式，而是成了一种全新的水下听觉方式的一部分。鲸远非重造的鱼，就像眼睛超大的管鱿一样，是原地踏步的生动例子。它们无法让在陆地上演化出的感觉器官消失，因为它们不再有备用系统。没有鱼的侧线，它们必须让耳朵更为发达。一条有肺和鳃的鱼或会失去呼吸空气的能力，但不至于窒息，而鲸的生活却得受呼吸的牵制，继而演化出了诸多生理行为上的小花招，以最大限度地减少其在水面滞留的时间。鲸就如同海洋中的蛙类，它们费尽心思整出些精妙的小发明，以便换了个环境却仍能在极为严苛的演化限制之下安然度日。

鲸和早期四足动物之间真正的相似之处不在于它们的细节，而在于它们转变的整体形式，每一个都始于一小群动物在新生态系统的边缘探索，如泥盆纪沿海湿地，或没有巨型海洋爬行动物的浅咸古地中海。这些先驱们从遥远的祖先那里得到了传承，而它们的生理构造在未来数百万年将具有非比寻常的重要性，例如，四足动物的肺，或中爪兽的长尾巴。当它们探索这个中间区域时，便会为适应当前环境而演化，继而出现了扩展适应，如在水下移动的脚，以及或与头骨分开的鲸豚耳，为的是在陆地上能听到。拜所有脊椎动物的发育规则所赐，新结构突然出现。基因意外复制，组织第一次在胚胎中有了相互接触，并呈现出令人意想不到的样子。许多相同的基因在所有这些创新中均发挥了作用。同源异形基因既能塑造手指，又能助鲸获得适合游动的背脊。

　　　　　　　　　　　在水一方：生命的演化

起初，这些动物跨界，只是为了适应新环境而进行了部分改造，但最终很明显，它们竟意外发现了尚待开发的处女地：对鲸而言，海洋中的巨型爬行动物已经不复存在；而对于首批四足动物来说，那是还未有脊椎动物踏足过的热土。它们很快便分化成各种形态，虽然其中大多数只是过客，但仍有一些得以幸存。现在对它们的生存至关重要的扩展适应，事后看来就像是惊人的天赐之物。尽管这些动物对适应新的生境牺牲颇大，以至于无法在原先的环境中存活，但宏观演化的大部分工作仍未完成。它们逐渐增加新的特质，如同一个慢慢装修的房主，今年只买百叶窗，明年再安置水槽。要想在新的生境中找到收获食物的好法子可是需要耗费数千万年的时间——无论是吃一片叶子、吞没磷虾，还是用声音来感知海洋及其所含的一切。然而一旦成了，这些动物就会繁盛、扩张并阻止任何其他类似拥抱改变的动物。在4亿年的时间里，只有一个脊椎动物谱系成功登陆，尽管海豹和水獭等其他掠食性哺乳动物大部分时间都在海里待着，但只有鲸终其一生都生活在海洋之中。

　　这些变化当中的很大一部分——从无指的肉鳍到无鳃但肢体强健的四足动物，或从有蹄的陆生哺乳动物到步入大海的巨尾鲸——都足足用了1 500万年。但与其他演化史的发展相比，这可谓是按了快进键。当达尔文前往加拉帕戈斯群岛，看到鬣蜥跃入大海以海藻为食时，它们已跳跃了大约1 500万年，这与陆生鬣蜥的基本蓝图几无任何变化。1972年，斯蒂芬·杰伊·古尔德用美国自然历史博物馆的尼尔斯·艾崔奇（Niles Eldredge）所提出的那最有争议的理论之一，破解了不同演化速度的难题。在化石记录中，物种经常突然出现，在几百万年的时间里保持相对恒定，然后消失。达尔文曾指出，谈到地球上先前的生物，化石不过是沧海一粟，他确信完整的记录总是表明演化是按照自然选择的渐进步调来进行的。

古尔德和艾崔奇建议，不要单看这些化石表面上的价值，新物种经常会突然从较老的物种中分化出来，在相对稳定的情况下维持数百万年，直至灭绝——在此期间，更新的物种或许会突然从它们中分化出来。某天晚上，动物们没有睡觉，第二天一早便看到新的物种驰骋在它们的稀树草原上。某个种群的一支孤立物种或只需要5万年左右就可以演化出一个新物种——这对古生物学家来说实在是太快了。如果他们能发现存续时间如此之短的某种化石，即使数量很少，他们也会深感幸运。更可能得到的是那些不怎么变的大物种，而非正在演化的小群体化石。如果新物种繁盛起来，它最终不会仅限于其出生地，而是扩散开来，与祖先种混在一起，并留下自己的化石，使其看起来像是凭空出现的。

根据间断平衡(古尔德和艾崔奇共同提出的)理论，大多数变化发生在物种起初产生之时，而不是此后的一生中。换句话说，物种产生于至死仍带有某些特征的其他物种——就像某个具体的动物那样。正如个体的变异是自然选择在微观演化过程中使用的原材料，物种之间的变异则是宏观演化的原材料。物种间或会竞

在水一方：生命的演化

争，它们会以不同的速度产生新物种。一个很少形成新谱系的物种要不灭绝，要不作为活化石留下来，而其他活跃的物种可能一次次演化，逐步转变成超乎想象的新形式。

在这一理论提出25年之后，当我与演化生物学家谈论间断平衡时，我经常对其在非公开评论中所表现出来的纠结而感到惊讶，不管他们的态度是支持还是反对。在那段时间里，一些古生物学家在悬崖和山坡上寻找完整的富含化石的岩石层，意图验证此观点。在许多情况下，新的谱系似乎确实猛地从一个物种分支到另一个物种，而在其他一些物种中，它们过渡自然。与此同时，一些试图测量现存动物演化自然速度的研究人员对演化的速度感到惊讶。正如古尔德和艾崔奇所说，演化可以迅速改变动物的身体，但这种变化不必与新物种的产生同时发生。

纠结来自这样一个事实，即测试间断平衡是一项未完成的工作。然而，无论它如何生存，它已然产生了一种明显的效果：它促使古生物学家发明新的方法来测试宏观演化的模式。例如，辩论的各方都清楚地知道，化石记录所暗示的许多漫长的演化海岸都是真实的，值得进行解释。对于一些持渐进观点的科学家来说，相隔10万年的化石记录看似平凡无奇，实则或隐藏着代际变化，最终在任何一个方向上都不会走得太远。对其他人来说，停滞意味着动物所处的环境在相当长的一段时间里根本无须其改变。那些持间断观点的人指出，气候——或是动物周围环境中最重要的部分——在一个物种的一生中可能会发生多次剧变，但该物种似乎并未受到多大的影响。剧变是很少出现的。面对奔腾的冰川，一种甲虫向南移动比停留并适应新的气候要更容易些。

仅由今天已知的少数原始四足动物和早期鲸，不能判断从这些物种中的一种到另一种的转变是逐渐发生的还是突然发生的。从某种意义上说，答案并不重要，因为间断平衡并不是为了解释这种过渡阶段中的宏观演化。在一个经过仔细研究的间断平衡的例子中，史密森学会的艾伦·基森（Alan Cheetham）研究了苔藓虫，这是一种在水下形成垫状菌落的微小动物。有可靠的证据显示，在过去的 2 000 万年中，加勒比海的某一物种突然演化为新的形式。然而，这个新物种只是育雏室稍大或觅食口较小，它们依然属于苔藓虫。

如古生物学家发现的所有类四足动物鱼和像鱼的四足动物化石所表明的那样，肉鳍鱼的生理变化历程要漫长得多，且并非一蹴而就，无论其间的特定变化是发生在单个物种中还是间歇性的，它们都会凝结成一曲演化乐章。可能一段时间的宏观演化主要重塑四足动物的头骨顶部，而并不影响其四肢的变化，当然后来其脑壳和四肢则开始迅速改变。四足动物所需的许多适应性变化是数百万年积累而成的，并非猛地一下突然出现。

越来越多的过渡化石群出现，四足动物中的这种模式在此之中也适用。沿着白垩纪海洋的海岸游动着的巨大海洋爬行动物，被称为沧龙。这些冷血的巨兽长达45英尺，通过摆动鞭状尾巴和桨状的脚来游动。乍一看其化石，沧龙像是突然从陆地上的某种

　　　　　　　　　　　　　　在水一方：生命的演化

爬行动物演化而来，并且一直保持不变，直到在6 500万年前灭绝。但在1993年，当蒙特利尔麦吉尔大学的迈克尔·德布拉加（Michael DeBraga）和罗伯特·卡罗尔（Robert Carroll）查阅了多年来所积累的所有化石证据后，才发现史实并非如此。

沧龙和包括科莫多巨蜥和其他巨蜥在内的蜥蜴曾起源于同一个祖先。到了1.55亿年前的时候，科莫多巨蜥和其他巨蜥的祖先与沧龙祖先这支分开了。在6 500万年的时间里，沧龙祖先变成了两栖的、类似鳄鱼的动物。这时候的它们仍可在陆地上行走，但体形很大，臀部和肩膀缩小，下颌有了新的铰合，可以更为有效地捕鱼，且有便于游泳的长尾。在这种慢悠悠的演化之后，沧龙祖先忽然经历了一个长达300万年的迅速演化期，产生了第一批真正的沧龙——最值得注意的是，它们的肱骨变得又小又硬，同时延伸出了手指。又过了300万年，出现了三个沧龙科，它们一直存在了2 000万年才灭绝。

德布拉加和卡罗尔将沧龙身上出现的特征当成大致的演化时钟。他们发现，沧龙祖先演化得很是缓慢，在其产生第一批沧龙的阶段忽然变快，等到分成三支的时候又再次放缓，当然此时速度还是高于沧龙祖先的阶段，但更快的演化速度还在后面。在第一批沧龙出现并且三个主要世系开始分化后，演化的速度是第一批沧龙出现时的两倍。与鲸一样，许多最重要的对水的适应发生在沧龙生活于海洋之中很久之后——它们的四肢变得更像桨，尾巴更长，下颌更加灵活——且均是在三个谱系中独立发生的。

这些演化迅速发生的原因，也许是某种稳定的选择压力施加于特定物种成员的结果，也许是新物种分支出现并最终灭绝模式的结果。鲸如果成为两栖类的哺乳动物或许不错，但其完全回归海洋生活，从现今角度看，回报是巨大的。但这些回报的发生，也可能要归因于巨大的海洋爬行动物，如沧龙等因为一场灾难而灭绝。一些研究人员认为，宏观演化不过是延续了几千代的微观演化的加合。但是，如若不了解为自然选择设置障碍的外部因素，我们就无法了解生命的历史。虽然物种可以承受其环境的多种变化，但大量的物种也确实成了环境巨变的受害者。海洋突然失去氧气或充斥着二氧化碳，突然的大气温室效应和冰室效应都会将彼时占主导地位的生物消灭殆尽，空出大量的生态位，使环境重新成为幸存者的新实验场。例如，现代鲸或是在气候快速变化导致古鲸灭绝之时才得以出现的。

然而，除了外部因素外，自然选择还必须服从内部因素，因为它只能从已有之物当中进行挑选。一个物种自身特定的基因网络和发育规则大致决定了每一代会出现什么样的变异。爪子或手脚都不一定是理想的行走结构，它们都是后期演化出来的；它们来自于同源异形基因模式的变化——这些基因像远古的独裁者一样，在10亿年的动物演化中一直占据主导地位，早在如水母般的生物出现于海洋中时就已经开始发挥作用了。这样的如铁律般的发展规则非常稳固，因此也可能会造成生命谱系常经历停滞。你可以把塑造胚胎的基因想象成一条抽象的运河。随着胚胎的生

　　　　　　　　在水一方：生命的演化

长，随着它的组织形成，运河沿着主航道向下拓展，逐步形成了这个物种应有的形态。一些偶发事件可能会造成对胚胎的伤害——比如进入卵子的毒素，或发生了基因突变——胚胎的发展就有可能偏离主航道，产生不同的形态结构。但也因为偶发事件的推动力在大多数情况下都很弱，胚胎仍会回到主航道中，形成原本设定生物的模样。虽然尼尔·舒宾在他那封冻蝾螈群体的爪子上发现了很多变异，但这些突变从未令构建其爪子的基因程序偏离主道。鲸鳍仍有五趾，也许是因为造就其的同源异形基因有助于形成身体的许多其他部位。主航道的发展规则实在是影响至深。

有时考虑宏观演化之"未能"与"已能"同样有用。巨大的中生代海洋爬行动物影响了许多生态位：有的专门攻击行动缓慢且具有硬壳的鹦鹉螺类，有的则学会了抓鱼，还有一些大到足以吃掉其他水生爬行动物。但正如华盛顿大学的雷切尔·柯林斯（Richel Collins）和布朗大学的克莉斯汀·亚尼斯（Christine Janis）所指出的那样，在这些海怪生存的1.8亿年间，宏观演化显然从未将它们中的任何一个变成像须鲸那样的滤食者。在这种情况下，外部因素似乎并未发挥作用，因为岩石表明在中生代的几个跨度中，海洋中有着丰富的浮游生物。吞没一群浮游生物或小鱼本就是一种极好的生存方式，但这些动物从未成功过。这里有一个例子，表明我们不能简单地说自然选择将类似须鲸的爬行动物排除在外。

世系的完整历史有助于决定谁将演变成什么样子。由于在第一批鲸豚出现前2亿年发生的演化事件，鲸得以成为滤食者。随着哺乳动物的下孔亚纲祖先在其进食、呼吸、奔跑和繁殖方式上经历了相关的变化过程，它们将空气和食物的路径分开。下孔亚纲的鼻道长到嘴的后部，与此同时，舌头和软腭也在演化，因此当它们咀嚼时，密闭可防食物卡在气道。如果没有口腔后部的密闭，下孔亚纲就会窒息。

这些密闭使得一些下孔亚纲的后代——须鲸——可以将大量的水吞入嘴里，然后用舌头将其挤出。但如果海洋爬行动物照葫芦画瓢，也试图张开嘴并吸入几百加仑的水，它们将无法阻止其流入内脏或肺部。除了胃被淹引起的问题外，爬行动物同样无法用舌头将水再从嘴里挤压出来。爬行动物由于结构限制，也无法演化出能够密闭的口腔结构，因为这些结构并不是在下孔亚纲中孤立地演化形成的，而是作为其在陆地演化过程中发生的密集变化交织的一部分。受演化史顺序的制约，海洋爬行动物从未成为滤食性动物以获得更高效的食物供给，这也可能是鲸成为有史以来最大动物的原因。

伟大的发现总是夹杂着一丝遗憾，因为它们往往会令一些让生活更有趣的谜题变得无趣。在棘石螈被揭秘之前，在走鲸被揭秘之前，在过去几年中所有其他线索被结合起来之前，从鱼变成四足动物或从中爪兽变成鲸的故事，总会让人有种在读奥维德[①]笔下的神奇幻术的感觉。但如今这些变形的神话已经祛魅，成了

————————————

① 古罗马著名诗人。

　　　　　　　　　　　　　　　在水一方：生命的演化

真切的现实。作为安慰，想想那些对鲸和早期四足动物等的研究，我们第一次有了一个模型，以说明宏观演化如何通过了不起的转化来使生命更好地适应，而这一模型当然可供举一反三，从而揭示生命之树上其他过渡阶段的未解之谜。

我们现在所看到的这棵生命之树与早期达尔文主义者画的大不相同。恩斯特·海克尔发表过一篇文章，其树干基部有单细胞生物，枝叶茂盛的树枝在他所认为越来越高的组织水平上分叉，从无脊椎动物到脊椎动物再到哺乳动物，直抵像天使一样位于顶端的人类。新的生命系统发育——建立在解剖学、基因和支序分类学之上——看起来就像是电脑合成的灌木丛。现已被识别出的谱系太多了，即使是作为一个群体的脊椎动物，也会迷失在荆棘之中难以分辨。从我们自己所在的簇往后退一点，你会看到我们更远的亲戚，以及更古老的共同祖先，这些祖先孕育了我们所有人。棘皮动物——海星和海胆——映入眼帘。再往后拉，另一个主要的动物分支——包括节肢动物和甲壳类动物——出现了。沿着这些分支的节点，你可以像在早期的四足动物或鲸中一样看到数千个过渡，例如昆虫是怎样来到陆地以及是如何飞行的。昆虫演化的故事有待进一步丰富，不过一定是非常特殊的——就拿苍蝇举例，你不用理会它所有奇异的生理构造，只要看看它的外骨骼和复眼就够你喝上一壶了。但随着基因组技术的发展，现在看来昆虫的故事最终或与我们自己的故事有着惊人的相似之处：尽管我们的身体截然不同，但我们似乎用几乎相同的基因网络（苍蝇与人类的基因相似度约为39%)构建了我们的眼睛、四肢和躯干。

再往后拉，其他动物就会出现——珊瑚，水母，以及许多看起来像叶子、冰球和转轴的难以名状的动物，它们在五六亿年前不停更迭。在这一点上，代表人类、鲨鱼和森蚺^①的分支看起来就像头发的分叉。现在你可以看到，十亿年前动物王国首次与真菌等生物分支开来是在什么时候。这里还有植物，它们通常可以在克隆繁殖和有性繁殖之间进行选择，长出树皮而非骨头，因此具有自己的演化史。进一步回溯，首个多细胞生物出现了，它完成了从单细胞到多细胞的华丽变身。最后，微生物——古细菌和细菌——出现了，它们的枝杈长而密、自成体系，以至于整个动物王国都相形见绌。在微生物的世界里，基因互换是如此的容易，就像推销员之间交换名片那般随意，潜入宿主体内的外来者也逐渐变身为宿主的组成器官(如原始的细胞器)。在此，宏观演化并未让其演化出腿或恒定的体温，但它却帮忙制造了让细菌在盐块或沸水中仍可存活的蛋白质。即使在生命丛林的这些微观部分，你依然可以看到与人类演化相呼应的场景：生活在南极洲周围开阔海洋中的微生物谱系和生活于黄石公园温泉或印第安纳州表土中的微生物群落中竟然相同；另一些细菌发明了可利用阳光的光合作用，随后即被藻类仿效。

如果我们在一个世纪前就知道了这些类型的转变，它们可能

---

① 又名亚马孙森蚺、绿水蟒，是一种体形巨大的无毒蛇。

看起来太过遥远和激进，不太可能会被时人理解。每一个转变的故事都隐藏着独特的、让人意想不到的细节，就像我们祖先那长在头顶的朝天眼或为保持平衡而出现的精巧足尖一样令人吃惊。然而，如果我们真正理解了演化，那么就会触类旁通，帮助我们更好地思考一些共性问题。任何新性状的出现都不是简单的按需突然发生，而是以数亿年为尺度的逐渐改变。许多为适应生物体生长方式的革命性演化，也为自然选择持续补充了新的规则。它们往往会通过一系列的相关演化，以及逐渐积累的适应来实现，而这些适应会慢慢融入新的、看似天赐的有利功能之中。这些过去的故事将在现今世界持续转变的生态系统大舞台上持续展开，每一次的灭绝也都为新的物种带来一展身手的空间。在未来的日子里，将有越来越多演化的谜题被揭开，生物学家的技术手段已经今非昔比——通过支系筛选、基因解读、化石比较及其他技术的综合运用——人类终将成为自然界中新的奥维德。

演化年表

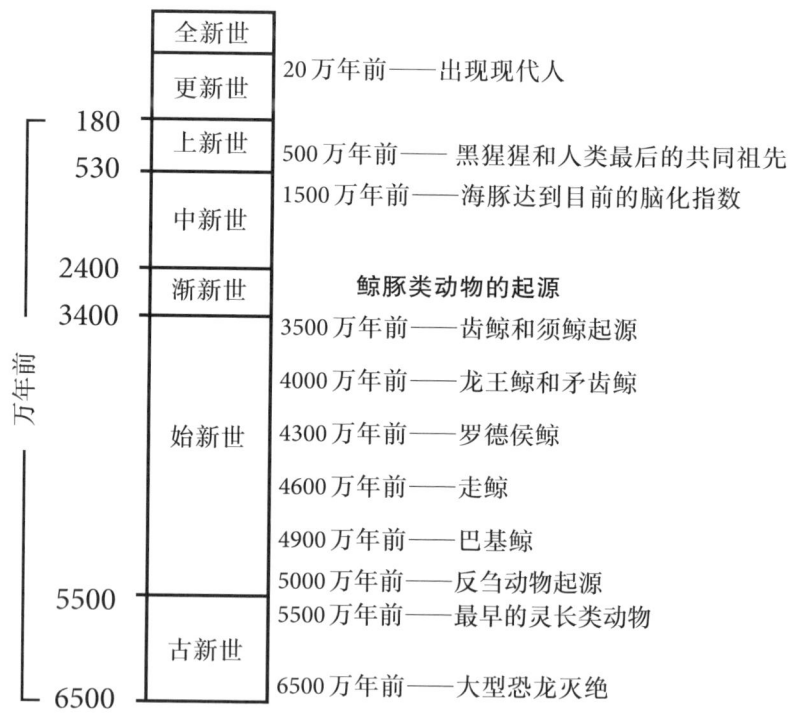

| 全新世 | |
| 更新世 | 20万年前——出现现代人 |

180
530

| 上新世 | 500万年前—— 黑猩猩和人类最后的共同祖先 |
| 中新世 | 1500万年前——海豚达到目前的脑化指数 |

2400
3400

| 渐新世 | **鲸豚类动物的起源** |
| | 3500万年前——齿鲸和须鲸起源 |

始新世

4000万年前——龙王鲸和矛齿鲸

4300万年前——罗德侯鲸

4600万年前——走鲸

4900万年前——巴基鲸

5000万年前——反刍动物起源

5500

5500万年前——最早的灵长类动物

古新世

6500

6500万年前——大型恐龙灭绝

万年前

白垩纪　1 亿年前——最古老的胎盘哺乳动物

1.42

侏罗纪

2.05

三叠纪　2.2 亿年前——最古老的哺乳动物

2.48

二叠纪　**四足动物的起源**

2.90　　　3 亿年前——羊膜动物演化为食草动物

石炭纪　3.3 亿年前——羊膜动物现存主要支系的建立

3.54

3.55 亿年前——两栖动物和羊膜动物的分化

泥盆纪　3.63 亿年前——棘螈和鱼石螈

3.77 亿年前——潘氏鱼

4 亿年前——出现首个有颌鱼

4.17

志留纪

4.43

奥陶纪　4.6 亿年前——陆地最早的倍足纲动物现身

4.8 亿年前——已知最早的陆地植物

4.95

寒武纪　5 亿年前——最古老的鱼

5.45

5.5 亿年前——已知最古老的脊椎动物

10 亿年前——多细胞动物

前寒武纪　38 亿年前——最早出现生命迹象

45 亿年前——地球诞生

亿年前

词汇表

棘螈：3.63亿年前生活于格陵兰岛的四足动物，由珍妮·克拉克和迈克尔·科茨首次进行描述。

走鲸：水獭状的鲸，有着4600万年的历史，由汉斯·史文森发现于巴基斯坦。

羊膜动物：以卵或子宫内有一系列胚膜为主要特征的四足动物，包括除两栖动物外的所有陆生脊椎动物。

两栖动物：四足动物的两个主要现存分支之一。产裹有胶状物的卵，包括无尾目、有尾目和无足目。

炭丘齿兽：象和海牛的原始近亲。

古鲸：原始鲸（更准确地说来，并非源自现存鲸的最后一个共同祖先的已灭绝鲸）。古鲸化石距今有3700万年—4900万年。

偶蹄目：偶蹄目动物，包括猪、牛、鹿、骆驼和河马，因其双滑踝而归为一类。6500万年前开始分化，是现存动物之中与鲸最为近缘的物种。

龙王鲸：1832年发现于路易斯安那州的带有小腿的细长古鲸。

生活在3 700万年到4 000万年前的古地中海和大西洋。

　　无足目：在地下产卵的无腿两栖动物。有些像蚯蚓一样挖洞，有些生活在落叶层中，还有一些是水生的。

　　鲸豚类：鲸、海豚和鼠海豚，它们全都起源于大约5 000万年前的陆生哺乳动物共同祖先。

　　支序分类学：通过比较不同物种共享的特征，在进化树（分支图）上将生命进行归类的方法。

　　腔棘鱼：生活在远离非洲海岸的深海中的肉鳍鱼。一个拥有4亿年历史世系的唯一存续者。

　　乔治·居维叶（1769—1832）：古生物学的创始人和19世纪初比较解剖学界的引领者，演化论的反对者，认为生物功能决定外在形态。

　　矛齿鲸：生活在3 700万年到4 000万年前的15英尺长的古鲸。与现今鲸的祖先近缘。

　　回声定位：通过喊叫的回声来感知周围环境的能力，在齿鲸和蝙蝠中得以完善。

　　脑化指数（EQ）：动物的实际脑容量与相同体重的代表性动物预期脑容量之间的比值。比较不同物种智力的有效指标。

　　真掌鳍鱼：泥盆纪肉鳍鱼，是四足动物的近亲。

　　扩展适应：在演化过程中某种特征的功能发生了变化。例如，四肢和手指原本是为在水下运动而演化出来的，后扩展成在陆地上进行行走的功能。有时称其为（带有误导性的）预适应。

基因：构成蛋白质的 DNA 片段。

同源基因/同源异形基因：帮助指导动物轴和四肢构建的基因。同源异形基因是脊椎动物的同源基因。

海纳螈：来自宾夕法尼亚州且有着 3.67 亿年历史的四足动物，由泰德·达斯勒最初发现，是最古老的四足动物，成体确定没有鳃。

鱼石螈：有着 3.63 亿年历史的四足动物，由贡纳尔·塞维-索德伯格首先发现。

尚-巴蒂斯特·拉马克(1744—1829)：法国博物学家，提出了一种名为用进废退的早期演化理论。

美洲肺鱼：首先发现于巴西的肺鱼。

卡尔·林奈(1707—1778)：瑞典博物学家，为生物建立起了标准分类系统(种、属、科等)。

肉鳍鱼：鱼类的主要谱系之一，特征是鳍具有大的骨骼轴，包括腔棘鱼、肺鱼、真掌鳍鱼和四足动物。

额隆体：齿鲸前额的脂肪沉积物，可将声波聚焦以进行回声定位。

间充质细胞：四足动物胚胎肢芽中的一种原始类型的细胞，它分化成软骨，继而又被骨骼所取代。

中爪兽：生活在 3 400 万年到 6 500 万年前的肉食有蹄类动物。鲸的近亲。

形态发生场：胚胎的一个区域，其中均匀分布的化学反应或机械力可产生复杂的模式。

须鲸：包括座头鲸、蓝鲸、露脊鲸、灰鲸和长须鲸。

核苷酸：DNA中四种携带信息的分子之一。

齿鲸：包括海豚、白鲸、虎鲸、抹香鲸、独角鲸和喙鲸。

个体发育：胚胎发育的过程。

理查德·欧文（1804—1892）：英国解剖学家，提出了脊椎动物原型，并成为达尔文主义的公开反对者。

巴基鲸：已知最古老、最原始的鲸，有着4 900万年的历史。由菲利浦·金格里奇于1979年首次发现。

奇蹄目：奇数脚趾的有蹄类动物，包括马、貘和犀牛。

系统发育：一个物种的演化史。

蛋白质：由氨基酸组成的长链分子，其组装是由基因决定的。

罗德侯鲸：有着4 300万年历史的古鲸。已知最古老的靠尾运动的鲸。

反刍动物：偶蹄目动物的瘤胃内有细菌菌落，胃里有特殊的溶菌酶蛋白，可以有效消化植材。包括奶牛、绵羊和山羊。

海牛类：海洋哺乳动物，如儒艮和海牛。

镫骨：中耳里的大骨头。曾是肉鳍鱼的舌骨。

下孔亚纲：包括哺乳动物在内的一群羊膜动物。

四足动物：陆生脊椎动物（包括次水生类群，如鲸），它们都起源于约3.7亿年前的肉鳍鱼祖先。

图拉蝾：来自俄罗斯，带六个脚趾，有着3.55亿年历史的四足动物。可能是羊膜动物的最近缘物种。

有蹄类：有蹄子的哺乳动物。包括偶蹄目、奇蹄目、中爪兽和象。

致　谢

　　首先要感谢所有那些让我跟随其实地科考的科学家，他们允许我连续在他们办公室里耗上数天，打电话进行侵扰，用电子邮件淹没了他们的网络。特别感谢罗伯特·卡罗尔、迈克尔·科茨、凯文·帕迪恩(Kevin Padian)和彼得·沃德(Peter Ward)，他们很早便审读了整篇手稿并提供了大量有益的建议。如果没有马尔克·扎布鲁多夫(Marc Zabludoff)、保罗·霍夫曼(Paul Hoffman)和罗伯特·库尼格(Robert Kunzig)在《发现》杂志中所维护的知识自由，插画家卡尔·布尔(Carl Buell)的创造力①，我的经纪人埃瑞克·西蒙诺夫(Eric Simonoff)的努力付出，以及我的编辑斯蒂芬·莫罗(Stephen Morrow)的不断求知，就不会有这本书的问世。

　　第7页和第109页的插图部分改编自威廉·吉尔伯特（W. Gilbert)的《发育生物学(第四版)》(马萨诸塞州桑德兰：西诺尔联营公司，1994年)；第113页内容源自克利福德·塔宾（C. Tabin)

---

　　① 本书中黑白图为原版书中插图，彩图为重新绘制。——编者注

的文章《肢芽的起始：生长因子、同源异形基因和类视黄醇》[The Initiation of the Limb Bud:Growth Factors,Hox Gens,and Retinoids, 《细胞》（Cell）, 1995,80:671–674]；第116页的内容源自尼尔·舒宾、克利福德·塔宾和肖恩·卡罗尔(S. Carroll)的文章《化石、基因和动物四肢的进化》[Fossils,Genes ,and the Evolution of Animal Limbs, 《自然》（Nature）, 1997,388:639–648]；第120页的内容源自格尔德·B.缪勒（G. B. Müller）和约翰内斯·斯特里彻（J. Streicher）的文章《胫腓联合的个体发生和鸟类后肢的进化：盲肠发生特征触发表型新颖性》[Ontogeny of the Syndesmosis Tibiofibularis and the Evolution of the Bird Hindlimb:a Cainogenetic Feature Triggers Phenotypic Novelty, 《解剖学与胚胎学》（Anatomy and Embryology）, 1989, 179: 327–339]；第137页的内容源自西奥多·韦尔斯·皮特施（T. W. Pietsch）和大卫·格罗贝克（D. B. Grobecker）的图书《世界蛙鱼：系统学、动物地理学和行为生态学》（斯坦福：斯坦福大学出版社, 1987年）；第272页的内容源自弗兰克·菲什（F. E. Fish）的文章《推进模式与河獭行为的关系》[Association of Propulsive Mode with Behavior in River Otters (Lutra canadensis), 《哺乳动物杂志》（Journal of Mamalogy） 1994, 75: 989–997]。

扫描二维码，进入一推君的奇妙领地。
回复"在水一方"获取本书中文版独家附录:
鲸豚博物馆列表、已基因组测序鲸类

图书在版编目（CIP）数据

在水一方：生命的演化 / （美）卡尔·齐默著；尹烨译 .
长沙：湖南科学技术出版社，2025. 5.
ISBN 978-7-5710-3043-8
Ⅰ . Q11-49
中国国家版本馆 CIP 数据核字第 202462LM99 号

湖南科学技术出版社独家获得本书简体中文版出版发行权
著作权合同登记号：18-2024-110

ZAI SHUI YIFANG:SHENGMING DE YANHUA
在水一方：生命的演化

著者
［美］卡尔·齐默

译者
尹烨

出 版 人
潘晓山

策划编辑
孙桂均

责任编辑
吴诗

责任营销
周洋

出版发行
湖南科学技术出版社

社址
长沙市芙蓉中路 416 号泊富国际金融中心
http://www.hnstp.com

湖南科学技术出版社天猫旗舰店网址：
http://hnkjcbs.tmall.com

印刷
长沙市雅高彩印有限公司
（印装质量问题请直接与本厂联系）

厂址
长沙市开福区中青路1255号

邮编
410153

版次
2025 年 5 月第 1 版

印次
2025 年 5 月第 1 次印刷

开本
880 mm × 1230 mm　1/32

印张
11.5

字数
230 千字

书号
ISBN 978-7-5710-3043-8

定价
90.00 元

（版权所有·翻印必究）